高等院校经济管理类专业本科系列教材

线性代数

（第2版）

XIANXING DAISHU

主　编　唐建民　殷　羽
副主编　艾艺红　徐畅凯　徐文华

重庆大学出版社

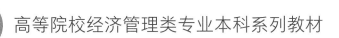

内容提要

本书在第 1 版的基础上进行了适当的修订，主要内容包括行列式、矩阵、线性方程组、矩阵的特征值与特征向量、二次型、线性代数 MATLAB 实验简介等.内容符合教育部关于“高等教育面向 21 世纪教学内容和课程体系改革计划”的基本要求，是编者总结多年的教学实践经验，根据经济类、管理类各专业对线性代数课程的教学要求，吸收国内外同类教材的优点，并结合我国初等教育和高等教育发展趋势的基础上编写的经济应用数学(二)“线性代数”课程教材.本次修订对例题和习题作了适当的调整，每章提供了与内容相关数学家的简介和思维拓展知识，在第 3 章中增加了基、坐标及其变换，同时增加了总复习题和线性代数 MATLAB 实验简介，内容丰富，可操作性强.

本书可作为高等学校经济管理类或其他非数学类专业的教材或教学参考书.

图书在版编目(CIP)数据

线性代数/唐建民，殷羽主编. --2 版.--重庆：
重庆大学出版社，2023.7
高等院校经济管理类专业本科系列教材
ISBN 978-7-5689-3900-3

Ⅰ.①线… Ⅱ.①唐…②殷… Ⅲ.①线性代数—高等学校—教材 Ⅳ.①O151.2

中国版本图书馆 CIP 数据核字(2023)第 083213 号

线性代数
(第 2 版)

主 编 唐建民 殷 羽
副主编 艾艺红 徐畅凯 徐文华
策划编辑：顾丽萍
责任编辑：姜 凤 版式设计：顾丽萍
责任校对：邹 忌 责任印制：张 策

*

重庆大学出版社出版发行
出版人：饶帮华
社址：重庆市沙坪坝区大学城西路 21 号
邮编：401331
电话：(023) 88617190 88617185(中小学)
传真：(023) 88617186 88617166
网址：http://www.cqup.com.cn
邮箱：fxk@cqup.com.cn (营销中心)
全国新华书店经销
重庆长虹印务有限公司印刷

*

开本：787mm×1092mm 1/16 印张：9.25 字数：234 千
2015 年 8 月第 1 版 2023 年 7 月第 2 版 2023 年 7 月第 7 次印刷
印数：13 501—17 000
ISBN 978-7-5689-3900-3 定价：29.00 元

第 2 版前言

为了更好地适应新时代人才培养需要以及经济管理类本科数学基础课程教学的基本要求，编者融合总结多年的教学实践经验，并吸收国内外同类教材的优点，对 2015 年首版教材进行了改版.本书以线性方程组为核心，以矩阵为重要工具，通俗易懂地阐明了线性代数的理论思想和基本方法，凸显课程特色的同时，把理论与应用相结合，深挖课程对学生实践能力培养、价值引领、家国情怀、责任担当等核心价值元素，加强教学改革，推进课程思政建设.内容包括行列式、矩阵、线性方程组、矩阵的特征值与特征向量、二次型、线性代数 MATLAB 实验简介、相关数学家简介及思维拓展知识等.

本书在修订过程中保留了第 1 版的风格，力求突出以下 4 个方面的特点：

(1) 突出线性代数的基本思想和基本方法.帮助学生掌握基本概念，理顺概念之间的联系，扎实基础.在教学理念上，不过分强调严密论证和研究过程，更多的是使学生体会线性代数的本质和线性代数的实用性.在教学方法上，更加注重通性通法，以达夯基培优的目的.

(2) 将一些实际应用问题有机地渗透到数学概念的学习中，将线性代数的实用性和适用性体现在例题和习题中.并增加了 MATLAB 实验简介，增强读者的动手操作能力，提高学习钻研的兴趣.

(3) 内容上做到通俗易懂，精炼准确并简明扼要，深入浅出，易于学生阅读.略去教材中一些非重点内容的定理证明，而以例题进行说明.另外，书中还增加了思维拓展知识，有助于学生更加系统全面地了解数学历史文化，培养学生勤于思考、勇于创新的精神.

(4) 力求例题、习题合理配置，形式多样，难易适度.每章后的习题均分为(A)(B)两组，其中，(A)组习题反映了经济管理类专业数学基础课的基本要求，(B)组习题由填空题和选择题两部分组成，书后还提供了一套总复习题，可作为复习和总结使用.习题答案以二维码方式呈现.

本书是面向高等院校经济管理类专业的教材，建议授课时数为 48~60 学时.不同专业在使用时，可根据自身的特点和需要加以取舍.

本书由唐建民、殷羽担任主编，由艾艺红、徐畅凯、徐文华担任副主编.具体编写分工如下：徐文华编写第 1 章；殷羽编写第 2 章；艾艺红编写第 3 章；徐畅凯编写第 5 章；梁鑫编写第 6 章；唐建民编写第 4 章、内容提要及思维拓展知识，负责总体方案设计和内容编排，并对全书进行了仔细地修改校正.

由于编者水平所限，书中如有不足之处敬请使用本书的师生与读者批评指正，以便修订时改进.如读者在使用本书的过程中有其他意见或建议，恳请向编者提出宝贵意见.

编　者

2023 年 2 月

第 1 版前言

本书内容符合国家教育部关于“高等教育面向 21 世纪教学内容和课程体系改革计划”的基本要求，是编者总结多年的教学实践经验，依据经济类、管理类各专业对线性代数课程的教学要求，吸收国内外同类教材的优点，结合我国初等教育和高等教育发展趋势的基础上编写的经济应用数学(二)线性代数课程教材。本书包括行列式、矩阵、线性方程组、矩阵的特征值与特征向量和二次型等内容。主要介绍线性代数的基础知识。

本书在编写过程中力求突出以下几个方面的特点：

(1)突出线性代数的基本思想和基本方法。帮助学生掌握基本概念，理顺概念之间的联系，提高学习效果。在教学理念上不过分强调严密论证、研究过程，而更多的是让学生体会线性代数的本质和线性代数的价值。

(2)将一些实际应用有机地渗透到数学概念的学习中，将实用性和适用性体现在教材的例题和习题中。

(3)选择的语言力求通俗易懂，精炼准确，尽可能做到简明扼要，深入浅出，易于学生阅读。略去教材中一些非重点内容的定理证明，而以例题进行说明。

(4)力求例题、习题合理配置，形式多样，难易适度。教材每章后的习题均分为(A)(B)两组，其中(A)组习题反映了经济管理类专业数学基础课的基本要求，(B)组习题由填空题和选择题两部分组成，可作为复习和总结使用。习题答案附书后。

本书是面向高等院校经济管理类专业的教材，建议授课时数为 48~60 学时。不同专业在使用时，可根据自身的特点和需要加以取舍。

参加本书编写的有艾艺红、殷羽、丁德志、徐畅凯、徐文华、唐建民、吴海洋、李文学、葛杨和田秀霞等。

由于编者水平所限，书中如有不足之处敬请使用本书的师生与读者批评指正，以便修订时改进。如读者在使用本书的过程中有其他意见或建议，恳请向编者提出宝贵意见。

编　者

2015 年 4 月 7 日

Contents

目录

第 1 章

行列式

行列式是一个新的运算符，其概念源于解线性方程组的问题，是线性代数的一个重要研究对象和最基本的常用工具之一，被广泛用于数学、物理、工程技术、经济管理等领域中.

本章主要在实数范围内讨论 n 阶行列式的概念、性质、计算及其在线性方程组中的应用.

1.1 排列与逆序

在中学阶段，我们曾学习过排列的基本知识，即把 n 个不同的元素排成一列称为这 n 个元素的一个排列，n 个元素共有 $n!$ 个排列，下面给出自然数上的一种排列的定义，以及在此基础上给出逆序的定义.

行列式简史

定义 1.1 由自然数 $1,2,\cdots,n$ 组成的一个有序数组称为一个 n **元排列**.

由定义可知，本章给出的 n 元排列其实是指定了排列数字的排列.

例如，3 元排列是指由数字 1，2，3 组成的排列，有 123，132，213，231，312，321，共 3! 个排列；4 元排列是指由数字 1，2，3，4 组成的排列，有 4! 个排列. 一般由数字 $1,2,\cdots,n$ 可组成 $n!$ 个 n 元排列.

定义 1.2 在一个 n 元排列 $i_1i_2\cdots i_t\cdots i_s\cdots i_n$ 中，若排在前面的数 i_t 大于排在后面的数 i_s，即 $i_t>i_s$，则称这一对数 i_ti_s 为该排列的一个**逆序**. 该排列中所有逆序的总数，称为排列的**逆序数**，记为 $\tau(i_1i_2\cdots i_n)$；若排列中无逆序，即逆序数为零，则该排列必然是各个数按照从小到大的自然顺序排列的，称这一排列为**自然序排列**；否则，称为**逆序排列**.

由定义知，显然，在 n 元排列中，自然序排列是唯一的，只有一个排列即 $123\cdots n$，该排列中无逆序，逆序数为零. 非自然序排列的排列都是逆序排列，其个数为 $n!-1$.

例如，在 4 元排列中，仅 1234 为自然序排列，即 $\tau(1234)=0$，其他为逆序排列.

【例 1.1】 找出排列 51432 中的所有逆序，并求逆序数.

解 在排列 51432 中构成逆序的有 51，54，53，52，43，42，32，因此 $\tau(51432)=7$. 实际上，逆序数的计算方法有很多，下面介绍两种简单易行的计算方法：

方法一 $\tau(i_1i_2\cdots i_n)=$（i_1 右边比其小的数的总数）+（i_2 右边比其小的数的总数）+⋯+（i_{n-1} 右边比其小的数的总数）；

方法二 $\tau(i_1i_2\cdots i_n)=$（1 左边数码的个数）+（2 左边大于 2 的数码个数）+⋯+（$n-1$ 左边大于 $n-1$ 的数码个数）.

这两种方法难易程度一样，方法不同，结果相同.读者可随意选择一种方法掌握，如无特别说明，本章涉及计算逆序数时都使用方法一进行计算.

【例 1.2】 计算下列排列的逆序数：

(1)613254　(2)7612543　(3)$12\cdots(n-1)n$　(4)$n(n-1)\cdots21$

解　(1)$\tau(613254)=5+0+1+0+1=7$；

(2)$\tau(7612543)=6+5+0+0+2+1=14$；

(3)$\tau(12\cdots(n-1)n)=0+0+\cdots+0=0$；

(4)$\tau(n(n-1)\cdots21)=(n-1)+(n-2)+\cdots+1=\dfrac{n(n-1)}{2}$.

定义 1.3　如果排列的逆序数为偶数，则称其为**偶排列**；如果排列的逆序数为奇数，则称其为**奇排列**.

另外，逆序数为零的排列，如例 1.2 中的(3)，我们规定其为偶排列.

【例 1.3】 写出三元排列中的所有偶排列和奇排列.

解　数字 1,2,3 组成的三元排列有 123,132,213,231,312,321.其中 123,231,312 是偶排列,132,213,321 是奇排列.

定义 1.4　在一个 n 元排列 $i_1i_2\cdots i_t\cdots i_s\cdots i_n$ 中，如果互换其中某两个数 i_t 和 i_s 的位置，其余各数位置不变，得到另一个排列 $i_1i_2\cdots i_s\cdots i_t\cdots i_n$，这种变换称为一次**对换**.

【例 1.4】 写出排列 123 经一次对换后得到的所有排列.

解　123 经一次对换后可变为 132,213,321.

定理 1.1　任意一个排列经一次对换后，其奇偶性发生改变.

证明略.

从例 1.4 中，我们发现其正好验证了定理 1.1.三元排列 123 为偶排列，经一次对换后得到的排列 132,213,321 全为奇排列.一般地，一个 n 元奇(偶)排列，经一次对换可得到所有 C_n^2 个 n 元偶(奇)排列.

利用定理 1.1 可以进一步证明：在所有 n 元排列中，奇排列和偶排列的个数相同，都为$\dfrac{n!}{2}$.

1.2　行列式的概念

1.2.1　行列式的定义

行列式是一个新的数学符号，同时也是一个新的运算符，其构造的运算成为研究线性代数的有力工具，同时其形式也在其他学科中得到了广泛应用.本节将详细介绍行列式的形式及构造运算方法.

定义 1.5　用符号“| |”将 n^2 个数 $a_{ij}(i,j=1,2,\cdots,n)$ 排成 n 行 n 列表示成

$$\begin{vmatrix} a_{11} & a_{12} & \cdots & a_{1n} \\ a_{21} & a_{22} & \cdots & a_{2n} \\ \vdots & \vdots & & \vdots \\ a_{n1} & a_{n2} & \cdots & a_{nn} \end{vmatrix}. \tag{1.1}$$

并规定其等于 $\sum\limits_{j_1j_2\cdots j_n}(-1)^{\tau(j_1j_2\cdots j_n)}a_{1j_1}a_{2j_2}\cdots a_{nj_n}$ 的形式称为 n **阶行列式**，记为 $|a_{ij}|_n$ 或 $\det(a_{ij})$，也可用大写英文字母表示，如 A,B,C 等.其中"| |"为行列式的符号，符号中间由 n^2 个数 $a_{ij}(i,j=1,2\cdots,n)$ 排成的方形阵列称为行列式的**数据**.数据阵列中，横排称为**行**，纵排称为**列**，a_{ij} 表示行列式第 i 行第 j 列位置的**元素**.其中，i 称为元素的**行标**，j 称为元素的**列标**，数值 $\sum\limits_{j_1j_2\cdots j_n}(-1)^{\tau(j_1j_2\cdots j_n)}a_{1j_1}a_{2j_2}\cdots a_{nj_n}$ 的形式称为行列式的**展开式**，$j_1j_2\cdots j_n$ 为某个 n 元排列，$\sum\limits_{j_1j_2\cdots j_n}$ 表示对 n 元排列求和.

莱布尼茨

凯莱

由定义 1.5 知，行列式表示一个数，且任意一个行列式都和一个数相对应.因此，某种意义上，行列式可以看作一个特殊的函数 $y=|X|$，而自变量 X 并不全是普通意义上的一个数，而是一个 n 行 n 列的数据方形阵列（简称"方阵"），并且，行列式的符号"| |"也绝不同于绝对值的符号，两者是两个完全不同的运算符.

另外，从行列式的展开式中可以看出，**n 阶行列式等于所有取自不同行不同列的 n 个元素乘积的代数和**，每项的构成形式为 $a_{1j_1}a_{2j_2}\cdots a_{nj_n}$，总项数为 n 元排列 $j_1j_2\cdots j_n$ 的全排列数，即 $n!$ 项，每项符号为 $(-1)^{\tau(j_1j_2\cdots j_n)}$.

下面根据行列式的定义，给出一阶、二阶及三阶行列式展开式的具体形式.

1）一阶行列式

由定义 1.5 知，一阶行列式的数据是 1 行 1 列的数据阵列，其形式应为 $|a_{11}|$，且

$$|a_{11}|=\sum_{j_1}(-1)^{\tau(j_1)}a_{1j_1}=a_{11}.$$

2）二阶行列式

概念辨析

由定义 1.5 知，二阶行列式的数据是 2 行 2 列的数据阵列，其形式应为 $\begin{vmatrix} a_{11} & a_{12} \\ a_{21} & a_{22} \end{vmatrix}$，且

$$\begin{aligned}\begin{vmatrix} a_{11} & a_{12} \\ a_{21} & a_{22} \end{vmatrix} &= \sum_{j_1j_2}(-1)^{\tau(j_1j_2)}a_{1j_1}a_{2j_2} \\ &=(-1)^{\tau(12)}a_{11}a_{22}+(-1)^{\tau(21)}a_{12}a_{21} \\ &=a_{11}a_{22}-a_{12}a_{21}.\end{aligned}$$

3）三阶行列式

由定义 1.5 知，三阶行列式的数据是 3 行 3 列的数据阵列，其形式应为 $\begin{vmatrix} a_{11} & a_{12} & a_{13} \\ a_{21} & a_{22} & a_{23} \\ a_{31} & a_{32} & a_{33} \end{vmatrix}$，且

$$\begin{vmatrix} a_{11} & a_{12} & a_{13} \\ a_{21} & a_{22} & a_{23} \\ a_{31} & a_{32} & a_{33} \end{vmatrix} = \sum_{j_1j_2j_3} (-1)^{\tau(j_1j_2j_3)} a_{1j_1}a_{2j_2}a_{3j_3}$$

$$= (-1)^{\tau(123)} a_{11}a_{22}a_{33} + (-1)^{\tau(132)} a_{11}a_{23}a_{32} + (-1)^{\tau(213)} a_{12}a_{21}a_{33} + (-1)^{\tau(231)} a_{12}a_{23}a_{31} + (-1)^{\tau(312)} a_{13}a_{21}a_{32} + (-1)^{\tau(321)} a_{13}a_{22}a_{31}$$

$$= a_{11}a_{22}a_{33} - a_{11}a_{23}a_{32} - a_{12}a_{21}a_{33} + a_{12}a_{23}a_{31} + a_{13}a_{21}a_{32} - a_{13}a_{22}a_{31}$$

$$= a_{11}a_{22}a_{33} + a_{12}a_{23}a_{31} + a_{13}a_{21}a_{32} - a_{11}a_{23}a_{32} - a_{12}a_{21}a_{33} - a_{13}a_{22}a_{31}.$$

类似地，根据定义可以写出更高阶行列式的具体展开形式. 在行列式中，一般称阶数 $n \geqslant 4$ 的行列式为高阶行列式. 对四阶行列式，读者可以按照定义进行尝试，其项数为 $4! = 24$ 项. 随着行列式阶数的增加，其展开式会越来越复杂，例如，5 阶行列式的展开式有 $5! = 120$ 项. 因此，在行列式的计算中，一般只会用到一阶、二阶和三阶行列式的展开形式，对更高阶的行列式的计算一般不直接用定义的展开式，而是用后面将要介绍的其他更有效的方法. 通常称利用行列式的定义来计算行列式的方法为**定义法**或**公式法**.

二阶行列式和三阶行列式的展开可借助下列对角线图示辅助记忆.

$$\begin{vmatrix} a_{11} & a_{12} \\ a_{21} & a_{22} \end{vmatrix} = a_{11}a_{22} - a_{12}a_{21}.$$

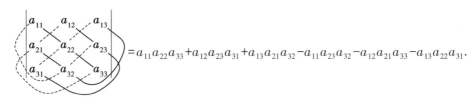

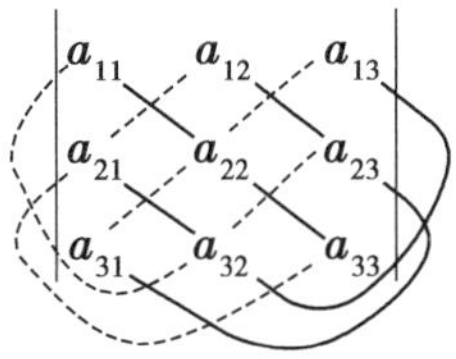

$$= a_{11}a_{22}a_{33} + a_{12}a_{23}a_{31} + a_{13}a_{21}a_{32} - a_{11}a_{23}a_{32} - a_{12}a_{21}a_{33} - a_{13}a_{22}a_{31}.$$

【例 1.5】 计算三阶行列式

$$\begin{vmatrix} 1 & 2 & 3 \\ 4 & 5 & 6 \\ 7 & 8 & 9 \end{vmatrix}.$$

三阶行列式的另一种对角线法

解 直接利用行列式的定义展开式可得

$$\begin{vmatrix} 1 & 2 & 3 \\ 4 & 5 & 6 \\ 7 & 8 & 9 \end{vmatrix} = 1\times5\times9 + 2\times6\times7 + 3\times4\times8 - 1\times6\times8 - 2\times4\times9 - 3\times5\times7 = 0.$$

【例 1.6】 判断下列元素的乘积是否为四阶行列式 $|a_{ij}|_4$ 展开式中的项. 若是，则该项的符号是什么？

(1) $a_{11}a_{23}a_{34}$ (2) $a_{11}a_{23}a_{32}a_{41}$ (3) $a_{41}a_{23}a_{44}a_{32}$ (4) $a_{32}a_{11}a_{23}a_{44}$

解 (1) 不是，因四阶行列式的展开式每项是 4 个元素的乘积.

(2) 不是，因元素 a_{11} 与 a_{41} 同列，四阶行列式的展开式每项是不同行不同列元素的乘积.

(3) 不是，因元素 a_{41} 与 a_{44} 同行，四阶行列式的展开式每项是不同行不同列元素的乘积.

(4) 是，由 $a_{32}a_{11}a_{23}a_{44} = a_{11}a_{23}a_{32}a_{44}$ 知，$a_{11}a_{23}a_{32}a_{44}$ 为项的标准形式，又由 $(-1)^{\tau(1324)} = -1$ 知，该项的符号为负号.

【例 1.7】 求函数

$$f(x)=\begin{vmatrix}5 & 1 & 0 & 1\\ 2 & x & 2 & 3\\ 3 & 1 & 1 & 2\\ 1 & -1 & x & 4\end{vmatrix}$$

中的 x^2 系数.

解 由行列式的定义知,展开式中,每项由 4 个不同行不同列的元素相乘,要得到含 x^2 的项有两种情况,即 $a_{11}a_{22}a_{34}a_{43}$ 和 $a_{14}a_{22}a_{31}a_{43}$,故该项为

$$\begin{aligned}&(-1)^{\tau(1243)}a_{11}a_{22}a_{34}a_{43}+(-1)^{\tau(4213)}a_{14}a_{22}a_{31}a_{43}\\&=-5\cdot x\cdot 2\cdot x+(-1)^4 1\cdot x\cdot 3\cdot x\\&=-7x^2.\end{aligned}$$

故 x^2 的系数为−7.

定理 1.2 n 阶行列式 $D=|a_{ij}|_n$ 的展开式可以写成

$$D=\sum_{i_1i_2\cdots i_n,j_1j_2\cdots j_n}(-1)^{\tau(i_1i_2\cdots i_n)+\tau(j_1j_2\cdots j_n)}a_{i_1j_1}a_{i_2j_2}\cdots a_{i_nj_n} \tag{1.2}$$

其中,$i_1i_2\cdots i_n$,$j_1j_2\cdots j_n$ 表示两个 n 元排列,$\sum\limits_{i_1i_2\cdots i_n,j_1j_2\cdots j_n}$ 表示对两个 n 元排列求和.

证明略.

特别地,当式(1.2)中所有项 $a_{i_1j_1}a_{i_2j_2}\cdots a_{i_nj_n}$ 的列标按自然序排列时,则式(1.2)为

$$\begin{aligned}D&=\sum_{i_1i_2\cdots i_n,j_1j_2\cdots j_n}(-1)^{\tau(i_1i_2\cdots i_n)+\tau(j_1j_2\cdots j_n)}a_{i_1j_1}a_{i_2j_2}\cdots a_{i_nj_n}\\&=\sum_{i_1i_2\cdots i_n,12\cdots n}(-1)^{\tau(i_1i_2\cdots i_n)+\tau(12\cdots n)}a_{i_11}a_{i_22}\cdots a_{i_nn}\\&=\sum_{i_1i_2\cdots i_n,12\cdots n}(-1)^{\tau(i_1i_2\cdots i_n)}a_{i_11}a_{i_22}\cdots a_{j_nn}.\end{aligned}$$

由此得到下列推论:

推论 1.1 n 阶行列式 $D=|a_{ij}|_n$ 的展开式可写成

$$D=\sum_{i_1i_2\cdots i_n}(-1)^{\tau(i_1i_2\cdots i_n)}a_{i_11}a_{i_22}\cdots a_{i_nn}. \tag{1.3}$$

1.2.2 特殊形式行列式

当行列式中很多元素为零时,由定义 1.5 知,行列式的展开式中必然有很多项为零.当行列式的展开式中只有少数项不为零时,可用定义找出其不为零的项的具体形式,下面介绍几种特殊的 n 阶行列式的展开式.

定义 1.6 在 n 阶行列式中,连接 a_{11} 到 a_{nn} 位置的线段称为行列式的**主对角线**(见行列式中的实线),连接 a_{1n} 到 a_{n1} 位置的线段称为行列式的**次对角线**(见行列式中的虚线).

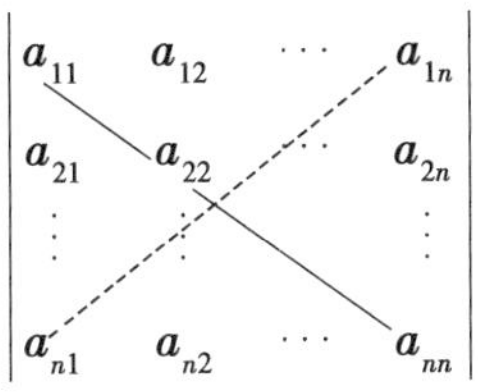

1)**主对角行列式**

行列式中除主对角线外的元素全为零的行列式称为**主对角行列式**.

由定义,易证

$$\begin{vmatrix} a_{11} & 0 & \cdots & 0 \\ 0 & a_{22} & \cdots & 0 \\ \vdots & \vdots & & \vdots \\ 0 & 0 & \cdots & a_{nn} \end{vmatrix} = a_{11}a_{22}\cdots a_{nn}.$$

2)**主上三角行列式**

行列式中主对角线以下的元素全为零的行列式称为**主上三角行列式**.

由定义,易证

$$\begin{vmatrix} a_{11} & a_{12} & \cdots & a_{1n} \\ 0 & a_{22} & \cdots & a_{2n} \\ \vdots & \vdots & & \vdots \\ 0 & 0 & \cdots & a_{nn} \end{vmatrix} = a_{11}a_{22}\cdots a_{nn}.$$

3)**主下三角行列式**

行列式中主对角线以上的元素全为零的行列式称为**主下三角行列式**.

由定义,易证

$$\begin{vmatrix} a_{11} & 0 & \cdots & 0 \\ a_{21} & a_{22} & \cdots & 0 \\ \vdots & \vdots & & \vdots \\ a_{n1} & a_{n2} & \cdots & a_{nn} \end{vmatrix} = a_{11}a_{22}\cdots a_{nn}.$$

4)**次对角行列式**

行列式中除次对角线外的元素全为零的行列式称为**次对角行列式**.

由定义,易证

$$\begin{vmatrix} 0 & \cdots & 0 & a_{1n} \\ 0 & \cdots & a_{2(n-1)} & 0 \\ \vdots & & \vdots & \vdots \\ a_{n1} & \cdots & 0 & 0 \end{vmatrix} = (-1)^{\frac{n(n-1)}{2}} a_{1n}a_{2(n-1)}\cdots a_{n1}.$$

5)**次上三角行列式**

行列式中次对角线以下的元素全为零的行列式称为**次上三角行列式**.

由定义,易证

$$\begin{vmatrix} a_{11} & \cdots & a_{1(n-1)} & a_{1n} \\ a_{21} & \cdots & a_{2(n-1)} & 0 \\ \vdots & & \vdots & \vdots \\ a_{n1} & \cdots & 0 & 0 \end{vmatrix} = (-1)^{\frac{n(n-1)}{2}} a_{1n}a_{2(n-1)}\cdots a_{n1}.$$

6)次下三角行列式

行列式中次对角线以上的元素全为零的行列式称为**次下三角行列式**.

由定义,易证

$$\begin{vmatrix} 0 & \cdots & 0 & a_{1n} \\ 0 & \cdots & a_{2(n-1)} & a_{2n} \\ \vdots & & \vdots & \vdots \\ a_{n1} & \cdots & a_{n(n-1)} & a_{nn} \end{vmatrix} = (-1)^{\frac{n(n-1)}{2}} a_{1n}a_{2(n-1)}\cdots a_{n1}.$$

上述特殊行列式按照定义展开都只有一项非零,并且主对角行列式、主上三角行列式和主下三角行列式的展开形式相同.次对角行列式、次上三角行列式和次下三角行列式的展开形式相同,因此,以后对这类行列式的计算,可按照其展开式的特点直接计算,尤其对主上三角行列式,读者应重点掌握,因在后续介绍的一般行列式计算中会经常用到该形式.

1.3 行列式的性质

在1.2节中,由于用行列式定义的展开式来计算一般的 $n\geqslant 4$ 阶的行列式是非常繁琐的,因此有必要进一步探讨行列式的性质,以找到更加简便有效的方法计算一般高阶行列式,并且这些性质在理论上也有重要的意义.

性质1.1(可转性) 将行列式的行、列互换,行列式的值不变.即设行列式

$$D=\begin{vmatrix} a_{11} & a_{12} & \cdots & a_{1n} \\ a_{21} & a_{22} & \cdots & a_{2n} \\ \vdots & \vdots & & \vdots \\ a_{n1} & a_{n2} & \cdots & a_{nn} \end{vmatrix}$$

$$D^{\mathrm{T}}=\begin{vmatrix} a_{11} & a_{21} & \cdots & a_{n1} \\ a_{12} & a_{22} & \cdots & a_{n2} \\ \vdots & \vdots & & \vdots \\ a_{1n} & a_{2n} & \cdots & a_{nn} \end{vmatrix}$$

则 $D=D^{\mathrm{T}}$.行列式 D^{T} 称为行列式 D 的**转置行列式**.

证 设行列式 D^{T} 中位于第 i 行第 j 列的元素为 b_{ij},显然有 $b_{ij}=a_{ji}(i,j=1,2,\cdots,n)$.根据 n 阶行列式的定义有

$$D^{\mathrm{T}}=\sum_{j_1j_2\cdots j_n}(-1)^{\tau(j_1j_2\cdots j_n)}b_{1j_1}b_{2j_2}\cdots b_{nj_n}=\sum_{j_1j_2\cdots j_n}(-1)^{\tau(j_1j_2\cdots j_n)}a_{j_11}a_{j_22}\cdots a_{j_nn}.$$

由推论1.1,得 $D=D^{\mathrm{T}}$.

性质1.1说明行列式的行和列的地位是相同的.也就是说,对行成立的性质,对列也成立.

【例 1.8】 已知行列式

$$D=\begin{vmatrix}1&2&3\\4&5&6\\7&8&9\end{vmatrix}.$$

写出行列式 D^{T},并计算 D^{T} 的值.

解 $D^{\mathrm{T}}=\begin{vmatrix}1&4&7\\2&5&8\\3&6&9\end{vmatrix}$,由三阶行列的展开式可得

$$D^{\mathrm{T}}=\begin{vmatrix}1&4&7\\2&5&8\\3&6&9\end{vmatrix}=1\times5\times9+4\times8\times3+7\times2\times6-1\times8\times6-4\times2\times9-7\times5\times3=0.$$

比较例 1.5 和例 1.8,发现 D^{T} 和 D 展开式中的项完全一样,正好验证了 $D^{\mathrm{T}}=D$.

性质 1.2(半可交换性) 互换行列式的两行(列),行列式的值反号,即

$$D_1=\begin{vmatrix}a_{11}&a_{12}&\cdots&a_{1n}\\\vdots&\vdots&&\vdots\\a_{i1}&a_{i2}&\cdots&a_{in}\\\vdots&\vdots&&\vdots\\a_{s1}&a_{s2}&\cdots&a_{sn}\\\vdots&\vdots&&\vdots\\a_{n1}&a_{n2}&\cdots&a_{nn}\end{vmatrix}=-\begin{vmatrix}a_{11}&a_{12}&\cdots&a_{1n}\\\vdots&\vdots&&\vdots\\a_{s1}&a_{s2}&\cdots&a_{sn}\\\vdots&\vdots&&\vdots\\a_{i1}&a_{i2}&\cdots&a_{in}\\\vdots&\vdots&&\vdots\\a_{n1}&a_{n2}&\cdots&a_{nn}\end{vmatrix}=-D_2.$$

证 显然,乘积 $a_{1j_1}\cdots a_{ij_i}\cdots a_{sj_s}\cdots a_{nj_n}$ 在行列式 D_1 和 D_2 中都是取自不同行不同列的 n 个数的乘积.在 D_1 和 D_2 中,这一项的符号分别由

$$(-1)^{\tau(1\cdots i\cdots s\cdots n)+\tau(j_1\cdots j_i\cdots j_s\cdots j_n)} \text{和} (-1)^{\tau(1\cdots s\cdots i\cdots n)+\tau(j_1\cdots j_i\cdots j_s\cdots j_n)}$$

决定,而排列 $1\cdots i\cdots s\cdots n$ 和 $1\cdots s\cdots i\cdots n$ 的奇偶性相反,因此,D_1 和 D_2 的展开式中每项符号恰好相反,所以 $D_1=-D_2$.

推论 1.2 如果行列式有两行(列)完全相同,则此行列式的值为零.

性质 1.3(可乘性) 行列式某一行(列)的所有元素都乘以数 k,等于数 k 乘此行列式,即

$$D=\begin{vmatrix}a_{11}&a_{12}&\cdots&a_{1n}\\\vdots&\vdots&&\vdots\\ka_{i1}&ka_{i2}&\cdots&ka_{in}\\\vdots&\vdots&&\vdots\\a_{n1}&a_{n2}&\cdots&a_{nn}\end{vmatrix}=k\begin{vmatrix}a_{11}&a_{12}&\cdots&a_{1n}\\\vdots&\vdots&&\vdots\\a_{i1}&a_{i2}&\cdots&a_{in}\\\vdots&\vdots&&\vdots\\a_{n1}&a_{n2}&\cdots&a_{nn}\end{vmatrix}=kD_1.$$

证 根据行列式的定义,有

$$\begin{aligned}D&=\sum_{j_1j_2\cdots j_n}(-1)^{\tau(j_1j_2\cdots j_n)}a_{1j_1}a_{2j_2}\cdots(ka_{ij_i})\cdots a_{nj_n}\\&=k\sum_{j_1j_2\cdots j_n}(-1)^{\tau(j_1j_2\cdots j_n)}a_{1j_1}a_{2j_2}\cdots a_{ij_i}\cdots a_{nj_n}\\&=kD_1.\end{aligned}$$

推论 1.3(可提性) 行列式一行(列)所有元素的公因子可以提到行列式的外面.

典型案例精讲

推论 1.4 如果行列式中有一行(列)的元素全为零,则此行列式的值为零.

推论 1.5 如果行列式有两行(列)的对应元素成比例,则此行列式的值为零.

性质 1.4(可加性) 如果行列式中某一行(列)的所有元素都是两个数的和,则此行列式等于两个行列式的和.这两个行列式的这一行(列)分别是第一组数和第二组数,其余各行(列)与原行列式相同,即

$$\begin{vmatrix} a_{11} & a_{12} & \cdots & a_{1n} \\ \vdots & \vdots & & \vdots \\ a_{i1}+b_{i1} & a_{i2}+b_{i2} & \cdots & a_{in}+b_{in} \\ \vdots & \vdots & & \vdots \\ a_{n1} & a_{n2} & \cdots & a_{nn} \end{vmatrix} = \begin{vmatrix} a_{11} & a_{12} & \cdots & a_{1n} \\ \vdots & \vdots & & \vdots \\ a_{i1} & a_{i2} & \cdots & a_{in} \\ \vdots & \vdots & & \vdots \\ a_{n1} & a_{n2} & \cdots & a_{nn} \end{vmatrix} + \begin{vmatrix} a_{11} & a_{12} & \cdots & a_{1n} \\ \vdots & \vdots & & \vdots \\ b_{i1} & b_{i2} & \cdots & b_{in} \\ \vdots & \vdots & & \vdots \\ a_{n1} & a_{n2} & \cdots & a_{nn} \end{vmatrix}.$$

证 令上式中的 3 个行列式从左到右依次为 D,D_1,D_2,根据行列式的定义有

$$\begin{aligned} D &= \sum_{j_1j_2\cdots j_n}(-1)^{\tau(j_1j_2\cdots j_n)}a_{1j_1}\cdots(a_{ij_i}+b_{ij_i})\cdots a_{nj_n} \\ &= \sum_{j_1j_2\cdots j_n}(-1)^{\tau(j_1j_2\cdots j_n)}a_{1j_1}\cdots a_{ij_i}\cdots a_{nj_n} + \sum_{j_1j_2\cdots j_n}(-1)^{\tau(j_1j_2\cdots j_n)}a_{1j_1}\cdots b_{ij_i}\cdots a_{nj_n} \\ &= D_1+D_2. \end{aligned}$$

【例 1.9】 计算行列式

$$D=\begin{vmatrix} 1 & 2 & 203 \\ 4 & 5 & 506 \\ 7 & 8 & 809 \end{vmatrix}.$$

解 利用性质 1.4 和推论 1.5,有

$$D=\begin{vmatrix} 1 & 2 & 200+3 \\ 4 & 5 & 500+6 \\ 7 & 8 & 800+9 \end{vmatrix} = \begin{vmatrix} 1 & 2 & 200 \\ 4 & 5 & 500 \\ 7 & 8 & 800 \end{vmatrix} + \begin{vmatrix} 1 & 2 & 3 \\ 4 & 5 & 6 \\ 7 & 8 & 9 \end{vmatrix} = 0+0=0.$$

性质 1.5(倍加性) 把行列式的某一行(列)所有元素的 k 倍加到另一行(列)相应的元素上,行列式的值不变.例如:

$$\begin{vmatrix} a_{11} & a_{12} & \cdots & a_{1n} \\ \vdots & \vdots & & \vdots \\ a_{i1} & a_{i2} & \cdots & a_{in} \\ \vdots & \vdots & & \vdots \\ a_{s1} & a_{s2} & \cdots & a_{sn} \\ \vdots & \vdots & & \vdots \\ a_{n1} & a_{n2} & \cdots & a_{nn} \end{vmatrix} = \begin{vmatrix} a_{11} & a_{12} & \cdots & a_{1n} \\ \vdots & \vdots & & \vdots \\ a_{i1} & a_{i2} & \cdots & a_{in} \\ \vdots & \vdots & & \vdots \\ a_{s1}+ka_{i1} & a_{s2}+ka_{i2} & \cdots & a_{sn}+ka_{in} \\ \vdots & \vdots & & \vdots \\ a_{n1} & a_{n2} & \cdots & a_{nn} \end{vmatrix}.$$

由性质 1.4 和推论 1.5 可直接得证.

前面介绍过特殊形式的行列式,其展开式只有一项,计算简便.通常我们可以利用行列式的性质将一般形式的行列式化成特殊形式的行列式进行计算.在计算中,经常利用行列式

的性质将其化成主上三角形式进行计算，称此方法为**三角化法**.

行列式的计算过程非常灵活，为了使读者了解计算过程，引入下列记号：

①$r_i \leftrightarrow r_j(c_i \leftrightarrow c_j)$：交换 i,j 两行（列）.

②$kr_i(kc_i)$：第 i 行（列）元素都乘以 k.

③$r_i+kr_j(c_i+kc_j)$：第 j 行（列）元素都乘以 k 加到第 i 行（列）对应的元素上.

【例 1.10】 计算三阶行列式

$$\begin{vmatrix} 1 & 2 & 3 \\ 4 & 5 & 6 \\ 7 & 8 & 9 \end{vmatrix}.$$

解 利用行列式的性质将其化为主上三角行列式进行计算，有

$$\begin{vmatrix} 1 & 2 & 3 \\ 4 & 5 & 6 \\ 7 & 8 & 9 \end{vmatrix} \xlongequal[r_3-7r_1]{r_2-4r_1} \begin{vmatrix} 1 & 2 & 3 \\ 0 & -3 & -6 \\ 0 & -6 & -12 \end{vmatrix} \xlongequal{r_3-2r_2} \begin{vmatrix} 1 & 2 & 3 \\ 0 & -3 & -6 \\ 0 & 0 & 0 \end{vmatrix} = 0.$$

【例 1.11】 计算四阶行列式

$$D = \begin{vmatrix} 2 & 4 & -1 & -2 \\ -3 & 7 & -1 & 4 \\ 5 & -9 & 2 & 7 \\ 2 & -5 & 1 & 2 \end{vmatrix}.$$

解 $$D \xlongequal{c_1 \leftrightarrow c_3} - \begin{vmatrix} -1 & 4 & 2 & -2 \\ -1 & 7 & -3 & 4 \\ 2 & -9 & 5 & 7 \\ 1 & -5 & 2 & 2 \end{vmatrix} \xlongequal[r_3+r_1]{\substack{r_2-r_1 \\ r_3+2r_1}} - \begin{vmatrix} -1 & 4 & 2 & -2 \\ 0 & 3 & -5 & 6 \\ 0 & -1 & 9 & 3 \\ 0 & -1 & 4 & 0 \end{vmatrix}$$

$$\xlongequal{r_2 \leftrightarrow r_4} \begin{vmatrix} -1 & 4 & 2 & -2 \\ 0 & -1 & 4 & 0 \\ 0 & -1 & 9 & 3 \\ 0 & 3 & -5 & 6 \end{vmatrix} \xlongequal[r_4+3r_2]{r_3-r_2} \begin{vmatrix} -1 & 4 & 2 & -2 \\ 0 & -1 & 4 & 0 \\ 0 & 0 & 5 & 3 \\ 0 & 0 & 7 & 6 \end{vmatrix}$$

$$\xlongequal{r_4-\frac{7}{5}r_3} \begin{vmatrix} -1 & 4 & 2 & -2 \\ 0 & -1 & 4 & 0 \\ 0 & 0 & 5 & 3 \\ 0 & 0 & 0 & \frac{9}{5} \end{vmatrix} = -1\times(-1)\times5\times\frac{9}{5}=9.$$

【例 1.12】 计算四阶行列式

$$D = \begin{vmatrix} 4 & 2 & 3 & 1 \\ 1 & 2 & 3 & 4 \\ 2 & 1 & 3 & 4 \\ 3 & 2 & 4 & 1 \end{vmatrix}.$$

解 该行列式有一个特点，即每行的所有数加起来都是 10，可以利用这一特点将第 2，3，4 列都加到第 1 列，有

$$D\xlongequal[c_1+c_4]{\substack{c_1+c_2\\c_1+c_3}}\begin{vmatrix}10&2&3&1\\10&2&3&4\\10&1&3&4\\10&2&4&1\end{vmatrix}=10\begin{vmatrix}1&2&3&1\\1&2&3&4\\1&1&3&4\\1&2&4&1\end{vmatrix}\xlongequal[r_4-r_1]{\substack{r_2-r_1\\r_3-r_1}}10\begin{vmatrix}1&2&3&1\\0&0&0&3\\0&-1&0&3\\0&0&1&0\end{vmatrix}$$

$$\xlongequal{r_2\leftrightarrow r_3}-10\begin{vmatrix}1&2&3&1\\0&-1&0&3\\0&0&0&3\\0&0&1&0\end{vmatrix}\xlongequal{r_3\leftrightarrow r_4}10\begin{vmatrix}1&2&3&1\\0&-1&0&3\\0&0&1&0\\0&0&0&3\end{vmatrix}=10\times1\times(-1)\times1\times3=-30.$$

【例 1.13】 计算下列行列式：

(1) $D=\begin{vmatrix}x&y&z\\x&x+y&x+y+z\\x&2x+y&3x+3y+z\end{vmatrix}$；

(2) $D=\begin{vmatrix}x+a&a&a&\cdots&a\\a&x+a&a&\cdots&a\\a&a&x+a&\cdots&a\\\vdots&\vdots&\vdots&&\vdots\\a&a&a&\cdots&x+a\end{vmatrix}$.

解 (1)该行列式中的元素都是代数式,虽然三阶行列式可直接用定义计算,但是仍然比较繁琐,可利用行列式的性质化简,得

$$D\xlongequal[r_3-r_1]{r_2-r_1}\begin{vmatrix}x&y&z\\0&x&x+y\\0&2x&3x+3y\end{vmatrix}\xlongequal{r_3-2r_2}\begin{vmatrix}x&y&z\\0&x&x+y\\0&0&x+y\end{vmatrix}=x^2(x+y).$$

(2)注意到该行列式各行各列元素的和都为 $na+x$,可利用这一特点把行列式第二列及之后的每列都加到第一列上,得

$$D=\begin{vmatrix}na+x&a&a&\cdots&a\\na+x&x+a&a&\cdots&a\\na+x&a&x+a&\cdots&a\\\vdots&\vdots&\vdots&&\vdots\\na+x&a&a&\cdots&x+a\end{vmatrix}=(na+x)\begin{vmatrix}1&a&a&\cdots&a\\1&x+a&a&\cdots&a\\1&a&x+a&\cdots&a\\\vdots&\vdots&\vdots&&\vdots\\1&a&a&\cdots&x+a\end{vmatrix}$$

$$\xlongequal{r_i-r_1(i=2,3,\cdots,n)}(na+x)\begin{vmatrix}1&a&a&\cdots&a\\0&x&0&\cdots&0\\0&0&x&\cdots&0\\\vdots&\vdots&\vdots&&\vdots\\0&0&0&\cdots&x\end{vmatrix}=(na+x)x^{n-1}.$$

1.4 行列式的展开

根据三阶行列式的展开式,容易验证:

$$\begin{vmatrix} a_{11} & a_{12} & a_{13} \\ a_{21} & a_{22} & a_{23} \\ a_{31} & a_{32} & a_{33} \end{vmatrix} = a_{11}\begin{vmatrix} a_{22} & a_{23} \\ a_{32} & a_{33} \end{vmatrix} - a_{12}\begin{vmatrix} a_{21} & a_{23} \\ a_{31} & a_{33} \end{vmatrix} + a_{13}\begin{vmatrix} a_{21} & a_{22} \\ a_{31} & a_{32} \end{vmatrix}.$$

即三阶行列式可用二阶行列式表示，那么是否所有的行列式都能用其低一阶的行列式表示呢？为了回答这个问题，先介绍下列定义：

定义 1.7 在 n 阶行列式

$$\begin{vmatrix} a_{11} & a_{12} & \cdots & a_{1n} \\ a_{21} & a_{22} & \cdots & a_{2n} \\ \vdots & \vdots & & \vdots \\ a_{n1} & a_{n2} & \cdots & a_{nn} \end{vmatrix}$$

中，划去 a_{ij} 所在的第 i 行和第 j 列的所有元素，余下的元素按原来的顺序构成一个 $n-1$ 阶行列式，称为 a_{ij} 的**余子式**，记为 M_{ij}；称 $(-1)^{i+j}M_{ij}$ 为 a_{ij} 的**代数余子式**，记为 A_{ij}，即 $A_{ij}=(-1)^{i+j}M_{ij}$.

【例 1.14】 在四阶行列式

$$\begin{vmatrix} 1 & -3 & 2 & 0 \\ 2 & 2 & 3 & 1 \\ 9 & 4 & 5 & -3 \\ 6 & 2 & 7 & -4 \end{vmatrix}$$

中，分别写出 a_{23}，a_{33} 的余子式和代数余子式.

范德蒙德-拉普拉斯

解 根据定义 1.7，有

$$M_{23}=\begin{vmatrix} 1 & -3 & 0 \\ 9 & 4 & -3 \\ 6 & 2 & -4 \end{vmatrix}, A_{23}=(-1)^{2+3}M_{23}=-M_{23}=-\begin{vmatrix} 1 & -3 & 0 \\ 9 & 4 & -3 \\ 6 & 2 & -4 \end{vmatrix}.$$

$$M_{33}=\begin{vmatrix} 1 & -3 & 0 \\ 2 & 2 & 1 \\ 6 & 2 & -4 \end{vmatrix}, A_{33}=(-1)^{3+3}M_{33}=M_{33}=\begin{vmatrix} 1 & -3 & 0 \\ 2 & 2 & 1 \\ 6 & 2 & -4 \end{vmatrix}.$$

定理 1.3（可展性） n 阶行列式

$$D=\begin{vmatrix} a_{11} & a_{12} & \cdots & a_{1n} \\ a_{21} & a_{22} & \cdots & a_{2n} \\ \vdots & \vdots & & \vdots \\ a_{n1} & a_{n2} & \cdots & a_{nn} \end{vmatrix}$$

等于它的任意一行（列）的各个元素与其对应的代数余子式的乘积之和，即

$$D=a_{i1}A_{i1}+a_{i2}A_{i2}+\cdots+a_{in}A_{in}, (i=1,2,\cdots,n). \tag{1.4}$$

$$D=a_{1j}A_{1j}+a_{2j}A_{2j}+\cdots+a_{nj}A_{nj}, (j=1,2,\cdots,n). \tag{1.5}$$

证 只需证明式（1.4）成立，即只需证明式（1.4）右端 $a_{ij}A_{ij}(j=1,2,\cdots,n)$ 中的每一项都是 D 展开式中的项，并且符号和项数也相同即可. 事实上，$A_{ij}(j=1,2,\cdots,n)$ 是一个 $n-1$ 阶行列式，共有 $(n-1)!$ 项，因此，$a_{ij}A_{ij}$ 也是 $(n-1)!$ 项. 式（1.4）右端是 n 个 $(n-1)!$ 项相加，因此式（1.4）右端共有 $n(n-1)!=n!$ 项，即 D 展开式和式（1.4）右端项数相同.

又因为 $a_{ij}A_{ij}=(-1)^{i+j}a_{ij}M_{ij}$，其中

$$M_{ij}=\begin{vmatrix} a_{11} & \cdots & a_{1,j-1} & a_{1,j+1} & \cdots & a_{1n} \\ \vdots & & \vdots & \vdots & & \vdots \\ a_{i-1,1} & \cdots & a_{i-1,j-1} & a_{i-1,j+1} & \cdots & a_{i-1,n} \\ a_{i+1,1} & \cdots & a_{i+1,j-1} & a_{i+1,j+1} & \cdots & a_{i+1,n} \\ \vdots & & \vdots & \vdots & & \vdots \\ a_{n1} & \cdots & a_{n,j-1} & a_{n,j+1} & \cdots & a_{nn} \end{vmatrix}.$$

所以，$a_{ij}M_{ij}$中的每项都可以写成

$$a_{ij}a_{1j_1}\cdots a_{i-1j_{i-1}}a_{i+1j_{i+1}}\cdots a_{nj_n}=a_{1j_1}\cdots a_{i-1j_{i-1}}a_{ij}a_{i+1j_{i+1}}\cdots a_{nj_n}. \tag{1.6}$$

其中，$j_1\cdots j_{i-1}j_{i+1}\cdots j_n$ 是 $1,\cdots,j-1,j+1,\cdots n$ 的一个排列. 显然式(1.6)是 D 中取自不同行不同列的 n 个数的乘积，因而是 D 中的项.

在项 $a_{ij}A_{ij}$ 中，式(1.6)的符号应为$(-1)^{i+j}\cdot(-1)^{\tau(j_1\cdots j_{i-1}j_{i+1}\cdots j_n)}$. 在 D 中，式(1.6)的符号为

$$\begin{aligned}&(-1)^{\tau(i1\cdots i-1i+1\cdots n)+\tau(jj_1\cdots j_{i-1}j_{i+1}\cdots j_n)}\\&=(-1)^{i-1}(-1)^{\tau(1\cdots i-1i+1\cdots n)}(-1)^{j-1}(-1)^{\tau(j_1\cdots j_{i-1}j_{i+1}\cdots j_n)}\\&=(-1)^{i+j}\cdot(-1)^{\tau(j_1\cdots j_{i-1}j_{i+1}\cdots j_n)}.\end{aligned}$$

因此，式(1.4)右端 $a_{ij}A_{ij}$ 中的每项都是 D 中的项，且项数和符号相同，所以式(1.4)成立. 利用相同的方法可证式(1.5)成立.

推论 1.6 n 阶行列式 D 中任意一行(列)的元素与另一行(列)对应元素的代数余子式的乘积之和等于零，即

$$a_{i1}A_{s1}+a_{i2}A_{s2}+\cdots+a_{in}A_{sn}=0,(i\neq s). \tag{1.7}$$

$$a_{1j}A_{1t}+a_{2j}A_{2t}+\cdots+a_{nj}A_{nt}=0,(j\neq t). \tag{1.8}$$

证 把行列式的第 s 行元素换成第 i 行($i\neq s$)的对应元素，得到新的行列式 D_1.

$$D_1=\begin{vmatrix} a_{11} & a_{12} & \cdots & a_{1n} \\ \vdots & \vdots & & \vdots \\ a_{i1} & a_{i2} & \cdots & a_{in} \\ \vdots & \vdots & & \vdots \\ a_{i1} & a_{i2} & \cdots & a_{in} \\ \vdots & \vdots & & \vdots \\ a_{n1} & a_{n2} & \cdots & a_{nn} \end{vmatrix}.$$

D_1 中有两行元素完全相同，因此，$D_1=0$. 把 D_1 按第 s 行展开，得

$$D_1=a_{i1}A_{s1}+a_{i2}A_{s2}+\cdots+a_{in}A_{sn}=0,(i\neq s).$$

类似可证，

$$a_{1j}A_{1t}+a_{2j}A_{2t}+\cdots+a_{nj}A_{nt}=0,(j\neq t).$$

定理 1.3 表明，行列式按照式(1.4)或式(1.5)展开，就可以将 n 阶行列式的计算转化为 n 个 $n-1$ 阶行列式的计算问题. 特别是 n 阶行列式中有某一行(列)只有一个非零元素，若按该行(列)展开，则可将一个 n 阶行列式的计算转化为一个 $n-1$ 阶行列式的计算. 实际应用中，可利用行列式的性质将行列式中某一行(列)的元素化为尽可能多的零，然后按该行(列)展开，可以大大减少计算量. 通常将利用定理 1.3 计算行列式的方法称为**降阶法**.

【例 1.15】 计算行列式

$$D=\begin{vmatrix}1&-3&2&0\\2&2&3&1\\9&4&5&-3\\6&2&7&-4\end{vmatrix}.$$

分析 若直接利用定理 1.3,将行列式按第一行展开,则有

$$D=a_{11}A_{11}+a_{12}A_{12}+a_{13}A_{13}+a_{14}A_{14}.$$

注意到 $a_{14}=0$,因此 $D=a_{11}A_{11}+a_{12}A_{12}+a_{13}A_{13}$,即

$$D=1\times(-1)^{1+1}\begin{vmatrix}2&3&1\\4&5&-3\\2&7&-4\end{vmatrix}+(-3)\times(-1)^{1+2}\begin{vmatrix}2&3&1\\9&5&-3\\6&7&-4\end{vmatrix}+2\times(-1)^{1+3}\begin{vmatrix}2&2&1\\9&4&-3\\6&2&-4\end{vmatrix}.$$

我们会发现一个四阶行列式的计算此时转化为 3 个三阶行列式的计算,但计算量仍然很大,由此可以先利用行列式的性质将行列式 D 的第一行元素再化两个零,然后用降阶法可大大减少计算量.

解

$$D\xlongequal[c_3-2c_1]{c_2+3c_1}\begin{vmatrix}1&0&0&0\\2&8&-1&1\\9&31&-13&-3\\6&20&-5&-4\end{vmatrix}\xlongequal{(r_1)}1\times\begin{vmatrix}8&-1&1\\31&-13&-3\\20&-5&-4\end{vmatrix}\xlongequal[c_2+c_3]{c_1-8c_3}\begin{vmatrix}0&0&1\\55&-16&-3\\52&-9&-4\end{vmatrix}$$

$$=1\times\begin{vmatrix}55&-16\\52&-9\end{vmatrix}=337.$$

注 (r_1)表示按照第一行展开进行行列式的计算.

【例 1.16】 计算 n 阶行列式

$$D=\begin{vmatrix}b_1&a_1&0&\cdots&0&0\\0&b_2&a_2&\cdots&0&0\\0&0&b_3&\cdots&0&0\\\vdots&\vdots&\vdots&&\vdots&\vdots\\0&0&0&\cdots&b_{n-1}&a_{n-1}\\a_n&0&0&\cdots&0&b_n\end{vmatrix}$$

解 行列式按照第一列展开,有

$$D=b_1\begin{vmatrix}b_2&a_2&\cdots&0&0\\0&b_3&\cdots&0&0\\\vdots&\vdots&&\vdots&\vdots\\0&0&\cdots&b_{n-1}&a_{n-1}\\0&0&\cdots&0&b_n\end{vmatrix}+a_n\times(-1)^{n+1}\begin{vmatrix}a_1&0&\cdots&0&0\\b_2&a_2&\cdots&0&0\\0&b_3&\cdots&0&0\\\vdots&\vdots&&\vdots&\vdots\\0&0&\cdots&b_{n-1}&a_{n-1}\end{vmatrix}$$

$$=b_1b_2\cdots b_n+(-1)^{n+1}a_1a_2\cdots a_n.$$

1.5 行列式的应用

前面已研究了 n 阶行列式的概念、性质和计算,本节将讨论行列式在求解含有 n 个未知量和 n 个方程的线性方程组中的应用.

定理 1.4 克莱姆(Cramer)法则 如果含有 n 个方程的 n 元线性方程组

$$\begin{cases} a_{11}x_1+a_{12}x_2+\cdots+a_{1n}x_n=b_1 \\ a_{21}x_1+a_{22}x_2+\cdots+a_{2n}x_n=b_2 \\ \qquad\qquad\vdots \\ a_{n1}x_1+a_{n2}x_2+\cdots+a_{nn}x_n=b_n \end{cases} \tag{1.9}$$

的**系数行列式**

克莱姆

$$D=\begin{vmatrix} a_{11} & a_{12} & \cdots & a_{1n} \\ a_{21} & a_{22} & \cdots & a_{2n} \\ \vdots & \vdots & & \vdots \\ a_{n1} & a_{n2} & \cdots & a_{nn} \end{vmatrix}\neq 0,$$

则方程组(1.9)有唯一解

$$x_i=\frac{D_i}{D},(i=1,2,\cdots,n). \tag{1.10}$$

其中

$$D_i=\begin{vmatrix} a_{11} & \cdots & a_{1i-1} & b_1 & a_{1i+1} & \cdots a_{1n} \\ a_{21} & \cdots & a_{2i-1} & b_2 & a_{2i+1} & \cdots a_{2n} \\ \vdots & & \vdots & \vdots & \vdots & \vdots \\ a_{n1} & \cdots & a_{ni-1} & b_n & a_{ni+1} & \cdots a_{nn} \end{vmatrix}.$$

即 D_i 是把系数行列式 D 的第 i 列所有元素换成方程组中对应的常数项,其余元素不变所得到的行列式.

证 首先证明式(1.10)是方程组(1.9)的解.即验证解(1.10)使方程组(1.9)中的每个等式都成立.不妨先验证第一个等式,将 $x_i=\dfrac{D_i}{D},(i=1,2,\cdots,n)$ 代入方程组第一个等式的左边,则有

$$\frac{a_{11}D_1}{D}+\frac{a_{12}D_2}{D}+\cdots+\frac{a_{1n}D_n}{D}=\frac{a_{11}D_1+a_{12}D_2+\cdots+a_{1n}D_n}{D},$$

又

$$b_1D=\begin{vmatrix} b_1 & 0 & 0 & \cdots & 0 \\ b_1 & a_{11} & a_{12} & \cdots & a_{1n} \\ b_2 & a_{21} & a_{22} & \cdots & a_{2n} \\ \vdots & \vdots & \vdots & & \vdots \\ b_n & a_{n1} & a_{n2} & \cdots & a_{nn} \end{vmatrix}\xlongequal{r_1-r_2}\begin{vmatrix} 0 & -a_{11} & -a_{12} & \cdots & -a_{1n} \\ b_1 & a_{11} & a_{12} & \cdots & a_{1n} \\ b_2 & a_{21} & a_{22} & \cdots & a_{2n} \\ \vdots & \vdots & \vdots & & \vdots \\ b_n & a_{n1} & a_{n2} & \cdots & a_{nn} \end{vmatrix}.$$

后面行列式按第一行展开，并经过变形整理得

$$b_1D=a_{11}D_1+a_{12}D_2+\cdots+a_{1n}D_n.$$

所以

$$\frac{a_{11}D_1}{D}+\frac{a_{12}D_2}{D}+\cdots+\frac{a_{1n}D_n}{D}=\frac{a_{11}D_1+a_{12}D_2+\cdots+a_{1n}D_n}{D}=\frac{b_1D}{D}=b_1.$$

左边等于右边，所以式(1.10)是方程组(1.9)第一个方程的解.同理可验证式(1.10)是其他所有方程的解，因此式(1.10)是方程组的解.

下面证明方程组(1.9)的解是唯一的.设 $x_1=c_1,x_2=c_2,\cdots,x_n=c_n$ 为方程组的任意解，于是

$$\begin{cases}a_{11}c_1+a_{12}c_2+\cdots+a_{1n}c_n=b_1\\a_{21}c_1+a_{22}c_2+\cdots+a_{2n}c_n=b_2\\\qquad\vdots\\a_{n1}c_1+a_{n2}c_2+\cdots+a_{nn}c_n=b_n\end{cases}. \tag{1.11}$$

用 $A_{1j},A_{2j},\cdots,A_{nj}$ 分别乘方程组(1.11)的第1，第2，……，第 n 个方程的等式两边，再把这 n 个等式两边相加，得

$$\begin{aligned}&(a_{11}A_{1j}+a_{21}A_{2j}+\cdots+a_{n1}A_{nj})c_1+\cdots+(a_{1j}A_{1j}+a_{2j}A_{2j}+\cdots+a_{nj}A_{nj})c_j+\cdots+(a_{1n}A_{1j}+a_{2n}A_{2j}+\cdots+a_{nn}A_{nj})c_n\\&=b_1A_{1j}+b_2A_{2j}+\cdots+b_nA_{nj}.\end{aligned}$$

根据定理1.3及推论1.6，上式为

$$Dc_j=D_j,(j=1,2,\cdots,n).$$

因为 $D\neq0$，所以 $c_j=\dfrac{D_j}{D}$，$(j=1,2,\cdots,n)$，这说明方程组(1.9)的解必有式(1.10)的形式，即当 $D\neq0$ 时，方程组(1.9)有唯一解.

通常对方程组进行分类时，可按其解的情况分为有解和无解两大类.在有解的方程组中还可以进一步分成唯一解和多解.因此，在对方程组进行分类时，通常按3种类型进行讨论，即唯一解、无穷多解和无解三类.由克莱姆法则可以判定含有 n 个方程的 n 元线性方程组是唯一解或是另外两种解.

定理1.5 线性方程组(1.9)有唯一解的充分必要条件是其系数行列式 $D\neq0$.

证明略.

由定理1.5的逆否命题可知，若方程组(1.9)有无穷多解或是无解，则 $D=0$；反之，若 $D=0$，则方程组(1.9)有无穷多解或是无解.

当方程组(1.9)中的常数项 $b_1,b_2,\cdots,b_n$ 全为零时，即

$$\begin{cases}a_{11}x_1+a_{12}x_2+\cdots+a_{1n}x_n=0\\a_{21}x_1+a_{22}x_2+\cdots+a_{2n}x_n=0\\\qquad\vdots\\a_{n1}x_1+a_{n2}x_2+\cdots+a_{nn}x_n=0\end{cases} \tag{1.12}$$

称其为**齐次线性方程组**.

显然，齐次线性方程组(1.12)一定有解 $x_1=0,x_2=0,\cdots,x_n=0$，称该解为方程组的**零解**，其余解则称为**非零解**.因此，齐次线性方程组(1.12)不存在无解的情况.这种方程组按其解的情况分类只有两大类，即唯一解和无穷多解.由克莱姆法则可知，若 $D\neq0$，则方程组(1.12)有

唯一解,且唯一解必定是零解.因此,齐次线性方程组按其解来分类可分为有非零解(无穷多解)和只有零解(唯一解).由克莱姆法则可得下述定理:

定理 1.6 齐次线性方程组(1.12)有且仅有零解的充分必要条件是 $D\neq 0$.

证明略.

由定理 1.6 的逆否命题可知,若方程组(1.12)有非零解,则 $D=0$;反之,若 $D=0$,则方程组(1.12)有非零解.

贝祖

【例 1.17】 用克莱姆法则解方程组

$$\begin{cases}3x_1-2x_2=12\\2x_1+x_2=1\end{cases}.$$

解 由克莱姆法则,有

$$D=\begin{vmatrix}3&-2\\2&1\end{vmatrix}=3-(-4)=7\neq 0,D_1=\begin{vmatrix}12&-2\\1&1\end{vmatrix}=14,D_2=\begin{vmatrix}3&12\\2&1\end{vmatrix}=-21.$$

所以

$$x_1=\frac{D_1}{D}=\frac{14}{7}=2,x_2=\frac{D_2}{D}=\frac{-21}{7}=-3.$$

【例 1.18】 用克莱姆法则求解方程组 $\begin{cases}x_1+x_2+x_3=1\\x_1-x_2+5x_3=6\\-x_1+x_2+6x_3=9\end{cases}$.

解 根据克莱姆法则,有

$$D=\begin{vmatrix}1&1&1\\1&-1&5\\-1&1&6\end{vmatrix}=1\times(-1)\times 6+1\times 5\times(-1)+1\times 1\times 1-1\times 5\times 1-1\times 1\times 6-1\times(-1)\times(-1)$$

$$=-22\neq 0$$

该线性方程组有唯一解,又有

$$D_1=\begin{vmatrix}1&1&1\\6&-1&5\\9&1&6\end{vmatrix}=13,D_2=\begin{vmatrix}1&1&1\\1&6&5\\-1&9&6\end{vmatrix}=-5,D_3=\begin{vmatrix}1&1&1\\1&-1&6\\-1&1&9\end{vmatrix}=-30.$$

所以,它的唯一解为:

$$x_1=\frac{D_1}{D}=\frac{13}{-22},x_2=\frac{D_2}{D}=\frac{-5}{-22}=\frac{5}{22},x_3=\frac{D_3}{D}=\frac{-30}{-22}=\frac{15}{11}.$$

【例 1.19】 用克莱姆法则解方程组:

$$\begin{cases}2x_1+x_2-5x_3+x_4=8\\x_1-3x_2-6x_4=9\\2x_2-x_3+2x_4=-5\\x_1+4x_2-7x_3+6x_4=0\end{cases}.$$

解 由克莱姆法则,有

$$D=\begin{vmatrix}2&1&-5&1\\1&-3&0&-6\\0&2&-1&2\\1&4&-7&6\end{vmatrix}\xlongequal[r_4-r_2]{r_1-2r_2}\begin{vmatrix}0&7&-5&13\\1&-3&0&-6\\0&2&-1&2\\0&7&-7&12\end{vmatrix}=-\begin{vmatrix}7&-5&13\\2&-1&2\\7&-7&12\end{vmatrix}$$

$$\xlongequal[c_3+2c_2]{c_1+2c_2}-\begin{vmatrix}-3&-5&3\\0&-1&0\\-7&-7&-2\end{vmatrix}=\begin{vmatrix}-3&3\\-7&-2\end{vmatrix}=27\neq 0.$$

$$D_1=\begin{vmatrix}8&1&-5&1\\9&-3&0&-6\\-5&2&-1&2\\0&4&-7&6\end{vmatrix}=81,D_2=\begin{vmatrix}2&8&-5&1\\1&9&0&-6\\0&-5&-1&2\\1&0&-7&6\end{vmatrix}=-108,$$

$$D_3=\begin{vmatrix}2&1&8&1\\1&-3&9&-6\\0&2&-5&2\\1&4&0&6\end{vmatrix}=-27,D_4=\begin{vmatrix}2&1&-5&8\\1&-3&0&9\\0&2&-1&-5\\1&4&-7&0\end{vmatrix}=27.$$

所以

$$x_1=\frac{D_1}{D}=\frac{81}{27}=3,x_2=\frac{D_2}{D}=\frac{-108}{27}=-4,x_3=\frac{D_3}{D}=\frac{-27}{27}=-1,x_4=\frac{D_4}{D}=\frac{27}{27}=1.$$

【例 1.20】 当 λ 取何值时，方程组

$$\begin{cases}(1-\lambda)x_1-2x_2+4x_3=1\\2x_1+(3-\lambda)x_2+x_3=2\\x_1+x_2+(1-\lambda)x_3=3\end{cases}$$

有唯一解？

解 由定理 1.5 知，其系数行列式 $D\neq 0$ 时方程组有唯一解.由

$$D=\begin{vmatrix}1-\lambda&-2&4\\2&3-\lambda&1\\1&1&1-\lambda\end{vmatrix}\xlongequal{c_2-c_1}\begin{vmatrix}1-\lambda&\lambda-3&4\\2&1-\lambda&1\\1&0&1-\lambda\end{vmatrix}$$

$$\xlongequal{c_3+(\lambda-1)c_1}\begin{vmatrix}1-\lambda&\lambda-3&-(\lambda+1)(\lambda-3)\\2&1-\lambda&2\lambda-1\\1&0&0\end{vmatrix}$$

$$\xlongequal{(r_3)}(\lambda-3)(2\lambda-1)+(1-\lambda)(\lambda+1)(\lambda-3)=-\lambda(\lambda-2)(\lambda-3)$$

知，当 $\lambda\neq 0,2,3$ 时，方程组有唯一解.

在中学代数中，我们已经知道方程是否有解与其在哪个数集上进行讨论有关.线性代数的许多问题在不同数集上讨论，可能有不同的结论.本书在未作特别说明的情况下，均指在实数域上讨论方程组的解.

习题 1

(A)

1.计算下列 9 元排列的逆序数.

(1)164385297；　(2)973542681；　(3)987654321.

2.判断下列乘积是否为五阶行列式 $D=|a_{ij}|_5$ 展开式中的项,若是,应取什么符号?

(1) $a_{21}a_{14}a_{32}a_{43}a_{55}$; (2) $a_{12}a_{34}a_{23}a_{45}$; (3) $a_{23}a_{12}a_{43}a_{34}a_{55}$; (4) $a_{31}a_{22}a_{14}a_{43}a_{55}$.

3.写出四阶行列式展开式中包含 $a_{11}a_{43}$ 的项.

4.用公式法计算下列二阶和三阶行列式.

(1) $\begin{vmatrix} 1 & 2 \\ 3 & 4 \end{vmatrix}$; (2) $\begin{vmatrix} \sin\theta & -\cos\theta \\ \cos\theta & \sin\theta \end{vmatrix}$;

(3) $\begin{vmatrix} 1 & 0 & 2 \\ 2 & 2 & 1 \\ 3 & 4 & 5 \end{vmatrix}$; (4) $\begin{vmatrix} x & 1 & 2 \\ 1 & x & 2 \\ 2 & 1 & x+1 \end{vmatrix}$.

5.用三角化法计算下列行列式.

(1) $\begin{vmatrix} 1 & 0 & 2 \\ 2 & 2 & 1 \\ 3 & 4 & 5 \end{vmatrix}$; (2) $\begin{vmatrix} 1 & 1 & 2 & 3 \\ 2 & 1 & 3 & 4 \\ 0 & 1 & 2 & 1 \\ 1 & 2 & 0 & 1 \end{vmatrix}$;

(3) $\begin{vmatrix} 3 & 1 & -1 & 2 \\ -5 & 1 & 3 & -4 \\ 2 & 0 & 1 & -1 \\ 1 & -5 & 3 & -3 \end{vmatrix}$; (4) $\begin{vmatrix} 10 & 1 & 0 & -1 \\ -\frac{1}{2} & 1 & 2 & 0 \\ 2 & 1 & 0 & 3 \\ 1 & 2 & 3 & 4 \end{vmatrix}$.

6.设 $D=\begin{vmatrix} 0 & 1 & 2 \\ 3 & 4 & 2 \\ 1 & 3 & 1 \end{vmatrix}$,求第一列各元素的余子式和代数余子式.

7.已知四阶行列式 D 第 4 行的元素分别为 1,2,3,4,其对应的余子式分别为 2,-1,2,3,求 D 的值.

8.用降阶法计算下列行列式.

(1) $\begin{vmatrix} 1 & 0 & 2 \\ 2 & 2 & 1 \\ 3 & 4 & 5 \end{vmatrix}$; (2) $\begin{vmatrix} x & 1 & 2 \\ 1 & x & 2 \\ 2 & 1 & x+1 \end{vmatrix}$;

(3) $\begin{vmatrix} 3 & 1 & -1 & 2 \\ -5 & 1 & 3 & -4 \\ 2 & 0 & 1 & -1 \\ 1 & -5 & 3 & -3 \end{vmatrix}$; (4) $\begin{vmatrix} 10 & 1 & 0 & -1 \\ -\frac{1}{2} & 1 & 2 & 0 \\ 2 & 1 & 0 & 3 \\ 1 & 2 & 3 & 4 \end{vmatrix}$.

9.计算下列行列式的值.

(1) $\begin{vmatrix} 3 & 2 & 2 & 2 \\ 2 & 3 & 2 & 2 \\ 2 & 2 & 3 & 2 \\ 2 & 2 & 2 & 3 \end{vmatrix}$; (2) $\begin{vmatrix} 1 & 2 & a & 1 \\ 0 & 3 & b & -1 \\ 1 & 2 & c & 1 \\ 2 & 1 & d & 5 \end{vmatrix}$;

(3) $\begin{vmatrix} 1 & 1 & 1 & 1 \\ -1 & 2 & 1 & 3 \\ 1 & 4 & 1 & 9 \\ -1 & 8 & 1 & 27 \end{vmatrix}$；　(4) $\begin{vmatrix} 1-x & 1 & 1 & 1 \\ 1 & 1+x & 1 & 1 \\ 1 & 1 & 1-y & 1 \\ 1 & 1 & 1 & 1+y \end{vmatrix}$；

(5) $\begin{vmatrix} 1 & x & x & \cdots & x \\ x & 1 & x & \cdots & x \\ x & x & 1 & \cdots & x \\ \vdots & \vdots & \vdots & & \vdots \\ x & x & x & \cdots & 1 \end{vmatrix}_n$；　(6) $\begin{vmatrix} 1 & 2 & 3 & \cdots & n-1 & n \\ -1 & 0 & 3 & \cdots & n-1 & n \\ -1 & -2 & 0 & \cdots & n-1 & n \\ \vdots & \vdots & \vdots & & \vdots & \vdots \\ -1 & -2 & -3 & \cdots & 0 & n \\ -1 & -2 & -3 & \cdots & -(n-1) & 0 \end{vmatrix}$；

(7) $\begin{vmatrix} 2 & 1 & 0 & \cdots & 0 & 0 \\ 1 & 2 & 1 & \cdots & 0 & 0 \\ 0 & 1 & 2 & \cdots & 0 & 0 \\ \vdots & \vdots & \vdots & & \vdots & \vdots \\ 0 & 0 & 0 & \cdots & 2 & 1 \\ 0 & 0 & 0 & \cdots & 1 & 2 \end{vmatrix}_n$；(8) $\begin{vmatrix} a_1 & 1 & 1 & \cdots & 1 \\ 1 & a_2 & 1 & \cdots & 1 \\ 1 & 1 & a_3 & \cdots & 1 \\ \vdots & \vdots & \vdots & & \vdots \\ 1 & 1 & 1 & \cdots & a_n \end{vmatrix}$，$(a_j \neq 1, j=1,2,\cdots,n)$.

10.用克莱姆法则解下列方程组.

(1) $\begin{cases} 5x_1-2x_2=10 \\ 2x_1-2x_2=4 \end{cases}$；　(2) $\begin{cases} 2x_1-x_2+x_3=0 \\ 3x_1+2x_2-5x_3=1. \\ x_1+3x_2-2x_3=4 \end{cases}$

11.当 k 取何值时，齐次线性方程组 $\begin{cases} kx_1+2x_2+x_3=0 \\ 2x_1+kx_2=0 \\ x_1-x_2+x_3=0 \end{cases}$ 仅有零解？

12.当 k 取何值时，齐次线性方程组 $\begin{cases} x_1+2x_2+x_3=0 \\ 2x_2+5x_3=0 \\ -3x_1-2x_2+kx_3=0 \end{cases}$ 有非零解？

(B)

一、填空题

1.若 9 元排列 $1274i56j9$ 为偶排列，则 $i=$________，$j=$________.

2.若 9 元排列 $3972i15j4$ 为奇排列，则 $i=$________，$j=$________.

3.在六阶行列式中，项 $a_{32}a_{54}a_{41}a_{65}a_{13}a_{26}$ 所带的符号是________.

4.如果 $D=\begin{vmatrix} a_{11} & a_{12} & a_{13} \\ a_{21} & a_{22} & a_{23} \\ a_{31} & a_{32} & a_{33} \end{vmatrix}=m$，则 $D_1=\begin{vmatrix} a_{11} & a_{13}-3a_{12} & 3a_{12} \\ a_{21} & a_{23}-3a_{22} & 3a_{22} \\ a_{31} & a_{33}-3a_{32} & 3a_{32} \end{vmatrix}=$________.

5.行列式 $\begin{vmatrix} 1 & 1 & 1 & 0 \\ 0 & 1 & 0 & 1 \\ 0 & 1 & 1 & 1 \\ 0 & 0 & 1 & 0 \end{vmatrix}=$________.

6.行列式$\begin{vmatrix} 1 & -1 & 1 & x-1 \\ 1 & -1 & x+1 & -1 \\ 1 & x-1 & 1 & -1 \\ x+1 & -1 & 1 & -1 \end{vmatrix}$=________.

7.已知三阶行列式中第二列元素依次为1,2,3，其对应的余子式依次为3,2,1,则该行列式的值为________.

8.设行列式$D=\begin{vmatrix} 1 & 2 & 3 & 4 \\ 5 & 6 & 7 & 8 \\ 4 & 3 & 2 & 1 \\ 8 & 7 & 6 & 5 \end{vmatrix}$,$A_{4j}(j=1,2,3,4)$为$D$中第四行元素的代数余子式,则$4A_{41}+3A_{42}+2A_{43}+A_{44}=$________.

9.设行列式$D=\begin{vmatrix} 1 & 2 & 3 & 4 \\ 2 & 2 & 2 & 2 \\ 4 & 3 & 2 & 1 \\ 8 & 7 & 6 & 5 \end{vmatrix}$,$A_{4j}(j=1,2,3,4)$为$D$中第四行元素的代数余子式,则$A_{41}+A_{42}+A_{43}+A_{44}=$________.

10.已知n阶行列式$D=\begin{vmatrix} 1 & 3 & 5 & \cdots & 2n-1 \\ 1 & 2 & 0 & \cdots & 0 \\ 1 & 0 & 3 & \cdots & 0 \\ \vdots & \vdots & \vdots & & \vdots \\ 1 & 0 & 0 & \cdots & n \end{vmatrix}$,$D$中第一行元素的代数余子式的和为________.

二、选择题

1.下列排列是5元偶排列的是(　　).

A.24315　　B.14325　　C.41523　　D.24351

2.n阶行列式的展开式中含$a_{11}a_{12}$的项共有(　　)项.

A.0　　B.$n-2$　　C.$(n-2)!$　　D.$(n-1)!$

3.$\begin{vmatrix} 0 & 0 & 0 & 1 \\ 0 & 0 & 1 & 0 \\ 0 & 1 & 0 & 0 \\ 1 & 0 & 0 & 0 \end{vmatrix}=$(　　).

A.0　　B.−1　　C.1　　D.2

4.$\begin{vmatrix} 0 & 0 & 1 & 0 \\ 0 & 1 & 0 & 0 \\ 0 & 0 & 0 & 1 \\ 1 & 0 & 0 & 0 \end{vmatrix}=$(　　).

A.0　　B.−1　　C.1　　D.2

5.在函数 $f(x)=\begin{vmatrix} 2x & x & -1 & 1 \\ -1 & -x & 1 & 2 \\ 3 & 2 & -x & 3 \\ 0 & 0 & 0 & 1 \end{vmatrix}$ 中 x^3 项的系数是(　　).

A.0　　B.−1　　C.1　　D.2

6.若 $D=\begin{vmatrix} a_{11} & a_{12} & a_{13} \\ a_{21} & a_{22} & a_{23} \\ a_{31} & a_{32} & a_{33} \end{vmatrix}=\frac{1}{2}$,则 $D_1=\begin{vmatrix} 2a_{11} & a_{13} & a_{11}-2a_{12} \\ 2a_{21} & a_{23} & a_{21}-2a_{22} \\ 2a_{31} & a_{33} & a_{31}-2a_{32} \end{vmatrix}=$(　　).

A.4　　B.−4　　C.2　　D.−2

7.若 $\begin{vmatrix} a_{11} & a_{12} \\ a_{21} & a_{22} \end{vmatrix}=a$,则 $\begin{vmatrix} a_{12} & ka_{22} \\ a_{11} & ka_{21} \end{vmatrix}=$(　　).

A.ka　　B.$-ka$　　C.k^2a　　D.$-k^2a$

8.已知四阶行列式中第一行元素依次是−4,0,1,3，第三行元素的余子式依次为−2,5,1,x，则 $x=$(　　).

A.0　　B.−3　　C.3　　D. 2

9.若 $D=\begin{vmatrix} -8 & 7 & 4 & 3 \\ 6 & -2 & 3 & -1 \\ 1 & 1 & 1 & 1 \\ 4 & 3 & -7 & 5 \end{vmatrix}$,则 D 中第一行元素的代数余子式的和为(　　).

A.−1　　B.−2　　C.−3　　D.0

10.若 $D=\begin{vmatrix} 3 & 0 & 4 & 0 \\ 1 & 1 & 1 & 1 \\ 0 & -1 & 0 & 0 \\ 5 & 3 & -2 & 2 \end{vmatrix}$,则 D 中第四行元素的余子式的和为(　　).

A.−1　　B.−2　　C.−3　　D.0

习题答案

第 2 章

矩　阵

矩阵是研究与处理线性问题的重要数学工具，是线性代数的主要研究对象之一，在线性代数中具有重要的地位. 随着现代科学技术的发展，矩阵作为数学工具，越来越多地应用在自然科学、工程技术以及社会经济管理各个领域中. 本章主要介绍矩阵的概念、运算及其性质，特殊矩阵，矩阵的初等变换和可逆矩阵的求法.

矩阵简史

2.1　矩阵的概念

2.1.1　引例

引例 1　某高校 2023 级会计学专业（2）班的 40 名学生在 2022 年参加全国会计从业资格证考试的 3 门科目的成绩，按照学号排序可列成表 2.1.

表 2.1

学号	财经法规与会计职业道德	会计基础	会计电算化
1	85	68	84
2	83	81	78
3	78	79	86
⋮	⋮	⋮	⋮
40	88	68	73

这里可以将表 2.1 称为会计从业资格成绩表，表中的每个数字表示某个学生在某个科目的考试成绩. 如果单独将学生各科目成绩排列出来就形成了一个矩形数表，即

$$\begin{array}{ccc} 85 & 68 & 84 \\ 83 & 81 & 78 \\ 78 & 79 & 86 \\ \vdots & \vdots & \vdots \\ 88 & 68 & 73 \end{array}$$

为了表明数表的整体一致性，用括号将上述矩形数表括起来表示成如下形式：

$$\begin{pmatrix} 85 & 68 & 84 \\ 83 & 81 & 78 \\ 78 & 79 & 86 \\ \vdots & \vdots & \vdots \\ 88 & 68 & 73 \end{pmatrix}.$$

引例 2 设有线性方程组

$$\begin{cases} a_{11}x_1+a_{12}x_2+\cdots+a_{1n}x_n=b_1 \\ a_{21}x_1+a_{22}x_2+\cdots+a_{2n}x_n=b_2 \\ \qquad\vdots \\ a_{m1}x_1+a_{m2}x_2+\cdots+a_{mn}x_n=b_m \end{cases}. \tag{2.1}$$

当 $m=n$ 时，克莱姆法则可以判断方程组(2.1)解的情况；当 $m\neq n$ 时，就不能使用克莱姆法则，这时可以通过方程未知量系数与常数项按方程组的顺序组成的 $m\times(n+1)$ 矩形数表阵列来研究解的情况，用括号括起来如下：

$$\begin{pmatrix} a_{11} & a_{12} & \cdots & a_{1n} & b_1 \\ a_{21} & a_{22} & \cdots & a_{2n} & b_2 \\ \vdots & \vdots & & \vdots & \vdots \\ a_{m1} & a_{m2} & \cdots & a_{mn} & b_m \end{pmatrix}.$$

2.1.2 矩阵的概念

西尔维斯特

定义 2.1 由 $m\times n$ 个数排成 m 行 n 列的矩形数表

$$\begin{pmatrix} a_{11} & a_{12} & \cdots & a_{1n} \\ a_{21} & a_{22} & \cdots & a_{2n} \\ \vdots & \vdots & & \vdots \\ a_{m1} & a_{m2} & \cdots & a_{mn} \end{pmatrix}$$

称为 m 行 n 列的矩阵，简称 $m\times n$ **矩阵**.通常用英文大写字母 $\boldsymbol{A},\boldsymbol{B},\boldsymbol{C},\cdots$表示，如

$$\boldsymbol{A}=\begin{pmatrix} a_{11} & a_{12} & \cdots & a_{1n} \\ a_{21} & a_{22} & \cdots & a_{2n} \\ \vdots & \vdots & & \vdots \\ a_{m1} & a_{m2} & \cdots & a_{mn} \end{pmatrix}.$$

上述矩阵也可记为 $\boldsymbol{A}_{m\times n}$，有时也记为 $\boldsymbol{A}=(a_{ij})_{m\times n}(i=1,2,\cdots,m;j=1,2,\cdots,n)$，其中，$a_{ij}$ 称为矩阵第 i 行、第 j 列的**元素**.第一个脚标 i 称为元素 a_{ij} 的行标，第二个脚标 j 称为元素 a_{ij} 的列标.例如，矩阵

$$\boldsymbol{A}=\begin{pmatrix} 32 & 11 & 8 & 7 \\ 12 & 7 & 6 & 5 \\ -5 & 0 & -13 & 4 \end{pmatrix}$$

是一个 3×4 矩阵，且 $a_{32}=0,a_{13}=8,a_{24}=5$.

由矩阵的定义知，矩阵与行列式是两个完全不同的概念.首先，矩阵是一个矩形数表，行

列式是一个算式，当元素是数字时，行列式是一个数值；其次，行列式的行数与列数必须相等，而矩阵的行数与列数可以不等.

特别地，当 $m=1$ 时，矩阵只有一行，即

$$\boldsymbol{A}=(a_{11},a_{12},\cdots,a_{1n})$$

称为**行矩阵**或**行向量**；当 $n=1$ 时，矩阵只有一列，即

$$\boldsymbol{A}=\begin{pmatrix}a_{11}\\a_{21}\\\vdots\\a_{m1}\end{pmatrix}$$

称为**列矩阵**或**列向量**；当 $m=n$ 时，矩阵的行数与列数相同，即

$$\boldsymbol{A}=\begin{pmatrix}a_{11}&a_{12}&\cdots&a_{1n}\\a_{21}&a_{22}&\cdots&a_{2n}\\\vdots&\vdots&&\vdots\\a_{n1}&a_{n2}&\cdots&a_{nn}\end{pmatrix}$$

称为 n **阶矩阵**（或 n **阶方阵**）.n **阶矩阵**可简记为 $\boldsymbol{A}_n$.

定义 2.2 在 n 阶矩阵中，从左上角到右下角的对角线称为**主对角线**，从右上角到左下角的对角线称为**次对角线**.

主对角线上的元素全是 1，其余位置的元素均为 0 的 n 阶方阵称为 n 阶**单位矩阵**.记为 $\boldsymbol{E}_n$ 或者 $\boldsymbol{E}$，即

$$\boldsymbol{E}_n=\begin{pmatrix}1&0&\cdots&0\\0&1&\cdots&0\\\vdots&\vdots&&\vdots\\0&0&\cdots&1\end{pmatrix}.$$

所有元素为零的 $m\times n$ 矩阵称为**零矩阵**，记为 $\boldsymbol{O}_{m\times n}$ 或者 $\boldsymbol{O}$.例如，

$$\boldsymbol{O}_{2\times2}=\begin{pmatrix}0&0\\0&0\end{pmatrix},\qquad \boldsymbol{O}_{2\times3}=\begin{pmatrix}0&0&0\\0&0&0\end{pmatrix}.$$

两个矩阵的行数相等，列数也相等时，称它们是**同型矩阵**.可见 $\boldsymbol{O}_{2\times2}$ 与 $\boldsymbol{O}_{2\times3}$ 不是同型矩阵.

矩阵 $\boldsymbol{A}=(a_{ij})_{m\times n}$ 中每个元素前面都添加一个负号得到的矩阵称为它的**负矩阵**，记为 $-\boldsymbol{A}$，即

$$-\boldsymbol{A}=\begin{pmatrix}-a_{11}&-a_{12}&\cdots&-a_{1n}\\-a_{21}&-a_{22}&\cdots&-a_{2n}\\\vdots&\vdots&&\vdots\\-a_{m1}&-a_{m2}&\cdots&-a_{mn}\end{pmatrix}.$$

2.2 矩阵的运算

矩阵的意义不仅在于将一些数据排列成某种阵列形式，而且在于对它定义了一些有理

论意义和实际意义的运算后，可使它成为进行理论研究或解决实际问题的有力工具。当我们用矩阵表示某些量时，有时需要将几个矩阵进行联系，例如，讨论它们何时相等，在什么情况下可进行何种运算以及运算所满足的性质等，这就是本节所讨论的内容.

2.2.1 矩阵相等

定义 2.3 如果同型矩阵 $\boldsymbol{A}$ 与 $\boldsymbol{B}$ 对应位置上的元素都相等，即 $a_{ij}=b_{ij}$，称矩阵 $\boldsymbol{A}$ 与矩阵 $\boldsymbol{B}$ 相等，记为 $\boldsymbol{A}=\boldsymbol{B}$.

【例 2.1】 已知 $\boldsymbol{A}=\boldsymbol{B}$，其中

$$\boldsymbol{A}=\begin{pmatrix} x & 2 & -1 \\ 3 & y & 4 \end{pmatrix},\boldsymbol{B}=\begin{pmatrix} 1 & 2 & -1 \\ z & 7 & 4 \end{pmatrix},$$

求 x,y,z 的值.

解 根据矩阵相等的定义可知 $x=1,y=7,z=3$.

2.2.2 矩阵的加法

定义 2.4 设两个 $m\times n$ 矩阵 $\boldsymbol{A}=(a_{ij})_{m\times n}$，$\boldsymbol{B}=(b_{ij})_{m\times n}$ 对应位置上的元素相加得到 $m\times n$ 矩阵 $\boldsymbol{C}=(c_{ij})_{m\times n}$，即 $(c_{ij})_{m\times n}=(a_{ij}+b_{ij})_{m\times n}$，称矩阵 $\boldsymbol{C}$ 为矩阵 $\boldsymbol{A}$ 与矩阵 $\boldsymbol{B}$ 的和，记为 $\boldsymbol{C}=\boldsymbol{A}+\boldsymbol{B}$.

由定义 2.4 知，只有同型的矩阵才能做加法运算.

利用负矩阵可以定义矩阵的减法：$\boldsymbol{A}-\boldsymbol{B}=\boldsymbol{A}+(-\boldsymbol{B})$.

【例 2.2】 设 $\boldsymbol{A}=\begin{pmatrix} 0 & 4 & 3 \\ 1 & 2 & 3 \end{pmatrix}$，$\boldsymbol{B}=\begin{pmatrix} 1 & 3 & 2 \\ 8 & 4 & 6 \end{pmatrix}$，求 $\boldsymbol{A}+\boldsymbol{B}$ 和 $\boldsymbol{A}-\boldsymbol{B}$.

解 $\boldsymbol{A}+\boldsymbol{B}=\begin{pmatrix} 0+1 & 4+3 & 3+2 \\ 1+8 & 2+4 & 3+6 \end{pmatrix}=\begin{pmatrix} 1 & 7 & 5 \\ 9 & 6 & 9 \end{pmatrix}$，

$$\boldsymbol{A}-\boldsymbol{B}=\begin{pmatrix} 0-1 & 4-3 & 3-2 \\ 1-8 & 2-4 & 3-6 \end{pmatrix}=\begin{pmatrix} -1 & 1 & 1 \\ -7 & -2 & -3 \end{pmatrix}.$$

不难验证，矩阵的加法满足以下运算规律：

（Ⅰ）交换律：$\boldsymbol{A}+\boldsymbol{B}=\boldsymbol{B}+\boldsymbol{A}$.

（Ⅱ）结合律：$(\boldsymbol{A}+\boldsymbol{B})+\boldsymbol{C}=\boldsymbol{A}+(\boldsymbol{B}+\boldsymbol{C})$.

（Ⅲ）$\boldsymbol{A}+\boldsymbol{O}=\boldsymbol{A}$.

（Ⅳ）$\boldsymbol{A}-\boldsymbol{A}=\boldsymbol{O}$.

其中，$\boldsymbol{A},\boldsymbol{B},\boldsymbol{C}$ 与零矩阵 $\boldsymbol{O}$ 为同型矩阵.

2.2.3 数与矩阵的乘法

定义 2.5 以数 k 乘矩阵 $\boldsymbol{A}=(a_{ij})_{m\times n}$ 的每一个元素得到的矩阵，即

$$(ka_{ij})_{m\times n}=\begin{pmatrix} ka_{11} & ka_{12} & \cdots & ka_{1n} \\ ka_{21} & ka_{22} & \cdots & ka_{2n} \\ \vdots & \vdots & & \vdots \\ ka_{m1} & ka_{m2} & \cdots & ka_{mn} \end{pmatrix}$$

概念辨析

为数 k 与矩阵 $\boldsymbol{A}$ 的数量乘法,简称数乘,记为 $k\boldsymbol{A}$.

【例 2.3】 设 $\boldsymbol{A}=\begin{pmatrix}0&4&3\\1&2&3\end{pmatrix}$,求 $3\boldsymbol{A}$.

解 $3\boldsymbol{A}=\begin{pmatrix}3\times0&3\times4&3\times3\\3\times1&3\times2&3\times3\end{pmatrix}=\begin{pmatrix}0&12&9\\3&6&9\end{pmatrix}$.

设 $\boldsymbol{A},\boldsymbol{B}$ 为同型矩阵,k,l 为任意实数,则矩阵的数量乘法满足以下运算规律:

(Ⅰ)结合律:$(kl)\boldsymbol{A}=k(l\boldsymbol{A})=l(k\boldsymbol{A})$;

(Ⅱ)矩阵对数的分配律:$(k+l)\boldsymbol{A}=k\boldsymbol{A}+l\boldsymbol{A}$;

(Ⅲ)数对矩阵的分配律:$k(\boldsymbol{A}+\boldsymbol{B})=k\boldsymbol{A}+k\boldsymbol{B}$;

(Ⅳ)$0\boldsymbol{A}=\boldsymbol{O},k\boldsymbol{O}=\boldsymbol{O},1\boldsymbol{A}=\boldsymbol{A},(-1)\boldsymbol{A}=-\boldsymbol{A}$.

【例 2.4】 求矩阵 $\boldsymbol{X}$,使得下式成立:

$$\begin{pmatrix}1&2\\3&-1\end{pmatrix}+3\boldsymbol{X}=2\begin{pmatrix}1&3\\-1&2\end{pmatrix}.$$

解
$$\begin{aligned}3\boldsymbol{X}&=2\begin{pmatrix}1&3\\-1&2\end{pmatrix}-\begin{pmatrix}1&2\\3&-1\end{pmatrix}\\&=\begin{pmatrix}2&6\\-2&4\end{pmatrix}-\begin{pmatrix}1&2\\3&-1\end{pmatrix}\\&=\begin{pmatrix}1&4\\-5&5\end{pmatrix}.\end{aligned}$$

所以

$$\boldsymbol{X}=\frac{1}{3}\begin{pmatrix}1&4\\-5&5\end{pmatrix}=\begin{pmatrix}\frac{1}{3}&\frac{4}{3}\\-\frac{5}{3}&\frac{5}{3}\end{pmatrix}.$$

2.2.4 矩阵的乘法

在定义矩阵乘法前,首先来看下面的实例:

【例 2.5】 某公司生产 A,B,C 3 种产品,各种产品每件所需的生产成本以及各个季度每种产品的产量由下面两张表分别给出:

表 2.2

费用	产品		
	A	B	C
材料费用	0.31	0.56	0.87
劳务成本	0.26	0.65	0.72
管理费用	0.20	0.25	0.11

表 2.3

产品	季度			
	一	二	三	四
A	4 000	4 600	3 800	1 200
B	3 000	2 500	2 100	2 100
C	5 000	5 200	6 900	6 100

请给出一张表明各季度生产各类产品所需的各种成本的明细表.

解 利用矩阵的记号,可将上述两张表格写成矩阵的形式:

$$\boldsymbol{A}=\begin{pmatrix}0.31&0.56&0.87\\0.26&0.65&0.72\\0.20&0.25&0.11\end{pmatrix},\boldsymbol{B}=\begin{pmatrix}4\ 000&4\ 600&3\ 800&1\ 200\\3\ 000&2\ 500&2\ 100&2\ 100\\5\ 000&5\ 200&6\ 900&6\ 100\end{pmatrix}.$$

所需的明细表可以构造成如下形式:

$$\begin{matrix} & \text{一} & \text{二} & \text{三} & \text{四}\\ \text{材料费用} & \times & \times & \times & \times\\ \text{劳务成本} & \times & \times & \times & \times\\ \text{管理费用} & \times & \times & \times & \times\end{matrix}$$

这是一个 3×4 的矩阵,可以利用题目的两张表,也就是,矩阵 $\boldsymbol{A}$ 与矩阵 $\boldsymbol{B}$ 计算出每个值之后填入,例如,第三季度所需的劳务成本为

$$0.26\times 3\ 800+0.65\times 2\ 100+0.72\times 6\ 900=7\ 321.$$

从两个矩阵的行与列的角度来看,这是矩阵 $\boldsymbol{A}$ 的第 2 行(对应劳务成本)与矩阵 $\boldsymbol{B}$ 的第 3 列(对应第三季度)对应位置上的元素的乘积之和.如果把矩阵 $\boldsymbol{A}$ 与矩阵 $\boldsymbol{B}$ 结合产生的明细表矩阵称为 $\boldsymbol{A}$ 与 $\boldsymbol{B}$ 的乘积,并记为 $\boldsymbol{AB}$,则可以计算出

$$\boldsymbol{AB}=\begin{pmatrix}7\ 270&7\ 350&8\ 357&6\ 855\\6\ 590&6\ 565&7\ 321&6\ 069\\2\ 100&2\ 117&2\ 044&1\ 436\end{pmatrix}.$$

这是一个 3×3 与 3×4 矩阵的乘法,结果是 3×4 矩阵.

定义 2.6 设矩阵 $\boldsymbol{A}=(a_{ij})_{m\times s}$ 的列数与矩阵 $\boldsymbol{B}=(b_{ij})_{s\times n}$ 的行数相同,则由元素

$$c_{ij}=a_{i1}b_{1j}+a_{i2}b_{2j}+\cdots+a_{is}b_{sj}=\sum_{k=1}^{s}a_{ik}b_{kj},(i=1,2,\cdots,m;j=1,2,\cdots,n)$$

构成的 m 行 n 列矩阵

$$\boldsymbol{C}=(c_{ij})_{m\times n}=\left(\sum_{k=1}^{s}a_{ik}b_{kj}\right)_{m\times n}$$

称为矩阵 $\boldsymbol{A}$ 与矩阵 $\boldsymbol{B}$ 的乘积,记为 $\boldsymbol{C}=\boldsymbol{AB}$ 或 $\boldsymbol{AB}$.

该定义说明,只有当左矩阵 $\boldsymbol{A}$ 的列数等于右矩阵 $\boldsymbol{B}$ 的行数时,$\boldsymbol{A}$ 与 $\boldsymbol{B}$ 才能相乘得 $\boldsymbol{AB}$,并且 $\boldsymbol{C}=\boldsymbol{AB}$ 也是矩阵,$\boldsymbol{C}$ 中第 i 行第 j 列的元素等于矩阵 $\boldsymbol{A}$ 的第 i 行元素与矩阵 $\boldsymbol{B}$ 的第 j 列对应元素乘积之和,并且矩阵 $\boldsymbol{C}$ 的行数等于矩阵 $\boldsymbol{A}$ 的行数,矩阵 $\boldsymbol{C}$ 的列数等于矩阵 $\boldsymbol{B}$ 的列数.

为了方便记忆,$\boldsymbol{AB}=\boldsymbol{C}$ 可以直观地表示为:

$$\begin{pmatrix} a_{11} & a_{12} & \cdots & a_{1s} \\ \vdots & \vdots & & \vdots \\ \boxed{a_{i1} \quad a_{i2} \quad \cdots \quad a_{is}} \\ \vdots & \vdots & & \vdots \\ a_{m1} & a_{m2} & \cdots & a_{ms} \end{pmatrix} \begin{pmatrix} b_{11} & \cdots & b_{1j} & \cdots & b_{1n} \\ \vdots & & \vdots & & \vdots \\ b_{21} & \cdots & b_{2j} & \cdots & b_{2n} \\ b_{s1} & \cdots & b_{sj} & \cdots & b_{sn} \end{pmatrix} = \begin{pmatrix} c_{11} & \cdots & c_{1j} & \cdots & c_{1n} \\ \vdots & & \vdots & & \vdots \\ c_{i1} & \cdots & \boxed{c_{ij}} & \cdots & c_{in} \\ \vdots & & \vdots & & \vdots \\ c_{m1} & \cdots & c_{mj} & \cdots & c_{mn} \end{pmatrix}.$$

即 $c_{ij} = a_{i1}b_{1j} + a_{i2}b_{2j} + \cdots + a_{is}b_{sj} = \sum_{k=1}^{s} a_{ik}b_{kj}$.

例如,

$$\begin{pmatrix} -1 & 3 \\ 3 & 4 \\ 1 & 2 \end{pmatrix} \begin{pmatrix} 4 & 5 \\ 3 & 1 \end{pmatrix} = \begin{pmatrix} -1\times4+3\times3 & -1\times5+3\times1 \\ 3\times4+4\times3 & 3\times5+4\times1 \\ 1\times4+2\times3 & 1\times5+2\times1 \end{pmatrix} = \begin{pmatrix} 5 & -2 \\ 24 & 19 \\ 10 & 7 \end{pmatrix}.$$

【例 2.6】 已知 $\boldsymbol{A} = \begin{pmatrix} 2 & 4 \\ 1 & -1 \\ 3 & 2 \end{pmatrix}$, $\boldsymbol{B} = \begin{pmatrix} 1 & -2 & 3 \\ 3 & 0 & 1 \end{pmatrix}$, 求 $\boldsymbol{AB}$ 与 $\boldsymbol{BA}$.

解 $\boldsymbol{AB} = \begin{pmatrix} 2 & 4 \\ 1 & -1 \\ 3 & 2 \end{pmatrix} \begin{pmatrix} 1 & -2 & 3 \\ 3 & 0 & 1 \end{pmatrix} = \begin{pmatrix} 14 & -4 & 10 \\ -2 & -2 & 2 \\ 9 & -6 & 11 \end{pmatrix}$,

$\boldsymbol{BA} = \begin{pmatrix} 1 & -2 & 3 \\ 3 & 0 & 1 \end{pmatrix} \begin{pmatrix} 2 & 4 \\ 1 & -1 \\ 3 & 2 \end{pmatrix} = \begin{pmatrix} 9 & 12 \\ 9 & 14 \end{pmatrix}$.

显然, $\boldsymbol{AB} \neq \boldsymbol{BA}$.

【例 2.7】 设矩阵 $\boldsymbol{A} = (2 \quad 1 \quad 4)$, $\boldsymbol{B} = \begin{pmatrix} 3 & 1 \\ -3 & 0 \\ -2 & 4 \end{pmatrix}$, 求 $\boldsymbol{AB}$.

解 $\boldsymbol{AB} = (2 \quad 1 \quad 4) \begin{pmatrix} 3 & 1 \\ -3 & 0 \\ -2 & 4 \end{pmatrix} = (-5 \quad 18)$.

$\boldsymbol{BA}$ 没有意义,因为 $\boldsymbol{B}$ 的列数不等于 $\boldsymbol{A}$ 的行数.

【例 2.8】 若 $\boldsymbol{A} = \begin{pmatrix} -2 & 4 \\ 1 & -2 \end{pmatrix}$, $\boldsymbol{B} = \begin{pmatrix} 2 & 4 \\ -3 & -6 \end{pmatrix}$, 求 $\boldsymbol{AB}$ 与 $\boldsymbol{BA}$.

解 $\boldsymbol{AB} = \begin{pmatrix} -2 & 4 \\ 1 & -2 \end{pmatrix} \begin{pmatrix} 2 & 4 \\ -3 & -6 \end{pmatrix} = \begin{pmatrix} -16 & -32 \\ 8 & 16 \end{pmatrix}$,

$\boldsymbol{BA} = \begin{pmatrix} 2 & 4 \\ -3 & -6 \end{pmatrix} \begin{pmatrix} -2 & 4 \\ 1 & -2 \end{pmatrix} = \begin{pmatrix} 0 & 0 \\ 0 & 0 \end{pmatrix}$.

显然, $\boldsymbol{AB} \neq \boldsymbol{BA}$.

由例 2.6、例 2.7 和例 2.8 可知,矩阵的乘法和数的乘法运算规律有许多不同之处:矩阵的乘法不满足交换律,由例 2.7 可知, $\boldsymbol{AB}$ 有意义, $\boldsymbol{BA}$ 不一定有意义;即使 $\boldsymbol{AB}$ 与 $\boldsymbol{BA}$ 都有意义,两者也不一定相等.

从例 2.8 中可以看出,两个非零矩阵相乘,结果可能是一个零矩阵,因此不能根据 $\boldsymbol{AB} =$

$\boldsymbol{O}$ 推导出 $\boldsymbol{A}=\boldsymbol{O}$ 或者 $\boldsymbol{B}=\boldsymbol{O}$.

【例 2.9】 设 $\boldsymbol{A}=\begin{pmatrix}1 & -1\\ -1 & 1\end{pmatrix}$, $\boldsymbol{B}=\begin{pmatrix}2 & 2\\ -2 & -2\end{pmatrix}$, $\boldsymbol{C}=\begin{pmatrix}4 & 0\\ 0 & -4\end{pmatrix}$，求 $\boldsymbol{AB}$ 与 $\boldsymbol{AC}$.

解 $\boldsymbol{AB}=\begin{pmatrix}1 & -1\\ -1 & 1\end{pmatrix}\begin{pmatrix}2 & 2\\ -2 & -2\end{pmatrix}=\begin{pmatrix}4 & 4\\ -4 & -4\end{pmatrix}$,

$\boldsymbol{AC}=\begin{pmatrix}1 & -1\\ -1 & 1\end{pmatrix}\begin{pmatrix}4 & 0\\ 0 & -4\end{pmatrix}=\begin{pmatrix}4 & 4\\ -4 & -4\end{pmatrix}$.

由此可以看出，矩阵乘法的消去律也不成立，即 $\boldsymbol{A}\neq\boldsymbol{O}$, $\boldsymbol{AB}=\boldsymbol{AC}$，不能推导出 $\boldsymbol{B}=\boldsymbol{C}$.

矩阵的乘法一般不满足交换律，但如果 $\boldsymbol{AB}=\boldsymbol{BA}$ 成立，则称矩阵 $\boldsymbol{A}$ 与矩阵 $\boldsymbol{B}$ **可交换**. 例如，对方阵 $\boldsymbol{A}_n$ 与单位矩阵 $\boldsymbol{E}_n$，就有 $\boldsymbol{A}_n\boldsymbol{E}_n=\boldsymbol{E}_n\boldsymbol{A}_n$，$\boldsymbol{A}_n$ 与 $\boldsymbol{E}_n$ 可交换.

矩阵的乘法也有与数的乘法相似的运算规律（设下列矩阵都可以进行有关运算）：

（Ⅰ）结合律：$(\boldsymbol{AB})\boldsymbol{C}=\boldsymbol{A}(\boldsymbol{BC})$；

（Ⅱ）数乘结合律：$k(\boldsymbol{AB})=(k\boldsymbol{A})\boldsymbol{B}=\boldsymbol{A}(k\boldsymbol{B})$（$k$ 是任意常数）；

（Ⅲ）分配律：$\boldsymbol{A}(\boldsymbol{B}+\boldsymbol{C})=\boldsymbol{AB}+\boldsymbol{AC}$（左分配律）；

$(\boldsymbol{B}+\boldsymbol{C})\boldsymbol{A}=\boldsymbol{BA}+\boldsymbol{CA}$（右分配律）.

【例 2.10】 在线性方程组 $\begin{cases}a_{11}x_1+a_{12}x_2+\cdots+a_{1n}x_n=b_1\\ a_{21}x_1+a_{22}x_2+\cdots+a_{2n}x_n=b_2\\ \qquad\vdots\\ a_{m1}x_1+a_{m2}x_2+\cdots+a_{mn}x_n=b_m\end{cases}$ 中，

若令 $\boldsymbol{A}=\begin{pmatrix}a_{11} & a_{12} & \cdots & a_{1n}\\ a_{21} & a_{22} & \cdots & a_{2n}\\ \vdots & \vdots & & \vdots\\ a_{m1} & a_{m2} & \cdots & a_{mn}\end{pmatrix}$, $\boldsymbol{x}=\begin{pmatrix}x_1\\ x_2\\ \vdots\\ x_n\end{pmatrix}$, $\boldsymbol{b}=\begin{pmatrix}b_1\\ b_2\\ \vdots\\ b_m\end{pmatrix}$，则方程组可以表示成矩阵形式：

$$\boldsymbol{Ax}=\boldsymbol{b} \tag{2.2}$$

2.2.5 方阵的幂

由矩阵乘法的结合律，可以定义矩阵的乘幂运算. 设 $\boldsymbol{A}$ 是 n 阶方阵，对自然数 m，有

$$\boldsymbol{A}^0=\boldsymbol{E}_n$$

$$\boldsymbol{A}^m=\underbrace{\boldsymbol{AA}\cdots\boldsymbol{A}}_{m\text{个}\boldsymbol{A}\text{相乘}}$$

称为方阵 $\boldsymbol{A}$ 的 m **次幂**.

设 $\boldsymbol{A}$ 是方阵，m, n 是自然数，方阵的幂有以下运算性质：

（Ⅰ）$\boldsymbol{A}^m\boldsymbol{A}^n=\boldsymbol{A}^{m+n}$；

（Ⅱ）$(\boldsymbol{A}^m)^n=\boldsymbol{A}^{mn}$.

由于矩阵的乘法不满足交换律，因此，一般地，

$$(\boldsymbol{AB})^n=\underbrace{(\boldsymbol{AB})(\boldsymbol{AB})\cdots(\boldsymbol{AB})}_{n\text{个}}\neq\boldsymbol{A}^n\boldsymbol{B}^n.$$

想一想

2.2.6 矩阵的转置

定义 2.7 将一个 $m\times n$ 矩阵

$$\boldsymbol{A}=\begin{pmatrix} a_{11} & a_{12} & \cdots & a_{1n} \\ a_{21} & a_{22} & \cdots & a_{2n} \\ \vdots & \vdots & & \vdots \\ a_{m1} & a_{m2} & \cdots & a_{mn} \end{pmatrix}$$

行列互换得到的 $n\times m$ 矩阵,称为矩阵 $\boldsymbol{A}$ 的转置矩阵,记为 $\boldsymbol{A}^{\mathrm{T}}$ 或 $\boldsymbol{A}'$,即

$$\boldsymbol{A}^{\mathrm{T}}=\begin{pmatrix} a_{11} & a_{21} & \cdots & a_{m1} \\ a_{12} & a_{22} & \cdots & a_{m2} \\ \vdots & \vdots & & \vdots \\ a_{1n} & a_{2n} & \cdots & a_{mn} \end{pmatrix}.$$

例如,$\boldsymbol{A}=\begin{pmatrix} 2 & 4 \\ 1 & -1 \\ 3 & 2 \end{pmatrix}$,则 $\boldsymbol{A}^{\mathrm{T}}=\begin{pmatrix} 2 & 1 & 3 \\ 4 & -1 & 2 \end{pmatrix}$.

矩阵的转置运算有下列运算性质:

(Ⅰ) $(\boldsymbol{A}^{\mathrm{T}})^{\mathrm{T}}=\boldsymbol{A}$;

(Ⅱ) $(\boldsymbol{A}+\boldsymbol{B})^{\mathrm{T}}=\boldsymbol{A}^{\mathrm{T}}+\boldsymbol{B}^{\mathrm{T}}$;

(Ⅲ) $(k\boldsymbol{A})^{\mathrm{T}}=k\boldsymbol{A}^{\mathrm{T}}$($k$ 是任意实数);

(Ⅳ) $(\boldsymbol{AB})^{\mathrm{T}}=\boldsymbol{B}^{\mathrm{T}}\boldsymbol{A}^{\mathrm{T}}$.

证 性质(Ⅰ)、(Ⅱ)、(Ⅲ)显然成立,这里证明(Ⅳ).

设 $\boldsymbol{A}=(a_{ij})_{m\times s}$,$\boldsymbol{B}=(b_{ij})_{s\times n}$,则 $\boldsymbol{AB}$ 是 $m\times n$ 矩阵,$(\boldsymbol{AB})^{\mathrm{T}}$ 是 $n\times m$ 矩阵,而 $\boldsymbol{B}^{\mathrm{T}}$ 是 $n\times s$ 矩阵,$\boldsymbol{A}^{\mathrm{T}}$ 是 $s\times m$ 矩阵,因此 $\boldsymbol{B}^{\mathrm{T}}\boldsymbol{A}^{\mathrm{T}}$ 也是 $n\times m$ 矩阵,所以 $(\boldsymbol{AB})^{\mathrm{T}}$ 与 $\boldsymbol{B}^{\mathrm{T}}\boldsymbol{A}^{\mathrm{T}}$ 具有相同行数和列数.

矩阵 $\boldsymbol{C}=(\boldsymbol{AB})^{\mathrm{T}}$ 第 j 行第 i 列的元素是矩阵 $\boldsymbol{AB}$ 第 i 行第 j 列的元素,即

$$c_{ji}=a_{i1}b_{1j}+a_{i2}b_{2j}+\cdots+a_{is}b_{sj}=\sum_{k=1}^{s}a_{ik}b_{kj}.$$

而 $\boldsymbol{D}=\boldsymbol{B}^{\mathrm{T}}\boldsymbol{A}^{\mathrm{T}}$ 中第 j 行第 i 列的元素是矩阵 $\boldsymbol{B}^{\mathrm{T}}$ 的第 j 行与矩阵 $\boldsymbol{A}^{\mathrm{T}}$ 的第 i 列元素对应乘积之和,也就是矩阵 $\boldsymbol{B}$ 的第 j 列与矩阵 $\boldsymbol{A}$ 的第 i 行元素对应乘积之和,即

$$d_{ji}=b_{1j}a_{i1}+b_{2j}a_{i2}+\cdots+b_{sj}a_{is}=\sum_{k=1}^{s}b_{kj}a_{ik}.$$

因此 $[(\boldsymbol{AB})^{\mathrm{T}}]_{ji}=(\boldsymbol{B}^{\mathrm{T}}\boldsymbol{A}^{\mathrm{T}})_{ji}$,即 $(\boldsymbol{AB})^{\mathrm{T}}$ 与 $\boldsymbol{B}^{\mathrm{T}}\boldsymbol{A}^{\mathrm{T}}$ 对应元素均相等,从而 $(\boldsymbol{AB})^{\mathrm{T}}=\boldsymbol{B}^{\mathrm{T}}\boldsymbol{A}^{\mathrm{T}}$.

【例 2.11】 设矩阵 $\boldsymbol{A}=\begin{pmatrix} 4 & 0 & 3 \\ 1 & 3 & 2 \end{pmatrix}$,$\boldsymbol{B}=\begin{pmatrix} -1 & 2 \\ -2 & 3 \\ 0 & 1 \end{pmatrix}$,求 $\boldsymbol{A}^{\mathrm{T}}$,$\boldsymbol{B}^{\mathrm{T}}$,$\boldsymbol{AB}$,$\boldsymbol{B}^{\mathrm{T}}\boldsymbol{A}^{\mathrm{T}}$.

解 $\boldsymbol{A}^{\mathrm{T}}=\begin{pmatrix} 4 & 0 & 3 \\ 1 & 3 & 2 \end{pmatrix}^{\mathrm{T}}=\begin{pmatrix} 4 & 1 \\ 0 & 3 \\ 3 & 2 \end{pmatrix}$;

$$B^{\mathrm{T}}=\begin{pmatrix}-1&2\\-2&3\\0&1\end{pmatrix}^{\mathrm{T}}=\begin{pmatrix}-1&-2&0\\2&3&1\end{pmatrix};$$

$$AB=\begin{pmatrix}4&0&3\\1&3&2\end{pmatrix}\begin{pmatrix}-1&2\\-2&3\\0&1\end{pmatrix}=\begin{pmatrix}-4&11\\-7&13\end{pmatrix};$$

$$B^{\mathrm{T}}A^{\mathrm{T}}=(AB)^{\mathrm{T}}=\begin{pmatrix}-4&11\\-7&13\end{pmatrix}^{\mathrm{T}}=\begin{pmatrix}-4&-7\\11&13\end{pmatrix} \text{或} B^{\mathrm{T}}A^{\mathrm{T}}=\begin{pmatrix}-1&-2&0\\2&3&1\end{pmatrix}\begin{pmatrix}4&1\\0&3\\3&2\end{pmatrix}=\begin{pmatrix}-4&-7\\11&13\end{pmatrix}.$$

【例 2.12】 证明$(ABC)^{\mathrm{T}}=C^{\mathrm{T}}B^{\mathrm{T}}A^{\mathrm{T}}$.

证 $(ABC)^{\mathrm{T}}=[(AB)C]^{\mathrm{T}}=C^{\mathrm{T}}(AB)^{\mathrm{T}}=C^{\mathrm{T}}B^{\mathrm{T}}A^{\mathrm{T}}$.

可以将此例推广到有限个矩阵相乘的情况，即

$$(A_1A_2\cdots A_m)^{\mathrm{T}}=A_m^{\mathrm{T}}\cdots A_2^{\mathrm{T}}A_1^{\mathrm{T}},(m\in Z^+).$$

2.2.7 方阵的行列式

定义 2.8 设方阵$A=(a_{ij})_{n\times n}$，将方阵A的元素按照原次序构成的n阶行列式

$$\begin{vmatrix}a_{11}&a_{12}&\cdots&a_{1n}\\a_{21}&a_{22}&\cdots&a_{2n}\\\vdots&\vdots&&\vdots\\a_{n1}&a_{n2}&\cdots&a_{nn}\end{vmatrix}$$

称为方阵A的行列式，记为$|A|$或$\det(A)$.

注 n阶行列式是按照一定运算规则确定的一个代数式或者一个具体的数值，方阵A_n是一个$n\times n$的数表.

设有n阶方阵A与B，k是一任意实数，则方阵的行列式具有以下性质：

（Ⅰ）$|A^{\mathrm{T}}|=|A|$；

（Ⅱ）$|kA|=k^n|A|$；

（Ⅲ）$|AB|=|A||B|$.

性质（Ⅲ）可以推广到多个同阶方阵的情形，即如果$A_1,A_2,\cdots,A_m$都是n阶方阵，则有$|A_1A_2\cdots A_m|=|A_1||A_2|\cdots|A_m|$.

2.3 几类特殊的矩阵

2.3.1 对角矩阵

定义 2.9 对n阶方阵A，若主对角线以外的元素全为零，则A为**对角矩阵**，即

$$A=\begin{pmatrix} a_{11} & 0 & \cdots & 0 \\ 0 & a_{22} & \cdots & 0 \\ \vdots & \vdots & & \vdots \\ 0 & 0 & \cdots & a_{nn} \end{pmatrix}.$$

简记为

$$A=\mathrm{diag}(a_{11},a_{22},\cdots,a_{nn})$$

或

$$A=\begin{pmatrix} a_{11} & & & \\ & a_{22} & & \\ & & \ddots & \\ & & & a_{nn} \end{pmatrix}.$$

注 未写出的元素均为零(下同).

对角矩阵运算满足下列性质:

(Ⅰ)同阶对角矩阵的和与差仍是对角矩阵,即

$$A\pm B=\begin{pmatrix} a_{11} & & & \\ & a_{22} & & \\ & & \ddots & \\ & & & a_{nn} \end{pmatrix}\pm\begin{pmatrix} b_{11} & & & \\ & b_{22} & & \\ & & \ddots & \\ & & & b_{nn} \end{pmatrix}$$

$$=\begin{pmatrix} a_{11}\pm b_{11} & & & \\ & a_{22}\pm b_{22} & & \\ & & \ddots & \\ & & & a_{nn}\pm b_{nn} \end{pmatrix}.$$

(Ⅱ)数与对角矩阵的乘积仍是对角矩阵,即

$$kA=k\begin{pmatrix} a_{11} & & & \\ & a_{22} & & \\ & & \ddots & \\ & & & a_{nn} \end{pmatrix}=\begin{pmatrix} ka_{11} & & & \\ & ka_{22} & & \\ & & \ddots & \\ & & & ka_{nn} \end{pmatrix}.$$

(Ⅲ)同阶对角矩阵的乘积仍是对角矩阵,且它们的乘积是可交换的,即

$$AB=\begin{pmatrix} a_{11} & & & \\ & a_{22} & & \\ & & \ddots & \\ & & & a_{nn} \end{pmatrix}\begin{pmatrix} b_{11} & & & \\ & b_{22} & & \\ & & \ddots & \\ & & & b_{nn} \end{pmatrix}$$

$$=\begin{pmatrix} a_{11}b_{11} & & & \\ & a_{22}b_{22} & & \\ & & \ddots & \\ & & & a_{nn}b_{nn} \end{pmatrix}=\begin{pmatrix} b_{11}a_{11} & & & \\ & b_{22}a_{22} & & \\ & & \ddots & \\ & & & b_{nn}a_{nn} \end{pmatrix}=BA.$$

(Ⅳ)对角矩阵 A 与它的转置矩阵 A^{T} 相等,即

$$A=A^{\mathrm{T}}.$$

2.3.2 数量矩阵

定义 2.10 如果 n 阶对角矩阵 $\boldsymbol{A}$ 中的元素 $a_{11}=a_{22}=\cdots=a_{nn}=a$，则称 $\boldsymbol{A}$ 为 n 阶**数量矩阵**，即

$$\boldsymbol{A}=\begin{pmatrix} a & & & \\ & a & & \\ & & \ddots & \\ & & & a \end{pmatrix}.$$

由定义 2.10 知，单位矩阵 $\boldsymbol{E}_n$ 是数量矩阵，数量矩阵也是对角矩阵.

以数量矩阵 $\boldsymbol{A}$ 左乘或者右乘一个矩阵 $\boldsymbol{B}$（需要满足矩阵乘法的条件），其乘积等于以数 a 乘矩阵 $\boldsymbol{B}$，即设

$$\boldsymbol{A}=\begin{pmatrix} a & & & \\ & a & & \\ & & \ddots & \\ & & & a \end{pmatrix}_n, \boldsymbol{B}=\begin{pmatrix} b_{11} & b_{12} & \cdots & b_{1s} \\ b_{21} & b_{22} & \cdots & b_{2s} \\ \vdots & \vdots & & \vdots \\ b_{n1} & b_{n2} & \cdots & b_{ns} \end{pmatrix}_{n\times s},$$

则 $$\boldsymbol{AB}=\begin{pmatrix} a & & & \\ & a & & \\ & & \ddots & \\ & & & a \end{pmatrix}_n \begin{pmatrix} b_{11} & b_{12} & \cdots & b_{1s} \\ b_{21} & b_{22} & \cdots & b_{2s} \\ \vdots & \vdots & & \vdots \\ b_{n1} & b_{n2} & \cdots & b_{ns} \end{pmatrix}_{n\times s}=\begin{pmatrix} ab_{11} & ab_{12} & \cdots & ab_{1s} \\ ab_{21} & ab_{22} & \cdots & ab_{2s} \\ \vdots & \vdots & & \vdots \\ ab_{n1} & ab_{n2} & \cdots & ab_{ns} \end{pmatrix}_{n\times s}$$

$$=a\begin{pmatrix} b_{11} & b_{12} & \cdots & b_{1s} \\ b_{21} & b_{22} & \cdots & b_{2s} \\ \vdots & \vdots & & \vdots \\ b_{n1} & b_{n2} & \cdots & b_{ns} \end{pmatrix}_{n\times s}=a\boldsymbol{B}.$$

2.3.3 三角形矩阵

定义 2.11 如果 n 阶方阵满足 $\boldsymbol{A}=(a_{ij})$ 的主对角下方的元素全为 0，即

$$\boldsymbol{A}=\begin{pmatrix} a_{11} & a_{12} & \cdots & a_{1n} \\ 0 & a_{22} & \cdots & a_{2n} \\ \vdots & \vdots & & \vdots \\ 0 & 0 & \cdots & a_{nn} \end{pmatrix}.$$

称为**上三角形矩阵**.简记为

$$\boldsymbol{A}=\begin{pmatrix} a_{11} & a_{12} & \cdots & a_{1n} \\ & a_{22} & \cdots & a_{2n} \\ & & \ddots & \vdots \\ & & & a_{nn} \end{pmatrix}.$$

同理,主对角线上方全为零的 n 阶方阵 $\boldsymbol{A}$ 称为**下三角形矩阵**,即

$$\boldsymbol{A}=\begin{pmatrix} a_{11} & 0 & \cdots & 0 \\ a_{21} & a_{22} & \cdots & 0 \\ \vdots & \vdots & \ddots & \vdots \\ a_{n1} & a_{n2} & \cdots & a_{nn} \end{pmatrix}=\begin{pmatrix} a_{11} & & & \\ a_{21} & a_{22} & & \\ \vdots & \vdots & \ddots & \\ a_{n1} & a_{n2} & \cdots & a_{nn} \end{pmatrix}.$$

2.3.4 对称矩阵

定义 2.12 如果矩阵 $\boldsymbol{A}$ 满足 $\boldsymbol{A}=\boldsymbol{A}^{\mathrm{T}}$,称 $\boldsymbol{A}$ 是**对称矩阵**;如果 $\boldsymbol{A}=-\boldsymbol{A}^{\mathrm{T}}$,称矩阵 $\boldsymbol{A}$ 是**反对称矩阵**.

例如,$\begin{pmatrix} 2 & 1 \\ 1 & 3 \end{pmatrix}$ 与 $\begin{pmatrix} 1 & 4 & -2 \\ 4 & 2 & 5 \\ -2 & 5 & 3 \end{pmatrix}$ 都是对称矩阵,$\begin{pmatrix} 0 & -1 \\ 1 & 0 \end{pmatrix}$ 与 $\begin{pmatrix} 0 & -4 & 2 \\ 4 & 0 & -5 \\ -2 & 5 & 0 \end{pmatrix}$ 都是反对称矩阵.

由定义 2.12 知,对称矩阵一定是方阵,且关于主对角线对称的位置上的元素一定相等,即 $a_{ij}=a_{ji}(i,j=1,2,\cdots,n)$;反对称矩阵也一定是方阵,且关于主对角线对称的位置上的元素互为相反数,即 $a_{ij}=-a_{ji}(i,j=1,2,\cdots,n)$,不难知道,其主对角线上的元素全为零.

【例 2.13】 对任意矩阵 $\boldsymbol{A}_{m\times n}$,证明 $\boldsymbol{A}\boldsymbol{A}^{\mathrm{T}}$ 为对称矩阵.

证 根据对称矩阵的定义,只需证明 $(\boldsymbol{A}\boldsymbol{A}^{\mathrm{T}})^{\mathrm{T}}=\boldsymbol{A}\boldsymbol{A}^{\mathrm{T}}$ 即可.

因为 $(\boldsymbol{A}\boldsymbol{A}^{\mathrm{T}})^{\mathrm{T}}=(\boldsymbol{A}^{\mathrm{T}})^{\mathrm{T}}\boldsymbol{A}^{\mathrm{T}}=\boldsymbol{A}\boldsymbol{A}^{\mathrm{T}}$,因此 $\boldsymbol{A}\boldsymbol{A}^{\mathrm{T}}$ 是对称矩阵.

【例 2.14】 已知 $\boldsymbol{A}=\begin{pmatrix} 2 & 1 \\ 1 & 3 \end{pmatrix}$,$\boldsymbol{B}=\begin{pmatrix} 1 & -1 \\ -1 & 3 \end{pmatrix}$,计算 $\boldsymbol{A}+\boldsymbol{B}$,$\boldsymbol{AB}$.

解 $\boldsymbol{A}+\boldsymbol{B}=\begin{pmatrix} 2 & 1 \\ 1 & 3 \end{pmatrix}+\begin{pmatrix} 1 & -1 \\ -1 & 3 \end{pmatrix}=\begin{pmatrix} 3 & 0 \\ 0 & 6 \end{pmatrix}$,

$$\boldsymbol{AB}=\begin{pmatrix} 2 & 1 \\ 1 & 3 \end{pmatrix}\begin{pmatrix} 1 & -1 \\ -1 & 3 \end{pmatrix}=\begin{pmatrix} 1 & 1 \\ -2 & 8 \end{pmatrix}.$$

从上例中不难发现,两个同阶对称矩阵的和差、数乘仍为对称矩阵,但两个同阶对称矩阵的乘积就不一定是对称矩阵.

2.4 逆矩阵

对含有 n 个未知量 n 个方程的线性方程组 $\boldsymbol{A}\boldsymbol{x}=\boldsymbol{b}$,是否也存在一个矩阵使得这个矩阵左乘以 $\boldsymbol{b}$ 之后就是 $\boldsymbol{x}$ 呢?考虑一元线性方程 $ax=b$,当 $a\neq 0$ 时,方程的解是 $x=a^{-1}b$.显然 $a^{-1}a=1$,相当于在 $ax=b$ 两端同时乘上 a^{-1},就得到 $x=a^{-1}b$,注意到单位矩阵 $\boldsymbol{E}$ 在矩阵中的地位相当于 1 在实数中的地位.现在的问题就是对一个方阵 $\boldsymbol{A}$,是否存在一个矩阵 $\boldsymbol{B}$,使得 $\boldsymbol{BA}=\boldsymbol{E}$,这就是我们要研究的逆矩阵问题.

2.4.1 逆矩阵的定义

定义 2.13 对 n 阶方阵 $\boldsymbol{A}$,如果存在一个 n 阶方阵 $\boldsymbol{B}$,满足

$$\boldsymbol{AB}=\boldsymbol{BA}=\boldsymbol{E}, \tag{2.3}$$

则称矩阵 $\boldsymbol{A}$ 是**可逆的**,称 $\boldsymbol{B}$ 是 $\boldsymbol{A}$ 的**逆矩阵**.

若矩阵 $\boldsymbol{A}$ 是可逆矩阵,则 $\boldsymbol{A}$ 的**逆矩阵唯一**.

这是因为若 $\boldsymbol{B}_1,\boldsymbol{B}_2$ 均为矩阵 $\boldsymbol{A}$ 的逆矩阵,则有

$$\boldsymbol{AB}_1=\boldsymbol{B}_1\boldsymbol{A}=\boldsymbol{E},\boldsymbol{AB}_2=\boldsymbol{B}_2\boldsymbol{A}=\boldsymbol{E},$$

从而有

$$\boldsymbol{B}_1=\boldsymbol{B}_1\boldsymbol{E}=\boldsymbol{B}_1(\boldsymbol{AB}_2)=(\boldsymbol{B}_1\boldsymbol{A})\boldsymbol{B}_2=\boldsymbol{EB}_2=\boldsymbol{B}_2$$

即

$$\boldsymbol{B}_1=\boldsymbol{B}_2,$$

所以逆矩阵是唯一的.把矩阵 $\boldsymbol{A}$ 唯一的逆矩阵记作 $\boldsymbol{A}^{-1}$.在定义 2.13 中,$\boldsymbol{A}$ 与 $\boldsymbol{B}$ 的地位是相同的,因此,也可说矩阵 $\boldsymbol{B}$ 也是可逆的,并且 $\boldsymbol{B}$ 的逆矩阵是 $\boldsymbol{A}$,即 $\boldsymbol{B}^{-1}=\boldsymbol{A}$.

【例 2.15】 设 $\boldsymbol{A}=\begin{pmatrix}3&7\\2&5\end{pmatrix},\boldsymbol{B}=\begin{pmatrix}5&-7\\-2&3\end{pmatrix}$,因为 $\boldsymbol{AB}=\boldsymbol{BA}=\boldsymbol{E}$,所以 $\boldsymbol{A},\boldsymbol{B}$ 均可逆,并且$\boldsymbol{A}^{-1}=\boldsymbol{B},\boldsymbol{B}^{-1}=\boldsymbol{A}$.

【例 2.16】 由于 $\boldsymbol{EE}=\boldsymbol{E}$,因此 $\boldsymbol{E}$ 是逆矩阵,并且 $\boldsymbol{E}^{-1}=\boldsymbol{E}$.

【例 2.17】 对任意方阵 $\boldsymbol{B}$ 都有 $\boldsymbol{OB}=\boldsymbol{BO}=\boldsymbol{O}$,因此零矩阵不存在可逆矩阵.

根据逆矩阵的定义,逆矩阵具有如下性质:

(Ⅰ)若 $\boldsymbol{A}$ 可逆,则 $\boldsymbol{A}^{-1}$也可逆,并且$(\boldsymbol{A}^{-1})^{-1}=\boldsymbol{A}$.

(Ⅱ)若 n 阶方阵 $\boldsymbol{A}$ 与 $\boldsymbol{B}$ 都可逆,则 $\boldsymbol{AB}$ 也可逆,并且

$$(\boldsymbol{AB})^{-1}=\boldsymbol{B}^{-1}\boldsymbol{A}^{-1}.$$

(Ⅲ)若矩阵 $\boldsymbol{A}$ 可逆,数 $k\neq0$,则 $k\boldsymbol{A}$ 也可逆,并且$(k\boldsymbol{A})^{-1}=\dfrac{1}{k}\boldsymbol{A}^{-1}$.

(Ⅳ)若矩阵 $\boldsymbol{A}$ 可逆,则$(\boldsymbol{A}^{\mathrm{T}})^{-1}=(\boldsymbol{A}^{-1})^{\mathrm{T}}$.

(Ⅴ)若矩阵 $\boldsymbol{A}$ 可逆,则$|\boldsymbol{A}|\neq0$,且$|\boldsymbol{A}^{-1}|=|\boldsymbol{A}|^{-1}$.

证 (Ⅱ)因为 $\boldsymbol{A}$ 与 $\boldsymbol{B}$ 都可逆,所以存在 $\boldsymbol{A}^{-1}$和 $\boldsymbol{B}^{-1}$,

$$\boldsymbol{B}^{-1}\boldsymbol{A}^{-1}(\boldsymbol{AB})=\boldsymbol{B}^{-1}(\boldsymbol{A}^{-1}\boldsymbol{A})\boldsymbol{B}=\boldsymbol{B}^{-1}\boldsymbol{EB}=\boldsymbol{B}^{-1}\boldsymbol{B}=\boldsymbol{E},$$

$$(\boldsymbol{AB})\boldsymbol{B}^{-1}\boldsymbol{A}^{-1}=\boldsymbol{A}(\boldsymbol{BB}^{-1})\boldsymbol{A}^{-1}=\boldsymbol{AEA}^{-1}=\boldsymbol{AA}^{-1}=\boldsymbol{E},$$

因此$(\boldsymbol{AB})^{-1}=\boldsymbol{B}^{-1}\boldsymbol{A}^{-1}$.

(Ⅳ)$(\boldsymbol{A}^{-1})^{\mathrm{T}}(\boldsymbol{A}^{\mathrm{T}})=(\boldsymbol{AA}^{-1})^{\mathrm{T}}=\boldsymbol{E}^{\mathrm{T}}=\boldsymbol{E}$,同理$(\boldsymbol{A}^{\mathrm{T}})(\boldsymbol{A}^{-1})^{\mathrm{T}}=\boldsymbol{E}$,因此$(\boldsymbol{A}^{\mathrm{T}})^{-1}=(\boldsymbol{A}^{-1})^{\mathrm{T}}$.
请读者自行证明性质(Ⅰ),(Ⅲ)与(Ⅴ).

2.4.2 逆矩阵的判定

定义 2.14 若 n 阶方阵 $\boldsymbol{A}$ 的行列式 $|\boldsymbol{A}|\neq0$,则称 $\boldsymbol{A}$ 是**非奇异矩阵**;否则,称 $\boldsymbol{A}$ 是**奇异矩阵**.

定义 2.15 对 n 阶方阵

$$A=\begin{pmatrix} a_{11} & a_{12} & \cdots & a_{1n} \\ a_{21} & a_{22} & \cdots & a_{2n} \\ \vdots & \vdots & & \vdots \\ a_{n1} & a_{n2} & \cdots & a_{nn} \end{pmatrix}$$

称 n 阶方阵

$$\begin{pmatrix} A_{11} & A_{21} & \cdots & A_{n1} \\ A_{12} & A_{22} & \cdots & A_{n2} \\ \vdots & \vdots & & \vdots \\ A_{1n} & A_{2n} & \cdots & A_{nn} \end{pmatrix}$$

为方阵 $\boldsymbol{A}$ 的**伴随矩阵**,记作 $\boldsymbol{A}^*$,其中,$\boldsymbol{A}_{ij}$是$|\boldsymbol{A}|$中元素 a_{ij}的代数余子式.

由第 1 章的知识可得

$$\boldsymbol{AA}^*=\begin{pmatrix} a_{11} & a_{12} & \cdots & a_{1n} \\ a_{21} & a_{22} & \cdots & a_{2n} \\ \vdots & \vdots & & \vdots \\ a_{n1} & a_{n2} & \cdots & a_{nn} \end{pmatrix}\begin{pmatrix} A_{11} & A_{21} & \cdots & A_{n1} \\ A_{12} & A_{22} & \cdots & A_{n2} \\ \vdots & \vdots & & \vdots \\ A_{1n} & A_{2n} & \cdots & A_{nn} \end{pmatrix}$$

$$=\begin{pmatrix} |A| & 0 & \cdots & 0 \\ 0 & |A| & \cdots & 0 \\ \vdots & \vdots & & \vdots \\ 0 & 0 & \cdots & |A| \end{pmatrix}=|\boldsymbol{A}|\boldsymbol{E},$$

同理可得 $\boldsymbol{A}^*\boldsymbol{A}=|\boldsymbol{A}|\boldsymbol{E}$.

定理 2.1 n 阶方阵 $\boldsymbol{A}$ 可逆的充分必要条件是 $\boldsymbol{A}$ 非奇异,且 $\boldsymbol{A}^{-1}=\dfrac{1}{|\boldsymbol{A}|}\boldsymbol{A}^*$.

证 必要性:

设 $\boldsymbol{A}$ 可逆,则必存在一个矩阵 $\boldsymbol{A}^{-1}$,使得 $\boldsymbol{AA}^{-1}=\boldsymbol{E}$,两边取行列式得 $|\boldsymbol{AA}^{-1}|=|\boldsymbol{E}|$,于是 $|\boldsymbol{A}||\boldsymbol{A}^{-1}|=1$,从而 $|\boldsymbol{A}|\neq 0$,即 $\boldsymbol{A}$ 非奇异.

充分性:

设 $\boldsymbol{A}$ 非奇异,即 $|\boldsymbol{A}|\neq 0$,存在矩阵 $\boldsymbol{B}=\dfrac{1}{|\boldsymbol{A}|}\boldsymbol{A}^*$,有

$$\boldsymbol{AB}=\boldsymbol{A}\frac{1}{|\boldsymbol{A}|}\boldsymbol{A}^*=\frac{1}{|\boldsymbol{A}|}\boldsymbol{AA}^*=\frac{1}{|\boldsymbol{A}|}|\boldsymbol{A}|\boldsymbol{E}=\boldsymbol{E}.$$

同理 $\boldsymbol{BA}=\boldsymbol{E}$.

因此 $\boldsymbol{A}$ 可逆,并且 $\boldsymbol{A}^{-1}=\dfrac{1}{|\boldsymbol{A}|}\boldsymbol{A}^*$.

定理 2.1 的重要性在于它揭示了一个 n 阶方阵 $\boldsymbol{A}$ 是否可逆取决于其行列式是否不等于零,从而可以看到 n 阶方阵与其行列式之间的关系,也提供了一个计算方阵逆矩阵的方法.

【例 2.18】 已知 $\boldsymbol{A}=\begin{pmatrix} 1 & 0 & 2 \\ 2 & -2 & 3 \\ 3 & 2 & 6 \end{pmatrix}$,求 $\boldsymbol{A}^{-1}$.

解 $|\boldsymbol{A}|=\begin{vmatrix}1&0&2\\2&-2&3\\3&2&6\end{vmatrix}=2\neq0.$

因此 $\boldsymbol{A}$ 可逆.

$$\boldsymbol{A}_{11}=\begin{vmatrix}-2&3\\2&6\end{vmatrix}=-18,\boldsymbol{A}_{12}=-\begin{vmatrix}2&3\\3&6\end{vmatrix}=-3,\boldsymbol{A}_{13}=\begin{vmatrix}2&-2\\3&2\end{vmatrix}=10.$$

同理可以计算出

$$\boldsymbol{A}_{21}=4,\boldsymbol{A}_{22}=0,\boldsymbol{A}_{23}=-2,\boldsymbol{A}_{31}=4,\boldsymbol{A}_{32}=1,\boldsymbol{A}_{33}=-2.$$

因此 $\boldsymbol{A}$ 的伴随矩阵为

$$\boldsymbol{A}^*=\begin{pmatrix}-18&4&4\\-3&0&1\\10&-2&-2\end{pmatrix},$$

$$\boldsymbol{A}^{-1}=\frac{1}{|\boldsymbol{A}|}\boldsymbol{A}^*=\frac{1}{2}\begin{pmatrix}-18&4&4\\-3&0&1\\10&-2&-2\end{pmatrix}=\begin{pmatrix}-9&2&2\\-\frac{3}{2}&0&\frac{1}{2}\\5&-1&-1\end{pmatrix}.$$

【例 2.19】 设 $\boldsymbol{A}=\begin{pmatrix}a&b\\c&d\end{pmatrix}$，当 a,b,c,d 满足什么条件时，矩阵 $\boldsymbol{A}$ 可逆，并求 $\boldsymbol{A}^{-1}$.

解 矩阵 $\boldsymbol{A}$ 可逆的充要条件是 $|\boldsymbol{A}|=ad-bc\neq0$，即 $ad-bc\neq0$ 时，$\boldsymbol{A}$ 可逆，此时

$$\boldsymbol{A}^{-1}=\frac{1}{|\boldsymbol{A}|}\boldsymbol{A}^*=\frac{1}{ad-bc}\begin{pmatrix}d&-b\\-c&a\end{pmatrix}.$$

定理 2.2 设 $\boldsymbol{A}$ 与 $\boldsymbol{B}$ 都是 n 阶方阵，如果 $\boldsymbol{AB}=\boldsymbol{E}$，则 $\boldsymbol{A}$ 与 $\boldsymbol{B}$ 都可逆，并且 $\boldsymbol{B}^{-1}=\boldsymbol{A}$，$\boldsymbol{A}^{-1}=\boldsymbol{B}$.

证 因为 $\boldsymbol{AB}=\boldsymbol{E}$，所以 $|\boldsymbol{A}||\boldsymbol{B}|=1$，即有 $|\boldsymbol{A}|\neq0$，$|\boldsymbol{B}|\neq0$，因此，$\boldsymbol{A}$ 与 $\boldsymbol{B}$ 都可逆. 在 $\boldsymbol{AB}=\boldsymbol{E}$ 两端同时左乘 $\boldsymbol{A}^{-1}$，得 $\boldsymbol{A}^{-1}\boldsymbol{AB}=\boldsymbol{A}^{-1}\boldsymbol{E}$，即 $\boldsymbol{A}^{-1}=\boldsymbol{B}$；在 $\boldsymbol{AB}=\boldsymbol{E}$ 两端同时右乘 $\boldsymbol{B}^{-1}$，得 $\boldsymbol{ABB}^{-1}=\boldsymbol{EB}^{-1}$，即 $\boldsymbol{B}^{-1}=\boldsymbol{A}$.

定理 2.2 说明在讨论矩阵 $\boldsymbol{A}$ 是否可逆时，只要有 $\boldsymbol{AB}=\boldsymbol{E}$ 成立，必有 $\boldsymbol{BA}=\boldsymbol{E}$ 成立，反之亦然. 利用这个方法去判断方阵是否可逆，显然比直接用定义要简单些.

【例 2.20】 设 n 阶方阵 $\boldsymbol{A}$ 满足 $\boldsymbol{A}^2-\boldsymbol{A}-3\boldsymbol{E}=\boldsymbol{O}$，证明 $\boldsymbol{A}$ 与 $\boldsymbol{A}+\boldsymbol{E}$ 都可逆.

证 由 $\boldsymbol{A}^2-\boldsymbol{A}-3\boldsymbol{E}=\boldsymbol{O}$，有

$$\boldsymbol{A}^2-\boldsymbol{A}=3\boldsymbol{E},$$

从而

$$\boldsymbol{A}\frac{(\boldsymbol{A}-\boldsymbol{E})}{3}=\boldsymbol{E},$$

因此 $\boldsymbol{A}$ 可逆.

由 $\boldsymbol{A}^2-\boldsymbol{A}-3\boldsymbol{E}=\boldsymbol{O}$，可得 $\boldsymbol{A}^2-\boldsymbol{A}-2\boldsymbol{E}-\boldsymbol{E}=\boldsymbol{O}$，有

$$\boldsymbol{A}^2-\boldsymbol{A}-2\boldsymbol{E}=\boldsymbol{E},$$

变形得

$$\boldsymbol{A}^2+\boldsymbol{A}-2\boldsymbol{A}-2\boldsymbol{E}=\boldsymbol{A}(\boldsymbol{A}+\boldsymbol{E})-2(\boldsymbol{A}+\boldsymbol{E})=(\boldsymbol{A}-2\boldsymbol{E})(\boldsymbol{A}+\boldsymbol{E})=\boldsymbol{E},$$

因此 $\boldsymbol{A}+\boldsymbol{E}$ 可逆.

2.5 分块矩阵

在讨论矩阵的运算中，遇到规模比较大或者结构特殊的矩阵，为了便于研究，有时需将矩阵分成一些小块，使原矩阵显得结构简单清晰.

2.5.1 分块矩阵的概念

例如，对矩阵

$$A=\begin{pmatrix}1&0&0&1&0&2\\0&1&0&0&2&4\\0&0&1&3&0&3\\0&0&0&-2&3&5\end{pmatrix},$$

记 $E_3=\begin{pmatrix}1&0&0\\0&1&0\\0&0&1\end{pmatrix}$，$A_{12}=\begin{pmatrix}1&0&2\\0&2&4\\3&0&3\end{pmatrix}$，$O=(0\quad 0\quad 0)$，$A_{22}=(-2\quad 3\quad 5)$，则

$$A=\left(\begin{array}{ccc:ccc}1&0&0&1&0&2\\0&1&0&0&2&4\\0&0&1&3&0&3\\\hdashline 0&0&0&-2&3&5\end{array}\right)=\begin{pmatrix}E_3&A_{12}\\O&A_{22}\end{pmatrix}.$$

类似这样，将矩阵 A 用若干条横线与竖线分成若干块，每个小块称为矩阵 A 的**子块**，以子块为元素的矩阵称为**分块矩阵**.

很明显，矩阵的分块是任意的，一个矩阵可以根据需要把它写成不同的分块矩阵. 如上例中的 A 可以按照其他的分块方式分块，即

$$A=\left(\begin{array}{cc:cccc}1&0&0&1&0&2\\0&1&0&0&2&4\\\hdashline 0&0&1&3&0&3\\0&0&0&-2&3&5\end{array}\right)=\begin{pmatrix}E_2&A_{12}\\O&A_{22}\end{pmatrix}.$$

按行分块：

$$A=\left(\begin{array}{cccccc}1&0&0&1&0&2\\\hdashline 0&1&0&0&2&4\\\hdashline 0&0&1&3&0&3\\\hdashline 0&0&0&-2&3&5\end{array}\right)=\begin{pmatrix}A_1\\A_2\\A_3\\A_4\end{pmatrix};$$

按列分块：

$$A=\left(\begin{array}{c:c:c:c:c:c} 1 & 0 & 0 & 1 & 0 & 2 \\ 0 & 1 & 0 & 0 & 2 & 4 \\ 0 & 0 & 1 & 3 & 0 & 3 \\ 0 & 0 & 0 & -2 & 3 & 5 \end{array}\right)=(\boldsymbol{\varepsilon}_1 \quad \boldsymbol{\varepsilon}_2 \quad \boldsymbol{\varepsilon}_3 \quad \boldsymbol{\beta}_1 \quad \boldsymbol{\beta}_2 \quad \boldsymbol{\beta}_3).$$

定义 2.16 如果 n 阶方阵 $\boldsymbol{A}$ 中的非零元素都集中在主对角附近，可将其分成形如

$$\begin{pmatrix} \boldsymbol{A}_1 & & & \\ & \boldsymbol{A}_2 & & \\ & & \ddots & \\ & & & \boldsymbol{A}_s \end{pmatrix}$$

的分块矩阵称为**分块对角矩阵**或**准对角矩阵**，其中，$\boldsymbol{A}_k(k=1,2,\cdots,s)$ 均为方阵，未写出的子块均为零矩阵，可简记为 $\boldsymbol{A}=\mathrm{diag}(\boldsymbol{A}_1,\boldsymbol{A}_2,\cdots,\boldsymbol{A}_s)$. 例如

$$A=\left(\begin{array}{cc:cc:cc} 1 & 2 & 0 & 0 & 0 & 0 \\ 3 & -1 & 0 & 0 & 0 & 0 \\ \hdashline 0 & 0 & 2 & -7 & 0 & 0 \\ 0 & 0 & 3 & 4 & 0 & 0 \\ \hdashline 0 & 0 & 0 & 0 & 5 & 0 \\ 0 & 0 & 0 & 0 & 0 & 6 \end{array}\right).$$

如果以上述的横线与竖线将 $\boldsymbol{A}$ 分块，则有

$$\boldsymbol{A}=\begin{pmatrix} \boldsymbol{A}_1 & & \\ & \boldsymbol{A}_2 & \\ & & \boldsymbol{A}_3 \end{pmatrix}.$$

其中，$\boldsymbol{A}_1=\begin{pmatrix} 1 & 2 \\ 3 & -1 \end{pmatrix}$，$\boldsymbol{A}_2=\begin{pmatrix} 2 & -7 \\ 3 & 4 \end{pmatrix}$，$\boldsymbol{A}_3=\begin{pmatrix} 5 & 0 \\ 0 & 6 \end{pmatrix}$.

2.5.2 分块矩阵的运算

分块矩阵运算时，把子块当成元素来处理，即分块矩阵是以矩阵为元素的矩阵，其运算规律与普通矩阵运算规律类似.

1）分块矩阵的加减法与数乘

如果矩阵 $\boldsymbol{A}_{m\times n}$，$\boldsymbol{B}_{m\times n}$ 分块为

$$\boldsymbol{A}_{m\times n}=(\boldsymbol{A}_{pq})=\begin{pmatrix} \boldsymbol{A}_{11} & \boldsymbol{A}_{12} & \cdots & \boldsymbol{A}_{1t} \\ \boldsymbol{A}_{21} & \boldsymbol{A}_{22} & \cdots & \boldsymbol{A}_{2t} \\ \vdots & \vdots & & \vdots \\ \boldsymbol{A}_{s1} & \boldsymbol{A}_{s2} & \cdots & \boldsymbol{A}_{st} \end{pmatrix},\boldsymbol{B}_{m\times n}=(\boldsymbol{B}_{pq})=\begin{pmatrix} \boldsymbol{B}_{11} & \boldsymbol{B}_{12} & \cdots & \boldsymbol{B}_{1t} \\ \boldsymbol{B}_{21} & \boldsymbol{B}_{22} & \cdots & \boldsymbol{B}_{2t} \\ \vdots & \vdots & & \vdots \\ \boldsymbol{B}_{s1} & \boldsymbol{B}_{s2} & \cdots & \boldsymbol{B}_{st} \end{pmatrix},$$

其中，对应的子块有相同的行数和列数，即 $\boldsymbol{A}_{pq}$ 与 $\boldsymbol{B}_{pq}$ 是同型矩阵，则

$$A\pm B=\begin{pmatrix}A_{11}\pm B_{11} & A_{12}\pm B_{12} & \cdots & A_{1t}\pm B_{1t}\\ A_{21}\pm B_{21} & A_{22}\pm B_{22} & \cdots & A_{2t}\pm B_{2t}\\ \vdots & \vdots & & \vdots\\ A_{s1}\pm B_{s1} & A_{s2}\pm B_{s2} & \cdots & A_{st}\pm B_{st}\end{pmatrix}.$$

设 k 为任一实数,则

$$kA=\begin{pmatrix}kA_{11} & kA_{12} & \cdots & kA_{1t}\\ kA_{21} & kA_{22} & \cdots & kA_{2t}\\ \vdots & \vdots & & \vdots\\ kA_{s1} & kA_{s2} & \cdots & kA_{st}\end{pmatrix}.$$

2)分块矩阵的乘法

如果将矩阵 $A_{m\times l}$,$B_{l\times n}$ 分块成

$$A_{m\times l}=\begin{pmatrix}A_{11} & A_{12} & \cdots & A_{1s}\\ A_{21} & A_{22} & \cdots & A_{2s}\\ \vdots & \vdots & & \vdots\\ A_{r1} & A_{r2} & \cdots & A_{rs}\end{pmatrix},B_{l\times n}=\begin{pmatrix}B_{11} & B_{12} & \cdots & B_{1t}\\ B_{21} & B_{22} & \cdots & B_{2t}\\ \vdots & \vdots & & \vdots\\ B_{s1} & B_{s2} & \cdots & B_{st}\end{pmatrix},$$

其中,子块 A_{ik} 的列数等于子块 B_{kj} 的行数($k=1,2,\cdots,s$),则

$$C_{m\times n}=AB=\begin{pmatrix}C_{11} & C_{12} & \cdots & C_{1t}\\ C_{21} & C_{22} & \cdots & C_{2t}\\ \vdots & \vdots & & \vdots\\ C_{r1} & C_{r2} & \cdots & C_{rt}\end{pmatrix},$$

其中,子块 $C_{ij}=A_{i1}B_{1j}+A_{i2}B_{2j}+\cdots+A_{is}B_{sj}=\sum\limits_{k=1}^{s}A_{ik}B_{kj}(i=1,2,\cdots,r;j=1,2,\cdots,t)$.

【例 2.21】 $A=\begin{pmatrix}1&0&3&5\\0&1&1&2\\0&0&1&0\\0&0&0&1\end{pmatrix}$,$B=\begin{pmatrix}2&0&0&0\\-1&1&0&0\\-2&-2&-1&0\\3&2&0&1\end{pmatrix}$,求 $A+2B$,AB.

解 将 A 与 B 分块如下:

$$A=\left(\begin{array}{cc:cc}1&0&3&5\\0&1&1&2\\\hdashline 0&0&1&0\\0&0&0&1\end{array}\right)=\begin{pmatrix}E&C\\O&E\end{pmatrix},B=\left(\begin{array}{cc:cc}2&0&0&0\\-1&1&0&0\\\hdashline -2&-2&-1&0\\3&2&0&1\end{array}\right)=\begin{pmatrix}D&O\\G&F\end{pmatrix},$$

$$A+2B=\begin{pmatrix}E&C\\O&E\end{pmatrix}+2\begin{pmatrix}D&O\\G&F\end{pmatrix}=\begin{pmatrix}E+2D&C\\2G&E+2F\end{pmatrix}=\begin{pmatrix}5&0&3&5\\-2&3&1&2\\-4&-4&-1&0\\6&4&0&3\end{pmatrix},$$

$$AB=\begin{pmatrix}E&C\\O&E\end{pmatrix}\begin{pmatrix}D&O\\G&F\end{pmatrix}=\begin{pmatrix}D+CG&CF\\G&F\end{pmatrix}.$$

而

$$D+CG=\begin{pmatrix}2&0\\-1&1\end{pmatrix}+\begin{pmatrix}3&5\\1&2\end{pmatrix}\begin{pmatrix}-2&-2\\3&2\end{pmatrix}=\begin{pmatrix}11&4\\3&3\end{pmatrix},$$

$$CF=\begin{pmatrix}3&5\\1&2\end{pmatrix}\begin{pmatrix}-1&0\\0&1\end{pmatrix}=\begin{pmatrix}-3&5\\-1&2\end{pmatrix},$$

则

$$AB=\begin{pmatrix}11&4&-3&5\\3&3&-1&2\\-2&-2&-1&0\\3&2&0&1\end{pmatrix}.$$

3）分块矩阵的转置

如果将矩阵 $\boldsymbol{A}$，分块成

$$\boldsymbol{A}=\begin{pmatrix}\boldsymbol{A}_{11}&\boldsymbol{A}_{12}&\cdots&\boldsymbol{A}_{1s}\\\boldsymbol{A}_{21}&\boldsymbol{A}_{22}&\cdots&\boldsymbol{A}_{2s}\\\vdots&\vdots&&\vdots\\\boldsymbol{A}_{r1}&\boldsymbol{A}_{r2}&\cdots&\boldsymbol{A}_{rs}\end{pmatrix},$$

则 $\boldsymbol{A}$ 的转置矩阵为

$$\boldsymbol{A}^{\mathrm{T}}=\begin{pmatrix}\boldsymbol{A}_{11}^{\mathrm{T}}&\boldsymbol{A}_{21}^{\mathrm{T}}&\cdots&\boldsymbol{A}_{r1}^{\mathrm{T}}\\\boldsymbol{A}_{12}^{\mathrm{T}}&\boldsymbol{A}_{22}^{\mathrm{T}}&\cdots&\boldsymbol{A}_{r2}^{\mathrm{T}}\\\vdots&\vdots&&\vdots\\\boldsymbol{A}_{1s}^{\mathrm{T}}&\boldsymbol{A}_{2s}^{\mathrm{T}}&\cdots&\boldsymbol{A}_{rs}^{\mathrm{T}}\end{pmatrix}.$$

注 分块矩阵进行转置运算时，不但要将行与列的子块位置对换，还要将每个子块进行转置.

有时矩阵分块后再求逆矩阵也比较方便，例如，若能把方阵 $\boldsymbol{A}$ 分成准对角矩阵

$$\boldsymbol{A}=\begin{pmatrix}\boldsymbol{A}_1&&&\\&\boldsymbol{A}_2&&\\&&\ddots&\\&&&\boldsymbol{A}_s\end{pmatrix}.$$

其中，$\boldsymbol{A}_1,\boldsymbol{A}_2,\cdots,\boldsymbol{A}_s$ 为方阵，则只要当 $\boldsymbol{A}_1,\boldsymbol{A}_2,\cdots,\boldsymbol{A}_s$ 可逆时，则 $\boldsymbol{A}$ 也可逆，且

$$\boldsymbol{A}^{-1}=\begin{pmatrix}\boldsymbol{A}_1^{-1}&&&\\&\boldsymbol{A}_2^{-1}&&\\&&\ddots&\\&&&\boldsymbol{A}_s^{-1}\end{pmatrix}.$$

这是因为 $\boldsymbol{A}_1,\boldsymbol{A}_2,\cdots,\boldsymbol{A}_s$，则存在 $\boldsymbol{A}_1^{-1},\boldsymbol{A}_2^{-1},\cdots,\boldsymbol{A}_s^{-1}$，由分块矩阵乘法知

$$\begin{pmatrix} A_1 & & & \\ & A_2 & & \\ & & \ddots & \\ & & & A_s \end{pmatrix}\begin{pmatrix} A_1^{-1} & & & \\ & A_2^{-1} & & \\ & & \ddots & \\ & & & A_s^{-1} \end{pmatrix}=\begin{pmatrix} A_1A_1^{-1} & & & \\ & A_2A_2^{-1} & & \\ & & \ddots & \\ & & & A_sA_s^{-1} \end{pmatrix}=\begin{pmatrix} E & & & \\ & E & & \\ & & \ddots & \\ & & & E \end{pmatrix}=E.$$

【例 2.22】 设方阵

$$A=\begin{pmatrix} 1 & 3 & 0 & 0 & 0 \\ 2 & 5 & 0 & 0 & 0 \\ 0 & 0 & 3 & -2 & 0 \\ 0 & 0 & 2 & -1 & 0 \\ 0 & 0 & 0 & 0 & 5 \end{pmatrix},$$

求 A^{-1}.

解 将矩阵 A 分块如下：

$$A=\left(\begin{array}{cc:cc:c} 1 & 3 & 0 & 0 & 0 \\ 2 & 5 & 0 & 0 & 0 \\ \hdashline 0 & 0 & 3 & -2 & 0 \\ 0 & 0 & 2 & -1 & 0 \\ \hdashline 0 & 0 & 0 & 0 & 5 \end{array}\right)=\begin{pmatrix} A_1 & & \\ & A_2 & \\ & & A_3 \end{pmatrix}$$

很显然 A_1,A_2,A_3 均可逆，并且

$$A_1^{-1}=\begin{pmatrix} -5 & 3 \\ 2 & -1 \end{pmatrix},A_2^{-1}=\begin{pmatrix} -1 & 2 \\ -2 & 3 \end{pmatrix},A_3^{-1}=\begin{pmatrix} \frac{1}{5} \end{pmatrix},$$

因此

$$A^{-1}=\begin{pmatrix} -5 & 3 & 0 & 0 & 0 \\ 2 & -1 & 0 & 0 & 0 \\ 0 & 0 & -1 & 2 & 0 \\ 0 & 0 & -2 & 3 & 0 \\ 0 & 0 & 0 & 0 & \frac{1}{5} \end{pmatrix}.$$

2.6 矩阵的初等变换

在用伴随矩阵求逆矩阵时，需要计算多个行列式.随着矩阵阶数的增加，运算量也变得相当大，需要用一种计算量相对小的方法来计算逆矩阵。本节将介绍矩阵的初等变换以及怎样用初等变换的方法求逆矩阵.

2.6.1 矩阵的初等变换

定义 2.17 矩阵的**初等行变换**是指对矩阵进行下列 3 种变换：

（Ⅰ）交换矩阵某两行对应元素的位置；

（Ⅱ）以一个非零的数 k 乘矩阵的某一行各元素；

（Ⅲ）将矩阵的某一行各元素乘以一个常数 k 加至另一行对应的元素上.

称（Ⅰ）为**对换变换**，交换第 i 行与第 j 行，记为 $r_i \leftrightarrow r_j$，例如

$$\begin{pmatrix} a_{11} & a_{12} & a_{13} \\ a_{21} & a_{22} & a_{23} \\ a_{31} & a_{32} & a_{33} \end{pmatrix} \xrightarrow{r_1 \leftrightarrow r_3} \begin{pmatrix} a_{31} & a_{32} & a_{33} \\ a_{21} & a_{22} & a_{23} \\ a_{11} & a_{12} & a_{13} \end{pmatrix}$$

表示交换了矩阵的第 1 行与第 3 行对应的元素.

称（Ⅱ）为**倍乘变换**，第 i 行乘以非零数 k，记为 kr_i，例如

$$\begin{pmatrix} a_{11} & a_{12} & a_{13} \\ a_{21} & a_{22} & a_{23} \\ a_{31} & a_{32} & a_{33} \end{pmatrix} \xrightarrow{kr_2} \begin{pmatrix} a_{11} & a_{12} & a_{13} \\ ka_{21} & ka_{22} & ka_{23} \\ a_{31} & a_{32} & a_{33} \end{pmatrix}$$

表示矩阵第 2 行各元素乘以 k.

称（Ⅲ）为**倍加变换**，第 j 行各元素乘以数 k 加到第 i 行对应元素上，记为 r_i+kr_j，例如

$$\begin{pmatrix} a_{11} & a_{12} & a_{13} \\ a_{21} & a_{22} & a_{23} \\ a_{31} & a_{32} & a_{33} \end{pmatrix} \xrightarrow{r_1+kr_3} \begin{pmatrix} a_{11}+ka_{31} & a_{12}+ka_{32} & a_{13}+ka_{33} \\ a_{21} & a_{22} & a_{23} \\ a_{31} & a_{32} & a_{33} \end{pmatrix}$$

表示矩阵的第 3 行各元素乘以 k 后加到第 1 行对应元素上.

注 矩阵 $\boldsymbol{A}$ 经过初等变换后得到矩阵 $\boldsymbol{B}$，用“→”连接，记为 $\boldsymbol{A}\to\boldsymbol{B}$，而不是用“=”号.

将定义 2.17 中行改成列后就得到了**初等列变换**的定义，相应的记号中的 r 改成 c.初等行变换与初等列变换统称为**初等变换**.

定义 2.18 设矩阵 $\boldsymbol{A},\boldsymbol{B}$ 均为 $m\times n$ 矩阵，若矩阵 $\boldsymbol{A}$ 通过有限次初等变换得到矩阵 $\boldsymbol{B}$，称矩阵 $\boldsymbol{A},\boldsymbol{B}$ **等价**，记为 $\boldsymbol{A}\cong\boldsymbol{B}$ 或 $\boldsymbol{A}\to\boldsymbol{B}$.

定义 2.19 如果矩阵满足：

（Ⅰ）非零行：每一行首非零元（从左到右第一个不为零的元素）在上一行首非零元的右边；

（Ⅱ）零行：零行（元素全为零的行）位于非零行下方.

称该矩阵为**行阶梯形矩阵**（简称**阶梯阵**）.如果阶梯阵中每行首非零元为 1，并且该非零元 1 所在列的其他元素为零，则称该阶梯阵为**行规范形矩阵**（或**行最简形阶梯阵**）.例如

$$\begin{pmatrix} 1 & 3 & 7 & 0 \\ 0 & 2 & 1 & 4 \\ 0 & 0 & 0 & 0 \end{pmatrix},\begin{pmatrix} 1 & 0 & 0 & -1 \\ 0 & 1 & 0 & 2 \\ 0 & 0 & 1 & 3 \end{pmatrix}$$

都是阶梯阵，后者还是行规范形矩阵.

若尔当

定理 2.3 对任意矩阵 $\boldsymbol{A}=(a_{ij})_{m\times n}$，经过有限次初等变换，可变换为如下形式的矩阵：

$$\boldsymbol{D}=\begin{pmatrix} \boldsymbol{E}_r & \boldsymbol{O}_{r\times(n-r)} \\ \boldsymbol{O}_{(m-r)\times r} & \boldsymbol{O}_{(m-r)\times(n-r)} \end{pmatrix}.$$

证 若 $\boldsymbol{A}=\boldsymbol{O}$，则 $\boldsymbol{A}$ 已经是 $\boldsymbol{D}$ 的形式（此时 $r=0$）；如果 $\boldsymbol{A}\neq\boldsymbol{O}$，则 $\boldsymbol{A}$ 中至少有一个元素不

为零,不妨设 $a_{11}\neq 0$(若 $a_{11}=0$,可以对矩阵 $\boldsymbol{A}$ 进行对换变换,使矩阵左上角的元素不为零).现在对 $\boldsymbol{A}$ 进行以下步骤的变换:①$r_i+\left(-\dfrac{a_{i1}}{a_{11}}\right)r_1(i=2,3,\cdots,m)$;②$c_j+\left(-\dfrac{a_{1j}}{a_{11}}\right)c_1(j=2,3,\cdots,n)$;③$\dfrac{1}{a_{11}}r_1$,于是矩阵 $\boldsymbol{A}$ 化为

$$\boldsymbol{D}_1=\begin{pmatrix}1&0&\cdots&0\\0&a'_{22}&\cdots&a'_{2n}\\\vdots&\vdots&&\vdots\\0&a'_{m2}&\cdots&a'_{mn}\end{pmatrix}=\begin{pmatrix}\boldsymbol{E}_1&\boldsymbol{O}\\\boldsymbol{O}&\boldsymbol{A}_1\end{pmatrix}.$$

这里若 $\boldsymbol{A}_1=\boldsymbol{O}$,则 $\boldsymbol{A}$ 已经是 $\boldsymbol{D}$ 的形式;若 $\boldsymbol{A}_1\neq\boldsymbol{O}$,则将 $\boldsymbol{A}_1$ 按照上面的方法继续下去,最后总可以变换成 $\boldsymbol{D}$ 的形式.

在定理 2.3 中称矩阵 $\boldsymbol{D}$ 是矩阵 $\boldsymbol{A}$ 的**等价标准形**.

【**例 2.23**】 求矩阵

$$\boldsymbol{A}=\begin{pmatrix}1&-1&0&1\\-1&2&-1&3\\2&-2&3&0\\-3&6&-3&9\end{pmatrix}$$

的等价标准形.

$$\boldsymbol{A}=\begin{pmatrix}1&-1&0&1\\-1&2&-1&3\\2&-2&3&0\\-3&6&-3&9\end{pmatrix}\xrightarrow[r_4+3r_1]{\substack{r_2+r_1\\r_3-2r_1}}\begin{pmatrix}1&-1&0&1\\0&1&-1&4\\0&0&3&-2\\0&3&-3&12\end{pmatrix}\xrightarrow{r_4-3r_2}\begin{pmatrix}1&-1&0&1\\0&1&-1&4\\0&0&3&-2\\0&0&0&0\end{pmatrix}$$

$$\xrightarrow{\substack{c_2+c_1\\c_4-c_1}}\begin{pmatrix}1&0&0&0\\0&1&-1&4\\0&0&3&-2\\0&0&0&0\end{pmatrix}\xrightarrow{\substack{c_3+c_2\\c_4-4c_2}}\begin{pmatrix}1&0&0&0\\0&1&0&0\\0&0&3&-2\\0&0&0&0\end{pmatrix}$$

$$\xrightarrow{\substack{\frac{1}{3}c_3\\-\frac{1}{2}c_4}}\begin{pmatrix}1&0&0&0\\0&1&0&0\\0&0&1&1\\0&0&0&0\end{pmatrix}\xrightarrow{c_4-c_3}\begin{pmatrix}1&0&0&0\\0&1&0&0\\0&0&1&0\\0&0&0&0\end{pmatrix}.$$

2.6.2 初等矩阵

定义 2.20 对单位矩阵 $\boldsymbol{E}$ 作一次初等变换得到的矩阵,称为**初等矩阵**.

对应于 3 种初等变换有 3 种类型的初等矩阵:

①交换 $\boldsymbol{E}_n$ 的第 i,j 两行(列)得到的矩阵称为**初等对换矩阵**,记为 $\boldsymbol{E}(i,j)$,即

$$\boldsymbol{E}(i,j)=\left(\begin{array}{ccccccccc}1&&&&&&&&\\&\ddots&&&&&&&\\&&0&&\cdots&&1&&\\&&&1&&&&&\\&&\vdots&&\ddots&&\vdots&&\\&&&&&1&&&\\&&1&&\cdots&&0&&\\&&&&&&&\ddots&\\&&&&&&&&1\end{array}\right)\begin{array}{l}\\ \\ \text{第 } i \text{ 行}\\ \\ \\ \\ \text{第 } j \text{ 行}\\ \\ \\ \end{array}$$

第 i 列　　　　　　第 j 列

②$\boldsymbol{E}_n$ 的第 i 行(列)乘以非零数 k 得到的矩阵称为**初等倍乘矩阵**，记为 $\boldsymbol{E}_i(k)$，即

$$\boldsymbol{E}_i(k)=\left(\begin{array}{cccccc}1&&&&&\\&\ddots&&&&\\&&1&&&\\&&&k&&\\&&&&1&\\&&&&&\ddots&\\&&&&&&1\end{array}\right)\begin{array}{l}\\ \\ \\ \text{第 } i \text{ 行}\\ \\ \\ \\ \end{array}$$

第 i 列

③$\boldsymbol{E}_n$ 的第 j 行乘以数 k 加到第 i 行(或 $\boldsymbol{E}_n$ 的第 i 列乘以数 k 加到第 j 列)得到的矩阵称为**初等倍加矩阵**记为 $\boldsymbol{E}_{ij}(k)$，即

$$\boldsymbol{E}_{ij}(k)=\left(\begin{array}{ccccccc}1&&&&&&\\&\ddots&&&&&\\&&1&\cdots&k&&\\&&&\ddots&\vdots&&\\&&&&1&&\\&&&&&\ddots&\\&&&&&&1\end{array}\right)\begin{array}{l}\\ \\ \text{第 } i \text{ 行}\\ \\ \text{第 } j \text{ 行}\\ \\ \\ \end{array}$$

第 i 列　第 j 列

很明显，初等矩阵是可逆的，并且初等矩阵的逆矩阵是同类型的初等矩阵：

$$\boldsymbol{E}(i,j)^{-1}=\boldsymbol{E}(i,j),\boldsymbol{E}_i(k)^{-1}=\boldsymbol{E}_i\left(\frac{1}{k}\right),\boldsymbol{E}_{ij}(k)^{-1}=\boldsymbol{E}_{ij}(-k).$$

下面讨论初等矩阵的性质，首先来看下面几个例子：

对矩阵 $\boldsymbol{A}=(a_{ij})_{3\times 3}$，若 $\boldsymbol{E}(1,3)$ 左乘 $\boldsymbol{A}$，即

$$\begin{pmatrix}0&0&1\\0&1&0\\1&0&0\end{pmatrix}\begin{pmatrix}a_{11}&a_{12}&a_{13}\\a_{21}&a_{22}&a_{23}\\a_{31}&a_{32}&a_{33}\end{pmatrix}=\begin{pmatrix}a_{31}&a_{32}&a_{33}\\a_{21}&a_{22}&a_{23}\\a_{11}&a_{12}&a_{13}\end{pmatrix}$$

相当于交换了 $\boldsymbol{A}$ 的第 1 行与第 3 行.

矩阵 $\boldsymbol{E}(1,3)$ 右乘 $\boldsymbol{A}$,即

$$\begin{pmatrix} a_{11} & a_{12} & a_{13} \\ a_{21} & a_{22} & a_{23} \\ a_{31} & a_{32} & a_{33} \end{pmatrix}\begin{pmatrix} 0 & 0 & 1 \\ 0 & 1 & 0 \\ 1 & 0 & 0 \end{pmatrix}=\begin{pmatrix} a_{13} & a_{12} & a_{11} \\ a_{23} & a_{22} & a_{21} \\ a_{33} & a_{32} & a_{31} \end{pmatrix}$$

相当于交换了 $\boldsymbol{A}$ 的第 1 列与第 3 列.

$\boldsymbol{E}_{13}(k)$ 左乘矩阵 $\boldsymbol{A}$,即

$$\begin{pmatrix} 1 & 0 & k \\ 0 & 1 & 0 \\ 0 & 0 & 1 \end{pmatrix}\begin{pmatrix} a_{11} & a_{12} & a_{13} \\ a_{21} & a_{22} & a_{23} \\ a_{31} & a_{32} & a_{33} \end{pmatrix}=\begin{pmatrix} a_{11}+ka_{31} & a_{12}+ka_{32} & a_{13}+ka_{33} \\ a_{21} & a_{22} & a_{23} \\ a_{31} & a_{32} & a_{33} \end{pmatrix}$$

相当于将 $\boldsymbol{A}$ 的第 3 行的 k 倍加到第 1 行.

若 $\boldsymbol{E}_{13}(k)$ 右乘矩阵 $\boldsymbol{A}$,即

$$\begin{pmatrix} a_{11} & a_{12} & a_{13} \\ a_{21} & a_{22} & a_{23} \\ a_{31} & a_{32} & a_{33} \end{pmatrix}\begin{pmatrix} 1 & 0 & k \\ 0 & 1 & 0 \\ 0 & 0 & 1 \end{pmatrix}=\begin{pmatrix} a_{11} & a_{12} & a_{13}+ka_{11} \\ a_{21} & a_{22} & a_{23}+ka_{21} \\ a_{31} & a_{32} & a_{33}+ka_{31} \end{pmatrix}$$

相当于将 $\boldsymbol{A}$ 的第 1 列的 k 倍加到第 3 列.

定理 2.4 对矩阵 $\boldsymbol{A}=(a_{ij})_{m\times n}$ 进行一次初等行变换,相当于用一个相应的 m 阶初等矩阵左乘 $\boldsymbol{A}$,即

(Ⅰ)交换矩阵 $\boldsymbol{A}$ 的第 i,j 两行相当于 $E(i,j)A$;

(Ⅱ)矩阵 $\boldsymbol{A}$ 的第 i 行乘一个非零数 k 相当于 $\boldsymbol{E}_i(k)\boldsymbol{A}$;

(Ⅲ)矩阵 $\boldsymbol{A}$ 的第 j 行的 k 倍加到第 i 行相当于 $\boldsymbol{E}_{ij}(k)\boldsymbol{A}$.

类似地,对矩阵 $\boldsymbol{A}=(a_{ij})_{m\times n}$ 进行一次初等列变换相当于用一个相应的 n 阶初等矩阵右乘 $\boldsymbol{A}$,即

(Ⅰ)交换矩阵 $\boldsymbol{A}$ 的第 i,j 两列相当于 $\boldsymbol{AE}(i,j)$;

(Ⅱ)矩阵 $\boldsymbol{A}$ 的第 i 列乘一个非零数 k 相当于 $\boldsymbol{AE}_i(k)$;

(Ⅲ)矩阵 $\boldsymbol{A}$ 的第 i 列的 k 倍加到第 j 列相当于 $\boldsymbol{AE}_{ij}(k)$.

定理 2.4 请读者自行证明.

2.6.3 运用初等行变换求逆矩阵

由定理 2.3 知,对任意矩阵 $\boldsymbol{A}$ 经过有限次的初等变换可以将矩阵变换为标准形.由定理 2.4 知,对矩阵 $\boldsymbol{A}$ 作行初等变换就是左乘初等矩阵,对矩阵 $\boldsymbol{A}$ 作列初等变换就是右乘初等矩阵,因此,可得出以下推论:

推论 2.1 如果矩阵 $\boldsymbol{A}_n$ 可逆,则 $\boldsymbol{A}_n\cong\boldsymbol{E}_n$.

证 根据定理 2.3 知,对 $\boldsymbol{A}_n$ 进行若干次初等变换可以化为等价标准形 $\boldsymbol{D}$.对 $\boldsymbol{A}_n$ 进行初等变换相当于用相应的初等矩阵乘 $\boldsymbol{A}_n$,因为 $\boldsymbol{A}_n$ 可逆,且初等矩阵可逆,则其乘积也可逆,因此 $\boldsymbol{D}$ 可逆.即有 $|\boldsymbol{D}|\neq 0$,即 $\boldsymbol{D}$ 中不能有一行或者一列全为零,因此,$\boldsymbol{A}_n$ 等价标准形 $\boldsymbol{D}$ 为 $\boldsymbol{E}_n$,即 $\boldsymbol{A}_n\cong E_n$.

定理 2.5 矩阵 $\boldsymbol{A}_n$ 可逆的充分必要条件是 $\boldsymbol{A}_n$ 可以表示成一系列初等矩阵的乘积.

证 因为初等矩阵可逆,所以充分性是显然的.

必要性:

由推论 2.1 知,若 $\boldsymbol{A}_n$ 可逆,则经过有限次初等变换后可以化为 $\boldsymbol{E}_n$,也就是存在 n 阶初等矩阵 $\boldsymbol{P}_1,\boldsymbol{P}_2,\cdots,\boldsymbol{P}_s;\boldsymbol{Q}_1,\boldsymbol{Q}_2,\cdots,\boldsymbol{Q}_t$,使得

$$\boldsymbol{P}_s\cdots\boldsymbol{P}_2\boldsymbol{P}_1\boldsymbol{A}_n\boldsymbol{Q}_1\boldsymbol{Q}_2\cdots\boldsymbol{Q}_t=\boldsymbol{E}_n.$$

由于初等矩阵可逆,因此

$$\boldsymbol{A}_n=\boldsymbol{P}_1^{-1}\boldsymbol{P}_2^{-1}\cdots\boldsymbol{P}_s^{-1}\boldsymbol{Q}_t^{-1}\cdots\boldsymbol{Q}_2^{-1}\boldsymbol{Q}_1^{-1},$$

即矩阵 $\boldsymbol{A}_n$ 可以表示成一系列初等矩阵的乘积.

若 $\boldsymbol{A}_n$ 可逆,则 $\boldsymbol{A}_n^{-1}$ 也可逆,根据上面的定理,存在一系列初等矩阵 $\boldsymbol{G}_1,\boldsymbol{G}_2,\cdots,\boldsymbol{G}_k$,使得

$$\boldsymbol{A}_n^{-1}=\boldsymbol{G}_1\boldsymbol{G}_2\cdots\boldsymbol{G}_k.$$

用 $\boldsymbol{A}_n$ 右乘上式,有

$$\boldsymbol{A}_n^{-1}\boldsymbol{A}_n=\boldsymbol{G}_1\boldsymbol{G}_2\cdots\boldsymbol{G}_k\boldsymbol{A}_n,$$

即

$$\boldsymbol{E}_n=\boldsymbol{G}_1\boldsymbol{G}_2\cdots\boldsymbol{G}_k\boldsymbol{A}_n \tag{2.4}$$

$$\boldsymbol{A}_n^{-1}=\boldsymbol{G}_1\boldsymbol{G}_2\cdots\boldsymbol{G}_k\boldsymbol{E}_n \tag{2.5}$$

由式(2.4)和式(2.5)知,当矩阵 $\boldsymbol{A}_n$ 经过一系列初等行变换后化为单位矩阵 $\boldsymbol{E}_n$ 时,单位矩阵 $\boldsymbol{E}_n$ 作同样的初等行变换化为 $\boldsymbol{A}_n^{-1}$.求逆矩阵的方法如下:

构造一个 $n\times2n$ 的矩阵$(\boldsymbol{A}\vdots\boldsymbol{E})$,然后对此矩阵进行初等行变换,当 $\boldsymbol{A}$ 化为 $\boldsymbol{E}$ 时,$\boldsymbol{E}$ 就化为 $\boldsymbol{A}^{-1}$ 了,即

$$(\boldsymbol{A}\vdots\boldsymbol{E})\xrightarrow{\text{初等行变换}}(\boldsymbol{E}\vdots\boldsymbol{A}^{-1}).$$

注 这样构造矩阵求逆只能作初等行变换.

类似地,可用初等列变换来求矩阵的逆,即

$$\begin{pmatrix}\boldsymbol{A}\\ \boldsymbol{E}\end{pmatrix}\xrightarrow{\text{初等列变换}}\begin{pmatrix}\boldsymbol{E}\\ \boldsymbol{A}^{-1}\end{pmatrix}.$$

【例 2.24】 用初等变换法求矩阵 $\boldsymbol{A}=\begin{pmatrix}0&2&1\\1&3&2\\2&0&-1\end{pmatrix}$ 的逆矩阵 $\boldsymbol{A}^{-1}$.

解

$$(\boldsymbol{A}\vdots\boldsymbol{E})=\left(\begin{array}{ccc:ccc}0&2&1&1&0&0\\1&3&2&0&1&0\\2&0&-1&0&0&1\end{array}\right)\xrightarrow{r_1\leftrightarrow r_2}\left(\begin{array}{ccc:ccc}1&3&2&0&1&0\\0&2&1&1&0&0\\2&0&-1&0&0&1\end{array}\right)$$

$$\xrightarrow{r_3-2r_1}\left(\begin{array}{ccc:ccc}1&3&2&0&1&0\\0&2&1&1&0&0\\0&-6&-5&0&-2&1\end{array}\right)\xrightarrow{r_3+3r_2}\left(\begin{array}{ccc:ccc}1&3&2&0&1&0\\0&2&1&1&0&0\\0&0&-2&3&-2&1\end{array}\right)$$

$$\xrightarrow{-\frac{1}{2}r_3}\left(\begin{array}{ccc:ccc}1&3&2&0&1&0\\0&2&1&1&0&0\\0&0&1&-\frac{3}{2}&1&-\frac{1}{2}\end{array}\right)\xrightarrow[r_1-2r_3]{r_2-r_3}\left(\begin{array}{ccc:ccc}1&3&0&3&-1&1\\0&2&0&\frac{5}{2}&-1&\frac{1}{2}\\0&0&1&-\frac{3}{2}&1&-\frac{1}{2}\end{array}\right)$$

$$\xrightarrow{\frac{1}{2}r_2}\left(\begin{array}{ccc:ccc}1&3&0&3&-1&1\\0&1&0&\frac{5}{4}&-\frac{1}{2}&\frac{1}{4}\\0&0&1&-\frac{3}{2}&1&-\frac{1}{2}\end{array}\right)\xrightarrow{r_1-3r_2}\left(\begin{array}{ccc:ccc}1&0&0&-\frac{3}{4}&\frac{1}{2}&\frac{1}{4}\\0&1&0&\frac{5}{4}&-\frac{1}{2}&\frac{1}{4}\\0&0&1&-\frac{3}{2}&1&-\frac{1}{2}\end{array}\right),$$

因此 $A^{-1}=\begin{pmatrix}-\frac{3}{4}&\frac{1}{2}&\frac{1}{4}\\\frac{5}{4}&-\frac{1}{2}&\frac{1}{4}\\-\frac{3}{2}&1&-\frac{1}{2}\end{pmatrix}$.

2.6.4 运用初等行变换求解矩阵方程

初等变换不仅可用来求逆矩阵,还可求解一些简单的矩阵方程.对矩阵方程$\boldsymbol{AX}=\boldsymbol{B}$,若 $\boldsymbol{A}$ 可逆,则 $\boldsymbol{X}=\boldsymbol{A}^{-1}\boldsymbol{B}$,由式(2.5)知

$$\boldsymbol{A}^{-1}=\boldsymbol{G}_1\boldsymbol{G}_2\cdots\boldsymbol{G}_k\boldsymbol{E},$$

在等式两边同时右乘 $\boldsymbol{B}$,得

$$\boldsymbol{A}^{-1}\boldsymbol{B}=\boldsymbol{G}_1\boldsymbol{G}_2\cdots\boldsymbol{G}_k\boldsymbol{B},$$

又由式(2.4)知

$$\boldsymbol{E}_n=\boldsymbol{G}_1\boldsymbol{G}_2\cdots\boldsymbol{G}_k\boldsymbol{A}_n$$

即对 $\boldsymbol{A}$ 进行初等行变换,当把 $\boldsymbol{A}$ 化为 $\boldsymbol{E}$ 时,同样的初等变换可将 $\boldsymbol{B}$ 化为 $\boldsymbol{A}^{-1}\boldsymbol{B}$,即

$$(\boldsymbol{A}\;\vdots\;\boldsymbol{B})\xrightarrow{\text{初等行变换}}(\boldsymbol{E}\;\vdots\;\boldsymbol{A}^{-1}\boldsymbol{B}).$$

类似地,对方程 $\boldsymbol{XA}=\boldsymbol{B}$,若 $\boldsymbol{A}$ 可逆,则 $\boldsymbol{X}=\boldsymbol{BA}^{-1}$,其计算方法如下:

$$\begin{pmatrix}\boldsymbol{A}\\\boldsymbol{B}\end{pmatrix}\xrightarrow{\text{初等列变换}}\begin{pmatrix}\boldsymbol{E}\\\boldsymbol{BA}^{-1}\end{pmatrix}.$$

【例 2.25】 求解矩阵方程$\begin{pmatrix}1&-1&0\\0&2&2\\1&0&-1\end{pmatrix}\boldsymbol{X}=\begin{pmatrix}1&2\\3&0\\-1&1\end{pmatrix}$.

解 令 $\boldsymbol{A}=\begin{pmatrix}1&-1&0\\0&2&2\\1&0&-1\end{pmatrix}$,$\boldsymbol{B}=\begin{pmatrix}1&2\\3&0\\-1&1\end{pmatrix}$,因为$|\boldsymbol{A}|=-4$,因此,$\boldsymbol{A}$ 可逆,由

$$(\boldsymbol{A}\;\vdots\;\boldsymbol{B})=\left(\begin{array}{ccc:cc}1&-1&0&1&2\\0&2&2&3&0\\1&0&-1&-1&1\end{array}\right)\xrightarrow{r_3-r_1}\left(\begin{array}{ccc:cc}1&-1&0&1&2\\0&2&2&3&0\\0&1&-1&-2&-1\end{array}\right)$$

$$\xrightarrow{r_2\leftrightarrow r_3}\left(\begin{array}{ccc:cc}1&-1&0&1&2\\0&1&-1&-2&-1\\0&2&2&3&0\end{array}\right)\xrightarrow{r_3-2r_2}\left(\begin{array}{ccc:cc}1&-1&0&1&2\\0&1&-1&-2&-1\\0&0&4&7&2\end{array}\right)$$

$$\xrightarrow{\frac{1}{4}r_3}\left(\begin{array}{ccc:cc}1 & -1 & 0 & 1 & 2\\ 0 & 1 & -1 & -2 & -1\\ 0 & 0 & 1 & \frac{7}{4} & \frac{1}{2}\end{array}\right)\xrightarrow{r_2+r_3}\left(\begin{array}{ccc:cc}1 & -1 & 0 & 1 & 2\\ 0 & 1 & 0 & -\frac{1}{4} & -\frac{1}{2}\\ 0 & 0 & 1 & \frac{7}{4} & \frac{1}{2}\end{array}\right)$$

$$\xrightarrow{r_1+r_2}\left(\begin{array}{ccc:cc}1 & 0 & 0 & \frac{3}{4} & \frac{3}{2}\\ 0 & 1 & 0 & -\frac{1}{4} & -\frac{1}{2}\\ 0 & 0 & 1 & \frac{7}{4} & \frac{1}{2}\end{array}\right),$$

所以

$$\boldsymbol{X}=\begin{pmatrix}\frac{3}{4} & \frac{3}{2}\\ -\frac{1}{4} & -\frac{1}{2}\\ \frac{7}{4} & \frac{1}{2}\end{pmatrix}.$$

【例 2.26】 求解矩阵方程 $\boldsymbol{X}\begin{pmatrix}1 & 1 & -1\\ 1 & 0 & 2\\ 1 & -1 & 1\end{pmatrix}=\begin{pmatrix}2 & 3 & 1\\ -1 & 2 & 3\end{pmatrix}$.

解 令 $\boldsymbol{A}=\begin{pmatrix}1 & 1 & -1\\ 1 & 0 & 2\\ 1 & -1 & 1\end{pmatrix}$, $\boldsymbol{B}=\begin{pmatrix}2 & 3 & 1\\ -1 & 2 & 3\end{pmatrix}$, 因为 $|\boldsymbol{A}|=4$, 所以 $\boldsymbol{A}$ 可逆, 由

$$\begin{pmatrix}\boldsymbol{A}\\ \boldsymbol{B}\end{pmatrix}=\left(\begin{array}{ccc}1 & 1 & -1\\ 1 & 0 & 2\\ 1 & -1 & 1\\ \hdashline 2 & 3 & 1\\ -1 & 2 & 3\end{array}\right)\xrightarrow[c_3+c_1]{c_2-c_1}\left(\begin{array}{ccc}1 & 0 & 0\\ 1 & -1 & 3\\ 1 & -2 & 2\\ \hdashline 2 & 1 & 3\\ -1 & 3 & 2\end{array}\right)\xrightarrow[c_3+3c_2]{c_1+c_2}\left(\begin{array}{ccc}1 & 0 & 0\\ 0 & -1 & 0\\ -1 & -2 & -4\\ \hdashline 3 & 1 & 6\\ 2 & 3 & 11\end{array}\right)$$

$$\xrightarrow[\left(-\frac{1}{4}\right)c_3]{(-1)c_2}\left(\begin{array}{ccc}1 & 0 & 0\\ 0 & 1 & 0\\ -1 & 2 & 1\\ \hdashline 3 & -1 & -\frac{3}{2}\\ 2 & -3 & -\frac{11}{4}\end{array}\right)\xrightarrow[c_1+c_3]{c_2-2c_3}\left(\begin{array}{ccc}1 & 0 & 0\\ 0 & 1 & 0\\ 0 & 0 & 1\\ \hdashline \frac{3}{2} & 2 & -\frac{3}{2}\\ -\frac{3}{4} & \frac{5}{2} & -\frac{11}{4}\end{array}\right)$$

一题多解

所以

$$X=BA^{-1}=\begin{pmatrix} \frac{3}{2} & 2 & -\frac{3}{2} \\ -\frac{3}{4} & \frac{5}{2} & -\frac{11}{4} \end{pmatrix}.$$

该题还可通过初等行变换进行处理：先将 $XA=B$ 两边同时转置得 $A^{T}X^{T}=B^{T}$，然后通过初等行变换的方式求解，即 $(A^{T} \vdots B^{T}) \xrightarrow{\text{初等行变换}} (E \vdots (A^{T})^{-1}B^{T})$，然后再转置，即 $X=[(A^{T})^{-1}B^{T}]^{T}$，请读者自行完成.

2.7 矩阵的秩

矩阵的初等变换可将任意一个矩阵化成标准形，标准形中单位矩阵的阶数有无意义呢？本节引入矩阵秩的概念，它不仅与讨论可逆矩阵问题有关，而且还是研究线性方程组理论的主要基础.

定义 2.21 设矩阵 $A=(a_{ij})_{m\times n}$，从 A 中任取 k 行 k 列（$1\leqslant k\leqslant \min(m,n)$）位于这些行列相交处的元素，保持它们原来的相对位置不变所构成的 k 阶行列式称为矩阵 A 的一个 **k 阶子式**. 如果子式的值不为零，称为**非零子式**.

例如，在矩阵

$$A=\begin{pmatrix} 1 & -1 & 2 & 3 \\ 2 & 0 & 6 & -2 \\ 3 & -1 & 8 & 1 \end{pmatrix}$$

弗罗贝尼乌斯

中，取矩阵 A 的第一、二行与第二、四列相交处的元素构成一个 2 阶子式为

$$\begin{vmatrix} -1 & 3 \\ 0 & -2 \end{vmatrix},$$

矩阵 A 的所有 3 阶子式为：

$$\begin{vmatrix} 1 & -1 & 2 \\ 2 & 0 & 6 \\ 3 & -1 & 8 \end{vmatrix}, \begin{vmatrix} 1 & -1 & 3 \\ 2 & 0 & -2 \\ 3 & -1 & 1 \end{vmatrix}, \begin{vmatrix} 1 & 2 & 3 \\ 2 & 6 & -2 \\ 3 & 8 & 1 \end{vmatrix}, \begin{vmatrix} -1 & 2 & 3 \\ 0 & 6 & -2 \\ -1 & 8 & 1 \end{vmatrix}.$$

显然，矩阵 A 的每个元素都构成它的一个 1 阶子式，一个 $m\times n$ 矩阵的所有子式的最高阶数不会超过 $\min(m,n)$；当矩阵 A 是 n 阶方阵时，子式的最高阶数是 n.

定义 2.22 若矩阵 $A=(a_{ij})_{m\times n}$ 中存在一个 r 阶子式不为零，而所有 $r+1$ 阶子式（如果存在）全为零，则称 r 为矩阵 A 的**秩**，记为 $r(A)=r$ 或者**秩** A.

对一个 $m\times n$ 矩阵 A，若 $A=O$，它的任意阶子式都为零. 规定零矩阵的秩为零，根据定义可知，若 $r(A)=r$，则矩阵 A 的非零子式的最高阶数就是 r. 如果 $r(A)=m$，称 A 为**行满秩矩阵**；若 $r(A)=n$，称 A 为**列满秩矩阵**；若 A 是 n 阶方阵并且 $r(A)=n$，则称 A 为**满秩矩阵**.

【例 2.27】 求矩阵 $A=\begin{pmatrix} 1 & -1 & 2 & 3 \\ 2 & 0 & 6 & -2 \\ 3 & -1 & 8 & 1 \end{pmatrix}$ 的秩.

解 在矩阵 $\boldsymbol{A}$ 中，有一个 2 阶子式

$$\begin{vmatrix} -1 & 3 \\ 0 & -2 \end{vmatrix} = 2 \neq 0,$$

而所有的 3 阶子式全为零，即

$$\begin{vmatrix} 1 & -1 & 2 \\ 2 & 0 & 6 \\ 3 & -1 & 8 \end{vmatrix} = 0, \begin{vmatrix} 1 & -1 & 3 \\ 2 & 0 & -2 \\ 3 & -1 & 1 \end{vmatrix} = 0, \begin{vmatrix} 1 & 2 & 3 \\ 2 & 6 & -2 \\ 3 & 8 & 1 \end{vmatrix} = 0, \begin{vmatrix} -1 & 2 & 3 \\ 0 & 6 & -2 \\ -1 & 8 & 1 \end{vmatrix} = 0.$$

因此 $r(\boldsymbol{A}) = 2$.

【例 2.28】 证明 n 阶方阵 $\boldsymbol{A}$ 是可逆的充要条件为 $r(\boldsymbol{A}) = n$（即 $\boldsymbol{A}$ 满秩）.

证 必要性：若 $\boldsymbol{A}$ 是可逆的，则 $|\boldsymbol{A}| \neq 0$，即 $\boldsymbol{A}$ 的 n 阶子式不为零，因此 $r(\boldsymbol{A}) = n$.

充分性：若 $r(\boldsymbol{A}) = n$，即矩阵 $\boldsymbol{A}$ 的 n 阶子式不为零，而 $\boldsymbol{A}$ 的 n 阶子式只能是 $|\boldsymbol{A}|$，因此，$\boldsymbol{A}$ 是可逆的.

通过定义 2.22 求矩阵秩时需要计算行列式，当矩阵规模比较大时，计算量就显得特别大. 下面介绍矩阵的秩与初等变换之间的关系，从而引出求矩阵秩的简单方法.

定理 2.6 矩阵的初等变换不改变矩阵的秩.

证 仅证对矩阵作一次初等行变换的情形，这里只证明初等倍加变换的情况，其余两种变换请读者自行证明.

设矩阵为 $\boldsymbol{A}_{m\times n}$，设 $r(\boldsymbol{A}) = r$，则存在一个 r 阶子式不为零，而所有 $r+1$ 阶子式（如果存在）全为零，做变换 $\boldsymbol{A} \xrightarrow{r_i + kr_j} \boldsymbol{B}$，$|\boldsymbol{D}|$ 为 $\boldsymbol{B}$ 的任意一个 $r+1$ 阶子式.

若 $\boldsymbol{D}$ 中不含 $\boldsymbol{B}$ 的第 i 行的元素，则 $|\boldsymbol{D}|$ 是 $\boldsymbol{A}$ 的 $r+1$ 阶子式，$|\boldsymbol{D}| = 0$.

若 $\boldsymbol{D}$ 中含 $\boldsymbol{B}$ 的第 i 行的元素，并且不含 $\boldsymbol{B}$ 的第 j 行，由行列式的性质可知：

$$|\boldsymbol{D}| = \begin{vmatrix} a_{11} & a_{12} & \cdots & a_{1,r+1} \\ \vdots & \vdots & & \vdots \\ a_{i1}+ka_{j1} & a_{i2}+ka_{j2} & \cdots & a_{i,r+1}+ka_{j,r+1} \\ \vdots & \vdots & & \vdots \\ a_{r+1,1} & a_{r+1,2} & \cdots & a_{r+1,r+1} \end{vmatrix}$$

$$= \begin{vmatrix} a_{11} & a_{12} & \cdots & a_{1,r+1} \\ \vdots & \vdots & & \vdots \\ a_{i1} & a_{i2} & \cdots & a_{i,r+1} \\ \vdots & \vdots & & \vdots \\ a_{r+1,1} & a_{r+1,2} & \cdots & a_{r+1,r+1} \end{vmatrix} + k \begin{vmatrix} a_{11} & a_{12} & \cdots & a_{1,r+1} \\ \vdots & \vdots & & \vdots \\ a_{j1} & a_{j2} & \cdots & a_{j,r+1} \\ \vdots & \vdots & & \vdots \\ a_{r+1,1} & a_{r+1,2} & \cdots & a_{r+1,r+1} \end{vmatrix}$$

$$= |\boldsymbol{D}_1| + k|\boldsymbol{D}_2|.$$

由于 $|\boldsymbol{D}_1|$，$|\boldsymbol{D}_2|$ 都是 $\boldsymbol{A}$ 的 $r+1$ 阶子式，因此 $|\boldsymbol{D}| = 0$.

若 $\boldsymbol{D}$ 中含 $\boldsymbol{B}$ 的第 i 行元素，并且含有 $\boldsymbol{B}$ 的第 j 行，由行列式的性质可知：

$$|\boldsymbol{D}|=\begin{vmatrix}a_{11}&a_{12}&\cdots&a_{1,r+1}\\\vdots&\vdots&&\vdots\\a_{i1}+ka_{j1}&a_{i2}+ka_{j2}&\cdots&a_{i,r+1}+ka_{j,r+1}\\\vdots&\vdots&&\vdots\\a_{j1}&a_{j2}&\cdots&a_{j,r+1}\\\vdots&\vdots&&\vdots\\a_{r+1,1}&a_{r+1,2}&\cdots&a_{r+1,r+1}\end{vmatrix}$$

$$=\begin{vmatrix}a_{11}&a_{12}&\cdots&a_{1,r+1}\\\vdots&\vdots&&\vdots\\a_{i1}&a_{i2}&\cdots&a_{i,r+1}\\\vdots&\vdots&&\vdots\\a_{j1}&a_{j2}&\cdots&a_{j,r+1}\\\vdots&\vdots&&\vdots\\a_{r+1,1}&a_{r+1,2}&\cdots&a_{r+1,r+1}\end{vmatrix}+k\begin{vmatrix}a_{11}&a_{12}&\cdots&a_{1,r+1}\\\vdots&\vdots&&\vdots\\a_{j1}&a_{j2}&\cdots&a_{j,r+1}\\\vdots&\vdots&&\vdots\\a_{j1}&a_{j2}&\cdots&a_{j,r+1}\\\vdots&\vdots&&\vdots\\a_{r+1,1}&a_{r+1,2}&\cdots&a_{r+1,r+1}\end{vmatrix}$$

$$=|\boldsymbol{D}_1|+k|\boldsymbol{D}_3|.$$

由于$|\boldsymbol{D}_1|$是 $\boldsymbol{A}$ 的 $r+1$ 阶子式，因此$|\boldsymbol{D}_1|=0$，$\boldsymbol{D}_3$ 中有两行相同，因此$|\boldsymbol{D}_3|=0$，从而$|\boldsymbol{D}|=0$.综上所述，$r(\boldsymbol{A})\leqslant r(\boldsymbol{B})$.

矩阵 $\boldsymbol{A}$ 可看作由矩阵 $\boldsymbol{B}$ 通过初等倍乘变换而来，同理可证明 $r(\boldsymbol{B})\leqslant r(\boldsymbol{A})$.

因此 $r(\boldsymbol{B})=r(\boldsymbol{A})$.

定理 2.7 阶梯形矩阵的秩等于其非零行数.

证略.

由于任意矩阵都可通过初等变换化为阶梯形矩阵，根据定理 2.6 与定理 2.7 就得到了求矩阵秩的方法，即将矩阵通过初等变换化为阶梯形矩阵，阶梯形矩阵的非零行数就是矩阵的秩.

【例 2.29】 求矩阵 $\boldsymbol{A}=\begin{pmatrix}2&-2&1&-1&1\\1&-4&2&-2&3\\3&-6&1&-3&4\\1&2&-1&1&-2\end{pmatrix}$的秩.

解 $\boldsymbol{A}=\begin{pmatrix}2&-2&1&-1&1\\1&-4&2&-2&3\\3&-6&1&-3&4\\1&2&-1&1&-2\end{pmatrix}\xrightarrow{r_1\leftrightarrow r_4}\begin{pmatrix}1&2&-1&1&-2\\1&-4&2&-2&3\\3&-6&1&-3&4\\2&-2&1&-1&1\end{pmatrix}$

$\xrightarrow[r_4-2r_1]{\substack{r_2-r_1\\r_3-3r_1}}\begin{pmatrix}1&2&-1&1&-2\\0&-6&3&-3&5\\0&-12&4&-6&10\\0&-6&3&-3&5\end{pmatrix}\xrightarrow[r_4-r_2]{r_3-2r_2}\begin{pmatrix}1&2&-1&1&-2\\0&-6&3&-3&5\\0&0&-2&0&0\\0&0&0&0&0\end{pmatrix}$,

因此 $r(\boldsymbol{A})=3$.

习题 2

（A）

1.设矩阵 $\boldsymbol{A}=\begin{pmatrix}2a+3b & 2a-c-1\\ 2b+c-1 & -a+b+c\end{pmatrix}$，且 $\boldsymbol{A}=\boldsymbol{O}$，求 a,b,c 的值.

2.设 $\boldsymbol{A}=\begin{pmatrix}2 & -1 & 0\\ 3 & 1 & 2\end{pmatrix}$，$\boldsymbol{B}=\begin{pmatrix}-1 & 1 & 2\\ -2 & 1 & 5\end{pmatrix}$，求：(1)$\boldsymbol{A}+2\boldsymbol{B}$；(2)$2\boldsymbol{B}-\boldsymbol{A}$.

3.如果矩阵 $\boldsymbol{X}$ 满足 $2\boldsymbol{A}-2\boldsymbol{X}=\boldsymbol{B}$，其中

$$\boldsymbol{A}=\begin{pmatrix}3 & 1 & 2\\ -1 & 2 & 1\\ 3 & 5 & 2\end{pmatrix},\boldsymbol{B}=\begin{pmatrix}2 & 1 & 1\\ -1 & 1 & 1\\ 1 & 0 & 2\end{pmatrix},$$

求 $\boldsymbol{X}$.

4.某电子公司所属的4个子公司 A_1,A_2,A_3,A_4 在2013年和2014年所生产的4种电子产品 B_1,B_2,B_3,B_4 的数量见表2.4(单位：千件).

表 2.4

产量 产品 子公司	2013 年				2014 年			
	B_1	B_2	B_3	B_4	B_1	B_2	B_3	B_4
A_1	60	30	16	6	60	30	15	6
A_2	70	28	20	4	85	25	20	8
A_3	55	30	18	5	75	30	20	5
A_4	68	28	15	5	85	30	25	6

(1)作矩阵 $\boldsymbol{A}$ 和 $\boldsymbol{B}$ 分别表示2013年、2014年工厂 A_i 产品 B_j 的数量；

(2)计算 $\boldsymbol{A}+\boldsymbol{B}$，解释其经济意义；

(3)计算 $\frac{1}{2}(\boldsymbol{A}+\boldsymbol{B})$，解释其经济意义.

5.计算下列矩阵的乘积.

(1)$(3\quad 1\quad 2)\begin{pmatrix}2\\ 1\\ -1\end{pmatrix}$；　(2)$\begin{pmatrix}1\\ 2\\ 3\end{pmatrix}(1\quad 0\quad -1)$；

(3)$\begin{pmatrix}6 & 2\\ -2 & 5\\ -3 & 4\end{pmatrix}\begin{pmatrix}2 & 3\\ 1 & -4\end{pmatrix}$；　(4)$\begin{pmatrix}2 & 3 & 1\\ -1 & 1 & 2\end{pmatrix}\begin{pmatrix}0 & 1\\ 1 & 2\\ 3 & -2\end{pmatrix}$；

(5) $\begin{pmatrix}1&0&3\\0&1&0\\0&0&1\end{pmatrix}\begin{pmatrix}-1&2&-1\\4&5&1\\3&2&-1\end{pmatrix}$; (6) $(3\ \ 1\ \ 2)\begin{pmatrix}0&1&2\\2&3&1\\2&1&-1\end{pmatrix}\begin{pmatrix}1\\0\\-1\end{pmatrix}$.

6.求所有与 $\boldsymbol{A}$ 可交换的矩阵.

(1) $\boldsymbol{A}=\begin{pmatrix}1&0\\1&1\end{pmatrix}$; (2) $\boldsymbol{A}=\begin{pmatrix}1&1&0\\0&1&1\\0&0&1\end{pmatrix}$.

7.如果 $\boldsymbol{AB}=\boldsymbol{BA},\boldsymbol{AC}=\boldsymbol{CA}$,证明:

(1) $\boldsymbol{A}(\boldsymbol{B}+\boldsymbol{C})=(\boldsymbol{B}+\boldsymbol{C})\boldsymbol{A}$;(2) $\boldsymbol{A}(\boldsymbol{BC})=(\boldsymbol{BC})\boldsymbol{A}$.

8.设矩阵 $\boldsymbol{A}$ 与 $\boldsymbol{B}$ 可交换.证明:(1) $(\boldsymbol{A}+\boldsymbol{B})(\boldsymbol{A}-\boldsymbol{B})=\boldsymbol{A}^2-\boldsymbol{B}^2$;(2) $(\boldsymbol{A}\pm\boldsymbol{B})^2=\boldsymbol{A}^2\pm2\boldsymbol{AB}+\boldsymbol{B}^2$.

9.计算:

(1) $\begin{pmatrix}1&1\\-1&-1\end{pmatrix}^3$; (2) $\begin{pmatrix}\lambda&1&0\\0&\lambda&1\\0&0&\lambda\end{pmatrix}^3$;

(3) $\begin{pmatrix}1&1\\0&1\end{pmatrix}^n$; (4) $\begin{pmatrix}a&0&0\\0&b&0\\0&0&c\end{pmatrix}^n$.

10.设 $f(x)=a_mx^m+a_{m-1}x^{m-1}+\cdots+a_2x^2+a_1x+a_0$,$\boldsymbol{A}$ 是 n 阶矩阵,定义

$$f(\boldsymbol{A})=a_m\boldsymbol{A}^m+a_{m-1}\boldsymbol{A}^{m-1}+\cdots+a_2\boldsymbol{A}^2+a_1\boldsymbol{A}+a_0\boldsymbol{E}$$

(1)如果 $f(x)=-x^2+x-1$,那么

$$\boldsymbol{A}=\begin{pmatrix}1&2&2\\2&0&3\\0&-1&1\end{pmatrix},$$

求 $f(\boldsymbol{A})$.

(2)如果 $f(x)=x^3-2x^2+x-2$,那么

$$\boldsymbol{A}=\begin{pmatrix}1&-1&0\\0&1&1\\0&0&1\end{pmatrix},$$

求 $f(\boldsymbol{A})$.

11.设 $\boldsymbol{A}=\begin{pmatrix}2&1&3\\1&3&2\end{pmatrix}$,$\boldsymbol{B}=\begin{pmatrix}2&-1\\-1&2\\2&-1\end{pmatrix}$,求 $\boldsymbol{AB},\boldsymbol{BA},\boldsymbol{A}^{\mathrm{T}}\boldsymbol{B}^{\mathrm{T}},\boldsymbol{B}^{\mathrm{T}}\boldsymbol{A}^{\mathrm{T}}$.

12.(1)证明:对任意的 $m\times n$ 矩阵 $\boldsymbol{A}$,$\boldsymbol{A}^{\mathrm{T}}\boldsymbol{A}$ 和 $\boldsymbol{AA}^{\mathrm{T}}$ 都是对称矩阵;(2)对任意的 n 阶矩阵 $\boldsymbol{A}$,$\boldsymbol{A}+\boldsymbol{A}^{\mathrm{T}}$ 为对称矩阵,而 $\boldsymbol{A}-\boldsymbol{A}^{\mathrm{T}}$ 为反对称矩阵;(3)对任意 n 阶阵 $\boldsymbol{A}$,可以表示为对称矩阵与反对称矩阵之和.

13.设 $\boldsymbol{A},\boldsymbol{B}$ 是同阶对称矩阵,则 $\boldsymbol{AB}$ 是对称矩阵的充分必要条件:$\boldsymbol{AB}=\boldsymbol{BA}$.

14.判断下列矩阵是否可逆,若可逆,利用伴随矩法求其逆矩阵.

(1) $\begin{pmatrix}0&1&1\\1&2&2\\1&1&1\end{pmatrix}$; (2) $\begin{pmatrix}2&1&3\\1&3&2\\-1&2&1\end{pmatrix}$.

15.求下列矩阵的逆矩阵.

(1) $\begin{pmatrix} 2 & 3 \\ 1 & 4 \end{pmatrix}$; (2) $\begin{pmatrix} 1 & 0 & 0 \\ 1 & 2 & 0 \\ 1 & 2 & 3 \end{pmatrix}$;

(3) $\begin{pmatrix} 3 & 1 & 3 \\ 1 & -1 & 1 \\ 3 & -1 & 2 \end{pmatrix}$; (4) $\begin{pmatrix} 1 & -2 & 0 \\ 4 & -2 & -1 \\ 2 & -3 & 1 \end{pmatrix}$.

16.已知 n 阶矩阵 $\boldsymbol{A}$ 满足 $\boldsymbol{A}^2-2\boldsymbol{A}-2\boldsymbol{E}=\boldsymbol{O}$,求证:$\boldsymbol{A}$ 可逆,并求 $\boldsymbol{A}^{-1}$.

17.设已知 n 阶矩阵 $\boldsymbol{A}$,且 $\boldsymbol{A}\boldsymbol{A}^{\mathrm{T}}=\boldsymbol{E}$, $|\boldsymbol{A}|=-1$,求 $|\boldsymbol{A}+\boldsymbol{E}|$.

18.设矩阵 $\boldsymbol{A}$ 是 n 阶方阵,$\boldsymbol{A}^*$ 是 $\boldsymbol{A}$ 的伴随矩阵,证明:

(1)如果 $\boldsymbol{A}$ 可逆,则 $\boldsymbol{A}^*$ 也可逆,且$(\boldsymbol{A}^*)^{-1}=\dfrac{1}{|\boldsymbol{A}|}\boldsymbol{A}$;

(2) $|\boldsymbol{A}^*|=|\boldsymbol{A}|^{n-1}$.

19.已知矩阵 $\boldsymbol{A}=\begin{pmatrix} 1 & 1 & 0 & 0 & 0 \\ 1 & -1 & 0 & 0 & 0 \\ 0 & 0 & 1 & 2 & 0 \\ 0 & 0 & 3 & 7 & 0 \\ 0 & 0 & 0 & 0 & 4 \end{pmatrix}$,求 $|\boldsymbol{A}|$,$\boldsymbol{A}^{\mathrm{T}}$,$\boldsymbol{A}^{-1}$.

20.设矩阵 $\boldsymbol{A}$ 是 3 阶方阵,且 $|\boldsymbol{A}|=2$,把 $\boldsymbol{A}$ 按列分块为 $\boldsymbol{A}=(\boldsymbol{A}_1,\boldsymbol{A}_2,\boldsymbol{A}_3)$,其中 $\boldsymbol{A}_j(j=1,2,3)$ 是 $\boldsymbol{A}$ 的第 j 列.求

(1) $\left|\dfrac{1}{2}\boldsymbol{A}\right|$;

(2) $|\boldsymbol{A}_1,\boldsymbol{A}_3,2\boldsymbol{A}_2|$;

(3) $|\boldsymbol{A}_3,3\boldsymbol{A}_2-2\boldsymbol{A}_1,\boldsymbol{A}_1|$.

21.利用初等变换求下列矩阵的逆矩阵.

(1) $\begin{pmatrix} 4 & 6 \\ 5 & 7 \end{pmatrix}$; (2) $\begin{pmatrix} 1 & 0 & 0 \\ 1 & 2 & 0 \\ 1 & 2 & 3 \end{pmatrix}$;

(3) $\begin{pmatrix} 12 & -5 & -3 \\ -3 & 1 & 1 \\ -7 & 3 & 2 \end{pmatrix}$; (4) $\begin{pmatrix} 1 & 2 & 3 & 4 \\ 0 & 1 & 2 & 3 \\ 0 & 0 & 1 & 2 \\ 0 & 0 & 0 & 1 \end{pmatrix}$.

22.求下列矩阵方程.

(1) $\begin{pmatrix} 3 & 5 \\ 1 & 2 \end{pmatrix}\boldsymbol{X}=\begin{pmatrix} 2 & 3 \\ 2 & 1 \end{pmatrix}$; (2) $\begin{pmatrix} 2 & 1 & 4 \\ 1 & -1 & 1 \\ 1 & -3 & 0 \end{pmatrix}\boldsymbol{X}=\begin{pmatrix} 1 & 2 \\ -1 & 0 \\ 2 & 3 \end{pmatrix}$;

(3) $\boldsymbol{X}\begin{pmatrix} 1 & 1 & -1 \\ 0 & 2 & 1 \\ 1 & -1 & 0 \end{pmatrix}=\begin{pmatrix} 1 & -1 & 2 \\ 2 & 0 & 1 \end{pmatrix}$.

23.已知 n 阶矩阵 $\boldsymbol{A}$,$\boldsymbol{B}$ 满足 $\boldsymbol{A}\boldsymbol{B}=\boldsymbol{B}+\boldsymbol{A}$,

(1)证明 $\boldsymbol{A}-\boldsymbol{E}$ 可逆;

(2)已知 $\boldsymbol{A}=\begin{pmatrix}1&1&0\\0&1&1\\1&0&1\end{pmatrix}$,求 $\boldsymbol{B}$.

24.求下列矩阵的秩:

(1)$\begin{pmatrix}1&1&-2&4\\-1&-1&2&-1\\-2&1&1&1\end{pmatrix}$;　　(2)$\begin{pmatrix}-1&0&5&3\\2&4&3&5\\1&4&8&8\end{pmatrix}$;

(3)$\begin{pmatrix}5&0&5&-1\\4&2&6&-2\\1&3&4&-2\\2&-4&-2&2\end{pmatrix}$;　　(4)$\begin{pmatrix}4&0&1&1&0\\2&1&2&2&1\\0&1&2&2&1\\0&0&-1&-1&0\\2&0&2&2&0\end{pmatrix}$.

(B)

一、填空题

1.设 $\boldsymbol{A}=(a_{ij})_{m\times n}$,$\boldsymbol{B}=(b_{ij})_{s\times t}$,当且仅当________时,有 $\boldsymbol{A}=\boldsymbol{B}$.

2.设矩阵 $\boldsymbol{A}=(a_{ij})_{m\times n}$,$\boldsymbol{B}=(b_{ij})_{s\times t}$,$\boldsymbol{C}=(c_{ij})_{k\times l}$,有 $\boldsymbol{AB}=\boldsymbol{C}$,则 m,n,s,t,k,l 满足关系________.

3.设 $\boldsymbol{A}$,$\boldsymbol{B}$ 是 3 阶方阵,且 $|\boldsymbol{A}|=2$,$|3\boldsymbol{B}|=-27$,则 $|(2\boldsymbol{A})^{-1}|=$____________,$|\boldsymbol{AB}^{-1}|=$________.

4.(2006 考研)设矩阵 $\boldsymbol{A}=\begin{pmatrix}2&1\\-1&2\end{pmatrix}$,$\boldsymbol{E}$ 为 2 阶单位矩阵,矩阵 $\boldsymbol{B}$ 满足 $\boldsymbol{BA}=\boldsymbol{B}+2\boldsymbol{E}$,则 $|\boldsymbol{B}|=$________.

5.设矩阵 $\boldsymbol{A}=\begin{pmatrix}1&0&0\\0&2&0\\0&0&3\end{pmatrix}$,则 $\boldsymbol{A}^{-1}=$________,$(\boldsymbol{A}^*)^{-1}=$________.

6.(2010 考研)设 $\boldsymbol{A}$,$\boldsymbol{B}$ 是 3 阶方阵,且 $|\boldsymbol{A}|=3$,$|\boldsymbol{B}|=2$,$|\boldsymbol{A}^{-1}+\boldsymbol{B}|=2$,则 $|\boldsymbol{A}+\boldsymbol{B}^{-1}|=$________.

7.设 $\boldsymbol{A}$,$\boldsymbol{B}$ 是 3 阶方阵,$|\boldsymbol{A}|=-1$,$|\boldsymbol{B}|=3$,则 $\begin{vmatrix}2\boldsymbol{A}&\boldsymbol{A}\\\boldsymbol{O}&\boldsymbol{B}\end{vmatrix}=$________.

8.已知 $\boldsymbol{\alpha}=(1\quad 2\quad 3)$,$\boldsymbol{\beta}=\begin{pmatrix}1&\frac{1}{2}&\frac{1}{3}\end{pmatrix}$.矩阵 $\boldsymbol{A}=\boldsymbol{\alpha}^{\mathrm{T}}\boldsymbol{\beta}$,则 $\boldsymbol{A}^n=$________.

9.设 $\boldsymbol{A}=\begin{pmatrix}1&0&1\\0&2&0\\1&0&1\end{pmatrix}$,$n$ 为正整数($n\geqslant 2$),则 $\boldsymbol{A}^n-2\boldsymbol{A}^{n-1}=$________.

二、单项选择题

1.设有矩阵 $\boldsymbol{A}_{3\times 4}$,$\boldsymbol{B}_{3\times 3}$,$\boldsymbol{C}_{4\times 3}$,$\boldsymbol{D}_{3\times 1}$,则下列运算中没有意义的是(　　).

A.$\boldsymbol{BAC}$　　B.$\boldsymbol{AC}+\boldsymbol{DD}^{\mathrm{T}}$　　C.$\boldsymbol{A}^{\mathrm{T}}\boldsymbol{B}+2\boldsymbol{C}$　　D.$\boldsymbol{AC}+\boldsymbol{D}^{\mathrm{T}}\boldsymbol{D}$

2.设 $\boldsymbol{A}$,$\boldsymbol{B}$ 为 n 阶对称矩阵,则下列结论中不正确的是(　　).

A.$\boldsymbol{A}+\boldsymbol{B}$ 为对称矩阵　　B.对任意的矩阵 $\boldsymbol{P}_{n\times n}$,$\boldsymbol{P}^{\mathrm{T}}\boldsymbol{AP}$ 为对称矩阵

C.AB 为对称矩阵　　D.若 A,B 可交换，则 AB 为对称矩阵

3.设 A,B 均为 n 阶矩阵，则下列结论中正确的是(　　).

A.$(A+B)(A-B)=A^2-B^2$　　B.$(AB)^k=A^kB^k$

C.$|kAB|=k|A||B|$　　D.$|(AB)^k|=|A|^k|B|^k$

4.已知 A 为 n 阶矩阵，则下述结论中不正确的是(　　).

A.$(kA)^{\mathrm{T}}=kA^{\mathrm{T}}$($k$ 为常数)

B.若 A 可逆，则 $(kA)^{-1}=k^{-1}A^{-1}$(k 为非零常数)

C.若 A 可逆，则 $[(A^{\mathrm{T}})^{\mathrm{T}}]^{-1}=[(A^{-1})^{-1}]^{\mathrm{T}}$

D.若 A 可逆，则 $[(A^{-1})^{-1}]^{\mathrm{T}}=[(A^{\mathrm{T}})^{-1}]^{-1}$

5.设 A 为三阶矩阵，A_j 是 A 的第 j 列($j=1,2,3$)，矩阵 $B=(A_3,3A_2-A_3,2A_1+5A_2)$.若 $|A|=-2$，则 $|B|=$(　　).

A.16　　B.12　　C.10　　D.7

6.已知 A,B,C 均为 n 阶可逆矩阵，且 $ABC=E$，则下列结论必成立的是(　　).

A.$ACB=E$　　B.$BCA=E$

C.$CBA=E$　　D.$BAC=E$

7.设 A,B 都是 n 阶可逆矩阵，则下述结论中不正确的是(　　).

A.$(A+B)^{-1}=A^{-1}+B^{-1}$

B.$[(AB)^{\mathrm{T}}]^{-1}=(A^{-1})^{\mathrm{T}}(B^{-1})^{\mathrm{T}}$

C.$(A^k)^{-1}=(A^{-1})^k$(k 为正整数)

D.$|(kA)^{-1}|=k^{-n}|A|^{-1}$($k\neq0$ 为任意常数)

8.设 A,B,C 均为 n 阶矩阵，则下列结论中不正确的是(　　).

A.若 $ABC=E$，则 A,B,C 都可逆

B.若 $AB=AC$，且 A 可逆，则 $B=C$

C.若 $AB=AC$，且 A 可逆，则 $BA=CA$

D.若 $AB=O$，且 $A\neq O$ 可逆，则 $B=O$

9.设 n 阶矩阵 A 非奇异($n\geqslant2$)，A^* 是 A 的伴随矩阵，则(　　).

A.$(A^*)^*=|A|^{n-1}A$　　B.$(A^*)^*=|A|^{n+1}A$

C.$(A^*)^*=|A|^{n-2}A$　　D.$(A^*)^*=|A|^{n+2}A$

10.设 $A=\begin{pmatrix}a_{11}&a_{12}&a_{13}\\a_{21}&a_{22}&a_{23}\\a_{31}&a_{32}&a_{33}\end{pmatrix}$，$B=\begin{pmatrix}a_{21}&a_{22}&a_{23}\\a_{11}&a_{12}&a_{13}\\a_{31}+a_{11}&a_{32}+a_{12}&a_{33}+a_{13}\end{pmatrix}$，$P_1=\begin{pmatrix}0&1&0\\1&0&0\\0&0&1\end{pmatrix}$，$P_2=\begin{pmatrix}1&0&0\\0&1&0\\1&0&1\end{pmatrix}$，则必有(　　).

A.$P_1P_2A=B$　　B.$P_2P_1A=B$

C.$AP_1P_2=B$　　D.$AP_2P_1=B$

11.(2003 考研)设三阶矩阵 $A=\begin{pmatrix}a&b&b\\b&a&b\\b&b&a\end{pmatrix}$，若 A 的伴随矩阵的秩为 1，则必有(　　).

A. $a=b$ 或 $a+2b=0$

B. $a=b$ 或 $a+2b\neq 0$

C. $a\neq b$ 且 $a+2b=0$

D. $a\neq b$ 且 $a+2b\neq 0$

12.(2009 考研)设 $\boldsymbol{A},\boldsymbol{B}$ 均为 2 阶矩阵,$\boldsymbol{A}^*$,$\boldsymbol{B}^*$ 分别为 $\boldsymbol{A},\boldsymbol{B}$ 的伴随矩阵,若 $|\boldsymbol{A}|=2$,$|\boldsymbol{B}|=3$,则分块矩阵 $\begin{pmatrix}\boldsymbol{O} & \boldsymbol{A}\\ \boldsymbol{B} & \boldsymbol{O}\end{pmatrix}$ 的伴随矩阵为(　　).

A. $\begin{pmatrix}\boldsymbol{O} & 3\boldsymbol{B}^*\\ 2\boldsymbol{A}^* & \boldsymbol{O}\end{pmatrix}$

B. $\begin{pmatrix}\boldsymbol{O} & 2\boldsymbol{B}^*\\ 3\boldsymbol{A}^* & \boldsymbol{O}\end{pmatrix}$

C. $\begin{pmatrix}\boldsymbol{O} & 3\boldsymbol{A}^*\\ 2\boldsymbol{B}^* & \boldsymbol{O}\end{pmatrix}$

D. $\begin{pmatrix}\boldsymbol{O} & 2\boldsymbol{B}^*\\ 3\boldsymbol{A}^* & \boldsymbol{O}\end{pmatrix}$

习题答案

第 3 章

线性方程组

线性代数作为代数学的一个重要组成部分，广泛应用于现代科学的许多分支. 其核心问题之一就是线性方程组的求解问题. 本章在第 1 章的克莱姆法则的基础上，结合矩阵，研究一般线性方程组的解的判定、求解方法以及解的结构等问题.

线性方程组简介

3.1 消元法

在第 1 章中，介绍了用克莱姆法则求解线性方程组. 但它只适用于方程个数与未知量个数相同，且系数行列式的值不等于零的情况. 而且，此方法的计算量也比较大.

本节将介绍求解一般线性方程组的方法之一——消元法，也是一种较为简便的方法.

3.1.1 线性方程组的概念

一般地，一个线性方程组可以写成如下形式：

$$\begin{cases} a_{11}x_1+a_{12}x_2+\cdots+a_{1n}x_n=b_1 \\ a_{21}x_1+a_{22}x_2+\cdots+a_{2n}x_n=b_2 \\ \quad\vdots \\ a_{m1}x_1+a_{m2}x_2+\cdots+a_{mn}x_n=b_m \end{cases}. \tag{3.1}$$

方程组(3.1)的矩阵形式为

$$\boldsymbol{A}x=\boldsymbol{\beta}.$$

其中

$$\boldsymbol{A}=\begin{pmatrix} a_{11} & a_{12} & \cdots & a_{1n} \\ a_{21} & a_{22} & \cdots & a_{2n} \\ \vdots & \vdots & & \vdots \\ a_{m1} & a_{m2} & \cdots & a_{mn} \end{pmatrix},\quad x=\begin{pmatrix} x_1 \\ x_2 \\ \vdots \\ x_n \end{pmatrix},\quad \boldsymbol{\beta}=\begin{pmatrix} b_1 \\ b_2 \\ \vdots \\ b_m \end{pmatrix}$$

分别称为方程组(3.1)的**系数矩阵**、**未知量矩阵**和**常数矩阵**.

将线性方程组(3.1)的常数项全部改为零，得到齐次方程组，即

$$\begin{cases} a_{11}x_1+a_{12}x_2+\cdots+a_{1n}x_n=0 \\ a_{21}x_1+a_{22}x_2+\cdots+a_{2n}x_n=0 \\ \qquad\vdots \\ a_{m1}x_1+a_{m2}x_2+\cdots+a_{mn}x_n=0 \end{cases} \tag{3.2}$$

称方程组(3.2)为方程组(3.1)对应的齐次方程组或导出组,可记为 $\boldsymbol{A}x=\boldsymbol{O}$.

记

$$\overline{\boldsymbol{A}}=(\boldsymbol{A}\ \vdots\ b)=\begin{pmatrix} a_{11} & a_{12} & \cdots & a_{1n} & b_1 \\ a_{21} & a_{22} & \cdots & a_{2n} & b_2 \\ \vdots & \vdots & & \vdots & \vdots \\ a_{m1} & a_{m2} & \cdots & a_{mn} & b_m \end{pmatrix}$$

为方程组(3.1)的**增广矩阵**.

如果有 $x_1=c_1,x_2=c_2,\cdots x_n=c_n$ 使得方程组(3.1)中的每一个方程都成立,则称这 n 个数为方程组(3.1)的**解**,记为 $x=(c_1,c_2,\cdots,c_n)^{\mathrm{T}}$.

如果线性方程组(3.1)的解存在,则称方程组(3.1)是**有解**的或**相容**的.否则,称方程组(3.1)是**不相容**的.

线性方程组(3.1)的解的全体称为它的**解集**.称具有相同解集的两个或多个方程组为**同解方程组**.

表示线性方程组的全部解的表达式称为线性方程组的**通解**.

《九章算术》

3.1.2 消元法

消元是解方程组的基本思想.中学代数中,已经学过用消元法求解二元或三元线性方程组.这一方法也适用于求解一般线性方程组(3.1),并可用其增广矩阵的初等变换表示求解过程.

【例 3.1】 解线性方程组

$$\begin{cases} x_1+2x_2-x_3=2 & (1) \\ 2x_1-x_2-3x_3=-9 & (2) \\ 3x_1-2x_2-x_3=-4 & (3) \end{cases}$$

解 原方程组

$$\xrightarrow[(3)-3\times(1)]{(2)-2\times(1)} \begin{cases} x_1+2x_2-x_3=2 & (1) \\ -5x_2-x_3=-13 & (4) \\ -8x_2+2x_3=-10 & (5) \end{cases}$$

$$\xrightarrow{(5)-\frac{8}{5}\times(4)} \begin{cases} x_1+2x_2-x_3=2 & (1) \\ -5x_2-x_3=-13 & (6) \\ \frac{18}{5}x_3=\frac{54}{5} & (7) \end{cases}$$

$$\xrightarrow{\frac{5}{18}\times(7)} \begin{cases} x_1+2x_2-x_3=2 & (1) \\ -5x_2-x_3=-13 & (6) \\ x_3=3 & (8) \end{cases}$$

$$\xrightarrow[(6)+(8)]{(1)+(8)}\begin{cases}x_1+2x_2=5 & (9)\\ \quad -5x_2=-10 & (10)\\ \qquad x_3=3 & (11)\end{cases}$$

$$\xrightarrow{-\frac{1}{5}\times(10)}\begin{cases}x_1+2x_2=5 & (9)\\ \quad x_2 \quad =2 & (12)\\ \qquad x_3=3 & (11)\end{cases}$$

$$\xrightarrow{(9)-2\times(12)}\begin{cases}x_1 \qquad =1\\ \quad x_2 \quad =2\\ \qquad x_3=3\end{cases}$$

显然,因为以上一系列方程组都是同解方程组,所以原方程组的解为 $x=(1,2,3)^{\mathrm{T}}$.

由此例可以看出,用消元法求解线性方程组时,实质上就是对它的增广矩阵施以仅限于行的初等变换.上面的求解过程可以用以下矩阵形式表示.

$$(A \vdots b)=\left(\begin{array}{ccc:c}1 & 2 & -1 & 2\\ 2 & -1 & -3 & -9\\ 3 & -2 & -1 & -4\end{array}\right)\xrightarrow[r_3-3r_1]{r_2-2r_1}\left(\begin{array}{ccc:c}1 & 2 & -1 & 2\\ 0 & -5 & -1 & -13\\ 0 & -8 & 2 & -10\end{array}\right)$$

$$\xrightarrow{r_3-\frac{8}{5}r_2}\left(\begin{array}{ccc:c}1 & 2 & -1 & 2\\ 0 & -5 & -1 & -13\\ 0 & 0 & \frac{18}{5} & \frac{54}{5}\end{array}\right)\xrightarrow{\frac{5}{18}r_3}\left(\begin{array}{ccc:c}1 & 2 & -1 & 2\\ 0 & -5 & -1 & -13\\ 0 & 0 & 1 & 3\end{array}\right)$$

$$\xrightarrow[r_2+r_3]{r_1+r_3}\left(\begin{array}{ccc:c}1 & 2 & 0 & 5\\ 0 & -5 & 0 & -10\\ 0 & 0 & 1 & 3\end{array}\right)\xrightarrow{-\frac{1}{5}r_2}\left(\begin{array}{ccc:c}1 & 2 & 0 & 5\\ 0 & 1 & 0 & 2\\ 0 & 0 & 1 & 3\end{array}\right)$$

$$\xrightarrow{r_1-2r_2}\left(\begin{array}{ccc:c}1 & 0 & 0 & 1\\ 0 & 1 & 0 & 2\\ 0 & 0 & 1 & 3\end{array}\right).$$

高斯

由最后一个矩阵可得方程组的解:

$$x_1=1, x_2=2, x_3=3.$$

一般地,对线性方程组(3.1),它的增广矩阵总可以通过适当的初等行变换化为行最简形阶梯阵

$$\overline{\boldsymbol{A}}\to\begin{pmatrix}1 & 0 & \cdots & 0 & c_{1r+1} & \cdots & c_{1n} & d_1\\ 0 & 1 & \cdots & 0 & c_{2r+1} & \cdots & c_{2n} & d_2\\ \vdots & \vdots & & \vdots & \vdots & & \vdots & \vdots\\ 0 & 0 & \cdots & 1 & c_{rr+1} & & c_{rn} & d_r\\ 0 & 0 & \cdots & 0 & 0 & \cdots & 0 & d_{r+1}\\ 0 & 0 & \cdots & 0 & 0 & \cdots & 0 & 0\\ \vdots & \vdots & & \vdots & \vdots & & \vdots & \vdots\\ 0 & 0 & \cdots & 0 & 0 & \cdots & 0 & 0\end{pmatrix}.$$

由此可知,线性方程组(3.1)的系数矩阵 $\boldsymbol{A}$ 与增广矩阵 $\overline{\boldsymbol{A}}$ 的秩分别为

$$r(\boldsymbol{A})=r,r(\overline{\boldsymbol{A}})=\begin{cases}r & ,若\ d_{r+1}=0\\ r+1, & 若\ d_{r+1}\neq 0\end{cases}.$$

根据例 3.1 的解题过程易知,线性方程组(3.1)与阶梯形矩阵所对应的线性方程组

$$\begin{cases}x_1+c_{1r+1}x_{r+1}+\cdots+c_{1n}x_n=d_1\\ x_2+c_{2r+1}x_{r+1}+\cdots+c_{2n}x_n=d_2\\ \qquad\vdots\\ x_r+c_{rr+1}x_{r+1}+\cdots+c_{rn}x_n=d_r\\ \qquad 0=d_{r+1}\end{cases}\tag{3.3}$$

同解,且解有 3 种情形:

①若 $r(\boldsymbol{A})<r(\overline{\boldsymbol{A}})$,则 $\overline{\boldsymbol{A}}$ 中的 $d_{r+1}\neq 0$,方程组(3.3)中最后一个方程无解,所以方程组(3.1)无解.

②若 $r(\boldsymbol{A})=r(\overline{\boldsymbol{A}})=r=n$,则 $\overline{\boldsymbol{A}}$ 中的 $d_{r+1}=0$,且 c_{ij} 均不会出现,此时方程组(3.1)有唯一解 $x=(d_1,d_2,\cdots,d_n)^{\mathrm{T}}$.

③若 $r(\boldsymbol{A})=r(\overline{\boldsymbol{A}})=r<n$,则 $\overline{\boldsymbol{A}}$ 中的 $d_{r+1}=0$,方程组(3.3)可变成

$$\begin{cases}x_1=d_1-c_{1r+1}x_{r+1}-\cdots-c_{1n}x_n\\ x_2=d_2-c_{2r+1}x_{r+1}-\cdots-c_{2n}x_n\\ \qquad\vdots\\ x_r=d_r-c_{rr+1}x_{r+1}-\cdots-c_{rn}x_n\end{cases}.$$

其中,$x_{r+1},x_{r+2},\cdots,x_n$ 在相应数域上可以任意取值,称为自由未知量.令自由未知量 $x_{r+1}=k_1,x_{r+2}=k_2,\cdots,x_n=k_{n-r}$,即得到方程组(3.1)的含有 $n-r$ 个参数的解

$$\begin{cases}x_1=d_1-c_{1r+1}k_1-\cdots-c_{1n}k_{n-r}\\ x_2=d_2-c_{2r+1}k_1-\cdots-c_{2n}k_{n-r}\\ \qquad\vdots\\ x_r=d_r-c_{rr+1}k_1-\cdots-c_{rn}k_{n-r}\\ x_{r+1}=\qquad k_1\\ \qquad\vdots\\ x_n=\qquad\qquad k_{n-r}\end{cases}.$$

综上所述,可得下列定理:

定理 3.1 n 元线性方程组 $\boldsymbol{A}x=\beta$,

(1)有唯一解的充要条件是 $r(\boldsymbol{A})=r(\overline{\boldsymbol{A}})=n$;

(2)有无穷多组解的充要条件是 $r(\boldsymbol{A})=r(\overline{\boldsymbol{A}})=r<n$;

(3)无解的充要条件是 $r(\boldsymbol{A})<r(\overline{\boldsymbol{A}})$(或 $r(\boldsymbol{A})\neq r(\overline{\boldsymbol{A}})$).

其中,有无穷多组解时,解中包含 $n-r$ 个自由未知量.

道奇森

对齐次方程组 $\boldsymbol{A}x=\boldsymbol{O}$,即

$$\begin{cases}a_{11}x_1+a_{12}x_2+\cdots+a_{1n}x_n=0\\ a_{21}x_1+a_{22}x_2+\cdots+a_{2n}x_n=0\\ \qquad\vdots\\ a_{m1}x_1+a_{m2}x_2+\cdots+a_{mn}x_n=0\end{cases}$$

由于常数项皆为零，因此总有 $r(\boldsymbol{A})=r(\overline{\boldsymbol{A}})$，由此可得以下定理：

定理 3.2 n 元齐次线性方程组 $\boldsymbol{A}x=\boldsymbol{O}$，

(1) 有且仅有零解的充要条件是 $r(\boldsymbol{A})=n$；

(2) 有非零解的充要条件是 $r(\boldsymbol{A})<n$.

【例 3.2】 解线性方程组：

$$\begin{cases}x_1-2x_2+x_3-x_4=1\\2x_1+x_2-x_3-x_4=-1\\-x_1-x_2+2x_3+x_4=2\\x_1-x_2-x_3-2x_4=-2\end{cases}.$$

解 对增广矩阵 $\overline{\boldsymbol{A}}$ 施以初等行变换得

$$\overline{\boldsymbol{A}}=\left(\begin{array}{cccc:c}1&-2&1&-1&1\\2&1&-1&-1&-1\\-1&-1&2&1&2\\1&-1&-1&-2&-2\end{array}\right)\to\left(\begin{array}{cccc:c}1&-2&1&-1&1\\0&5&-3&1&-3\\0&-3&3&0&3\\0&1&-2&-1&-3\end{array}\right)$$

$$\to\left(\begin{array}{cccc:c}1&-2&1&-1&1\\0&1&-2&-1&-3\\0&0&-3&-3&-6\\0&0&7&6&12\end{array}\right)\to\left(\begin{array}{cccc:c}1&-2&1&-1&1\\0&1&-2&-1&-3\\0&0&1&1&2\\0&0&7&6&12\end{array}\right)$$

$$\to\left(\begin{array}{cccc:c}1&-2&1&-1&1\\0&1&-2&-1&-3\\0&0&1&1&2\\0&0&0&-1&-2\end{array}\right)\to\left(\begin{array}{cccc:c}1&-2&1&0&3\\0&1&-2&0&-1\\0&0&1&0&0\\0&0&0&1&2\end{array}\right)$$

$$\to\left(\begin{array}{cccc:c}1&-2&0&0&3\\0&1&0&0&-1\\0&0&1&0&0\\0&0&0&1&2\end{array}\right)\to\left(\begin{array}{cccc:c}1&0&0&0&1\\0&1&0&0&-1\\0&0&1&0&0\\0&0&0&1&2\end{array}\right).$$

由最后一个矩阵知，原方程组的解为 $x=(1,-1,0,2)^{\mathrm{T}}$.

【例 3.3】 解线性方程组：

$$\begin{cases}x_1+5x_2-9x_3=-7\\x_2-7x_3=-6\\x_1+3x_2+5x_3=5\end{cases}.$$

解 对增广矩阵 $\overline{\boldsymbol{A}}$ 施以初等行变换，得

$$\overline{\boldsymbol{A}}=\left(\begin{array}{ccc:c}1&5&-9&-7\\0&1&-7&-6\\1&3&5&5\end{array}\right)\to\left(\begin{array}{ccc:c}1&5&-9&-7\\0&1&-7&-6\\0&-2&14&12\end{array}\right)$$

$$\to\left(\begin{array}{ccc:c}1&5&-9&-7\\0&1&-7&-6\\0&0&0&0\end{array}\right)\to\left(\begin{array}{ccc:c}1&0&26&23\\0&1&-7&-6\\0&0&0&0\end{array}\right).$$

因为 $r(\boldsymbol{A})=r(\overline{\boldsymbol{A}})=2<3$,所以此时方程组有无穷多组解.

选取 x_3 作为自由未知量,即得$\begin{cases}x_1=23-26x_3\\x_2=-6+7x_3\end{cases}$,令 $x_3=k$,得方程组的解为

$$\begin{cases}x_1=23-26k\\x_2=-6+7k\\x_3=k\end{cases}\quad(k\text{ 为任意常数}).$$

3.2 n 维向量空间

对 n 元线性方程组,其解是由一些数构成的.而对 $m\times n$ 型矩阵,它的每行每列也都是由一些数组成的有序数组.为了深入讨论线性方程组和矩阵的相关性质,本节将引入向量以及向量空间的概念.这是线性代数的核心内容之一,而且在其他学科领域,诸如物理学、计算机科学等都有着重要的应用.

定义 3.1 n 个有次序的数 $a_1,a_2,\cdots,a_n$ 所组成的数组称为 **n 维向量**,记为

$$\boldsymbol{\alpha}=(a_1,a_2,\cdots,a_n)\text{ 或 }\boldsymbol{\alpha}=(a_1,a_2,\cdots,a_n)^{\mathrm{T}}=\begin{pmatrix}a_1\\a_2\\\vdots\\a_n\end{pmatrix}$$

向量空间

前者称为**行向量**,后者称为**列向量**.这 n 个数称为该向量的 n 个分量,a_i 称为第 i 个分量.规定行向量与列向量都按照矩阵的运算规则进行运算.

分量全为实数的向量称为**实向量**,分量全为复数的向量称为**复向量**.本书中,向量用黑体小写字母 $\boldsymbol{a},\boldsymbol{b},\boldsymbol{\alpha},\boldsymbol{\beta}$ 表示.

分量全为零的向量称为**零向量**,用黑体小写字母 $\boldsymbol{o}$ 表示.

由向量 $\boldsymbol{\alpha}=(a_1,a_2,\cdots,a_n)$ 的每个分量的相反数所构成的向量,称为向量 $\boldsymbol{\alpha}$ 的**负向量**,即 $-\boldsymbol{\alpha}=(-a_1,-a_2,\cdots,-a_n)$.

若干个同维数的行向量或列向量所组成的集合称为**向量组**.由此定义,一个 $m\times n$ 矩阵的全体列向量是含有 n 个 m 维列向量的向量组,全体行向量是含有 m 个 n 维行向量的向量组,即

$$\boldsymbol{A}=\begin{pmatrix}a_{11}&a_{12}&\cdots&a_{1n}\\a_{21}&a_{22}&\cdots&a_{2n}\\\vdots&\vdots&&\vdots\\a_{m1}&a_{m2}&\cdots&a_{mn}\end{pmatrix}=(\boldsymbol{\alpha}_1,\boldsymbol{\alpha}_2,\cdots,\boldsymbol{\alpha}_n)=\begin{pmatrix}\boldsymbol{\beta}_1\\\boldsymbol{\beta}_2\\\vdots\\\boldsymbol{\beta}_m\end{pmatrix}$$

格拉斯曼

其中,$\boldsymbol{\alpha}_i=(a_{1i},a_{2i},\cdots,a_{mi})^{\mathrm{T}}(i=1,2,\cdots,n)$,$\boldsymbol{\beta}_j=(a_{j1},a_{j2},\cdots,a_{jn})(j=1,2,\cdots,m)$.

齐次线性方程组 $\boldsymbol{A}_{m\times n}x=\boldsymbol{O}$ 在 $r(\boldsymbol{A})<n$ 时,其解也可看作一个含有无限多个 n 维列向量的向量组.

定义 3.2 两个 n 维向量 $\boldsymbol{\alpha}=(a_1,a_2,\cdots,a_n)^{\mathrm{T}}$ 与 $\boldsymbol{\beta}=(b_1,b_2,\cdots,b_n)^{\mathrm{T}}$ 的各对应分量之和

所组成的向量，称为向量 $\boldsymbol{\alpha}$ 和 $\boldsymbol{\beta}$ 的**和**，记为 $\boldsymbol{\alpha}+\boldsymbol{\beta}$，即

$$\boldsymbol{\alpha}+\boldsymbol{\beta}=(a_1+b_1,a_2+b_2,\cdots,a_n+b_n)^{\mathrm{T}}$$

由加法和负向量的定义可定义减法，即

$$\boldsymbol{\alpha}-\boldsymbol{\beta}=\boldsymbol{\alpha}+(-\boldsymbol{\beta})=(a_1-b_1,a_2-b_2,\cdots,a_n-b_n)^{\mathrm{T}}$$

定义 3.3　n 维向量 $\boldsymbol{\alpha}=(a_1,a_2,\cdots a_n)^{\mathrm{T}}$ 的各个分量都乘以实数 k 所组成的向量，称为数 k 与向量 $\boldsymbol{\alpha}$ 的**乘积**，记为 $k\boldsymbol{\alpha}$，即 $k\boldsymbol{\alpha}=(ka_1,ka_2,\cdots,ka_n)^{\mathrm{T}}$.

向量的加、减及数乘运算统称为向量的线性运算.由以上定义不难得出向量的线性运算满足以下运算法则：

(1) $\boldsymbol{\alpha}+\boldsymbol{\beta}=\boldsymbol{\beta}+\boldsymbol{\alpha}$;　　(2) $(\boldsymbol{\alpha}+\boldsymbol{\beta})+\boldsymbol{\gamma}=\boldsymbol{\alpha}+(\boldsymbol{\beta}+\boldsymbol{\gamma})$;

(3) $\boldsymbol{\alpha}+\boldsymbol{o}=\boldsymbol{\alpha}$;　　(4) $\boldsymbol{\alpha}+(-\boldsymbol{\alpha})=\boldsymbol{o}$;

(5) $1\boldsymbol{\alpha}=\boldsymbol{\alpha}$;　　(6) $k(l\boldsymbol{\alpha})=(kl)\boldsymbol{\alpha}$;

(7) $k(\boldsymbol{\alpha}+\boldsymbol{\beta})=k\boldsymbol{\alpha}+k\boldsymbol{\beta}$;　　(8) $(k+l)\boldsymbol{\alpha}=k\boldsymbol{\alpha}+l\boldsymbol{\alpha}$.

其中，$\boldsymbol{\alpha},\boldsymbol{\beta}\in\mathbf{R}^n$；$k,l\in\mathbf{R}$.

设 V 为 n 维向量的集合，如果集合 V 非空，且集合 V 中任意向量对线性运算（包括加法运算与数乘运算）封闭，则称集合 V 为 n 维向量空间，也称 V 为 n 维线性空间.

所谓对加法运算封闭就是：$\forall\boldsymbol{\alpha}\in V,\boldsymbol{\beta}\in V$，都有 $\boldsymbol{\alpha}+\boldsymbol{\beta}\in V$；对数乘运算封闭就是：$\forall\boldsymbol{\alpha}\in V$，$k\in\boldsymbol{R}$，都有 $k\boldsymbol{\alpha}\in V$.

显然，由 n 维实向量的全体所构成的集合 $\boldsymbol{R}^n$ 是一个向量空间，因为它对线性运算封闭.另外，仅由零向量组成的集合也是一个向量空间，称其为零空间.

【例 3.4】　已知向量 $\boldsymbol{\alpha}=(1,2,3),\boldsymbol{\beta}=(2,-1,3)$.

(1) 求 $\boldsymbol{\alpha}+2\boldsymbol{\beta}$.

(2) 若向量 $\boldsymbol{\gamma}$ 满足 $2\boldsymbol{\alpha}-\boldsymbol{\beta}-2\boldsymbol{\gamma}=\boldsymbol{o}$，求向量 $\boldsymbol{\gamma}$.

解　(1)

$$\begin{aligned}\boldsymbol{\alpha}+2\boldsymbol{\beta}&=(1,2,3)+2(2,-1,3)\\&=(1,2,3)+(4,-2,6)\\&=(5,0,9).\end{aligned}$$

(2) 由 $2\boldsymbol{\alpha}-\boldsymbol{\beta}-2\boldsymbol{\gamma}=\boldsymbol{o}$，得

$$\begin{aligned}\boldsymbol{\gamma}&=\frac{1}{2}(2\boldsymbol{\alpha}-\boldsymbol{\beta})=\frac{1}{2}\left[2(1,2,3)-(2,-1,3)\right]\\&=\left(0,\frac{5}{2},\frac{3}{2}\right).\end{aligned}$$

【例 3.5】　判断下列集合是否为向量空间：

(1) $V_1=\{x=(0,x_2,\cdots,x_n)^{\mathrm{T}}\mid x_2,\cdots,x_n\in\boldsymbol{R}\}$；

(2) $V_2=\{x=(2,x_2,\cdots,x_n)^{\mathrm{T}}\mid x_2,\cdots,x_n\in\boldsymbol{R}\}$；

(3) $V_3=\{x=k_1\boldsymbol{\alpha}+k_2\boldsymbol{\beta}\mid k_1,k_2\in\boldsymbol{R},\boldsymbol{\alpha},\boldsymbol{\beta}$ 为给定的两个 n 维向量$\}$.

解　(1) 显然 $\boldsymbol{o}=(0,0,\cdots,0)^{\mathrm{T}}\in V_1$，该集合非空，且在 V_1 中任取两个向量 $\boldsymbol{\alpha}=(0,a_2,\cdots,a_n)^{\mathrm{T}},\boldsymbol{\beta}=(0,b_2,\cdots,b_n)^{\mathrm{T}}$，都有 $\boldsymbol{\alpha}+\boldsymbol{\beta}=\boldsymbol{\beta}=(0,a_2+b_2,\cdots,a_n+b_n)^{\mathrm{T}}\in V_1$；对任意的实数 k，有 $k\boldsymbol{\alpha}=\boldsymbol{\alpha}=(0,ka_2,\cdots,ka_n)^{\mathrm{T}}\in V_1$，所以 V_1 是一个向量空间.

(2) 在 V_2 中取一个向量 $\boldsymbol{\alpha}=(2,a_2,\cdots,a_n)^{\mathrm{T}}$，但 $2\boldsymbol{\alpha}=(4,2a_2,\cdots,2a_n)^{\mathrm{T}}\notin V_2$，所以 V_2 不是一个向量空间.

(3)在 V_3 中任取两个向量：$x_1=\lambda_1\boldsymbol{\alpha}+\mu_1\boldsymbol{\beta}$，$x_2=\lambda_2\boldsymbol{\alpha}+\mu_2\boldsymbol{\beta}$，都有 $x_1+x_2=(\lambda_1+\lambda_2)\boldsymbol{\alpha}+(\mu_1+\mu_2)\boldsymbol{\beta}\in V_3$；对任意的实数 k，有 $kx_1=(k\lambda_1)\boldsymbol{\alpha}+(k\mu_1)\boldsymbol{\beta}\in V_3$，所以 V_3 是一个向量空间，称它是由 $\boldsymbol{\alpha}$，$\boldsymbol{\beta}$ 所生成的向量空间，记为 $V(\boldsymbol{\alpha},\boldsymbol{\beta})$.

一般地，由向量组：$\boldsymbol{\alpha}_1,\boldsymbol{\alpha}_2,\cdots,\boldsymbol{\alpha}_s$ 所生成的向量空间记为 $V(\boldsymbol{\alpha}_1,\boldsymbol{\alpha}_2,\cdots,\boldsymbol{\alpha}_s)$，即

$$V(\boldsymbol{\alpha}_1,\boldsymbol{\alpha}_2,\cdots,\boldsymbol{\alpha}_s)=\{x=k_1\alpha_1+k_2\alpha_2+\cdots+k_s\alpha_s \mid k_1,k_2,\cdots,k_s\in\mathbf{R}\}$$

3.3 向量组的线性组合

对 n 元线性方程组

$$\begin{cases}a_{11}x_1+a_{12}x_2+\cdots+a_{1n}x_n=b_1\\a_{21}x_1+a_{22}x_2+\cdots+a_{2n}x_n=b_2\\\qquad\vdots\\a_{m1}x_1+a_{m2}x_2+\cdots+a_{mn}x_n=b_m\end{cases}.$$

若令

$$\boldsymbol{\alpha}_j=\begin{pmatrix}a_{1j}\\a_{2j}\\\vdots\\a_{mj}\end{pmatrix}(j=1,2,\cdots,n),\boldsymbol{\beta}=\begin{pmatrix}b_1\\b_2\\\vdots\\b_m\end{pmatrix},$$

则方程组(3.1)可用如下形式表示：

$$x_1\boldsymbol{\alpha}_1+x_2\boldsymbol{\alpha}_2+\cdots+x_n\boldsymbol{\alpha}_n=\boldsymbol{\beta}$$

于是，方程组(3.1)是否有解，等价于以上向量方程是否有解，也相当于是否存在一组数 $k_1,k_2\cdots,k_n$ 使得 $k_1\boldsymbol{\alpha}_1+k_2\boldsymbol{\alpha}_2+\cdots+k_n\boldsymbol{\alpha}_n=\boldsymbol{\beta}$ 成立.

3.3.1 线性组合

定义 3.4 给定向量组 $\boldsymbol{A}$：$\boldsymbol{\alpha}_1,\boldsymbol{\alpha}_2,\cdots,\boldsymbol{\alpha}_s$ 与向量 $\boldsymbol{\beta}$，若存在一组数 $k_1,k_2,\cdots,k_s$，使得

$$\boldsymbol{\beta}=k_1\boldsymbol{\alpha}_1+k_2\boldsymbol{\alpha}_2+\cdots+k_s\boldsymbol{\alpha}_s \tag{3.4}$$

成立，则称向量 $\boldsymbol{\beta}$ 为向量组 $\boldsymbol{A}$ 的**线性组合**，也称 $\boldsymbol{\beta}$ 能由向量组 $\boldsymbol{A}$ **线性表示**.其中，$k_1,k_2,\cdots,k_s$ 称为该线性组合的**系数**.

例如，设 $\boldsymbol{\beta}=(1,2,-1)^{\mathrm{T}}$，$\boldsymbol{\varepsilon}_1=(1,0,0)^{\mathrm{T}}$，$\boldsymbol{\varepsilon}_2=(0,1,0)^{\mathrm{T}}$，$\boldsymbol{\varepsilon}_3=(0,0,1)^{\mathrm{T}}$，则 $\boldsymbol{\beta}=\boldsymbol{\varepsilon}_1+2\boldsymbol{\varepsilon}_2-\boldsymbol{\varepsilon}_3$，即 $\boldsymbol{\beta}$ 为 $\boldsymbol{\varepsilon}_1,\boldsymbol{\varepsilon}_2,\boldsymbol{\varepsilon}_3$ 的线性组合.

注意：(1)任何一个 n 维向量 $\boldsymbol{\alpha}=(a_1,a_2,\cdots a_n)^{\mathrm{T}}$ 都是 n **维单位向量组**

$$\boldsymbol{\varepsilon}_1=(1,0,\cdots,0)^{\mathrm{T}},\boldsymbol{\varepsilon}_2=(0,1,\cdots,0)^{\mathrm{T}},\cdots,\boldsymbol{\varepsilon}_n=(0,0,\cdots,1)^{\mathrm{T}}$$

的线性组合.因为

$$\boldsymbol{\alpha}=a_1\boldsymbol{\varepsilon}_1+a_2\boldsymbol{\varepsilon}_2+\cdots+a_n\boldsymbol{\varepsilon}_n.$$

(2)零向量是任一向量组的线性组合.因为

$$\boldsymbol{o}=0\boldsymbol{\alpha}_1+0\boldsymbol{\alpha}_2+\cdots+0\boldsymbol{\alpha}_s.$$

（3）向量组中的任一向量都是此向量组的线性组合，因为

$$\boldsymbol{\alpha}_j=0\boldsymbol{\alpha}_1+0\boldsymbol{\alpha}_2+\cdots+1\boldsymbol{\alpha}_j+\cdots+0\boldsymbol{\alpha}_s.$$

定理 3.3 设向量 $\boldsymbol{\beta}=\begin{pmatrix}b_1\\b_2\\\vdots\\b_m\end{pmatrix}$，向量组 $\boldsymbol{\alpha}_j=\begin{pmatrix}a_{1j}\\a_{2j}\\\vdots\\a_{mj}\end{pmatrix}(j=1,2,\cdots,s)$，则向量 $\boldsymbol{\beta}$ 能由向量组 $\boldsymbol{\alpha}_1,\boldsymbol{\alpha}_2,\cdots,\boldsymbol{\alpha}_s$ 线性表示的充要条件是

$$r(\boldsymbol{A})=r(\boldsymbol{\alpha}_1,\boldsymbol{\alpha}_2,\cdots,\boldsymbol{\alpha}_s)=r(\boldsymbol{B})=r(\boldsymbol{\alpha}_1,\boldsymbol{\alpha}_2,\cdots,\boldsymbol{\alpha}_s,\boldsymbol{\beta})$$

证 由定理 3.1 知方程组

$$x_1\boldsymbol{\alpha}_1+x_2\boldsymbol{\alpha}_2+\cdots+x_s\boldsymbol{\alpha}_s=\boldsymbol{\beta}$$

有解的充要条件是：其系数矩阵与增广矩阵有相同的秩.即证得定理结论.

【例 3.6】 判断向量 $\boldsymbol{\beta}=\begin{pmatrix}2\\1\\1\\2\end{pmatrix}$ 是否为向量组 $\boldsymbol{\alpha}_1=\begin{pmatrix}0\\1\\2\\3\end{pmatrix},\boldsymbol{\alpha}_2=\begin{pmatrix}3\\0\\1\\2\end{pmatrix},\boldsymbol{\alpha}_3=\begin{pmatrix}2\\3\\0\\1\end{pmatrix}$ 的线性组合.若是，写出线性组合表达式.

解 对矩阵 $(\boldsymbol{\alpha}_1,\boldsymbol{\alpha}_2,\boldsymbol{\alpha}_3,\boldsymbol{\beta})$ 施以初等行变换

$$\begin{pmatrix}0&3&2&2\\1&0&3&1\\2&1&0&1\\3&2&1&2\end{pmatrix}\to\begin{pmatrix}1&0&3&1\\0&3&2&2\\0&1&-6&-1\\0&2&-8&-1\end{pmatrix}\to\begin{pmatrix}1&0&3&1\\0&1&-6&-1\\0&0&20&5\\0&0&4&1\end{pmatrix}\to\begin{pmatrix}1&0&3&1\\0&1&-6&-1\\0&0&4&1\\0&0&0&0\end{pmatrix}$$

$$\to\begin{pmatrix}1&0&0&\frac{1}{4}\\0&1&0&\frac{1}{2}\\0&0&1&\frac{1}{4}\\0&0&0&0\end{pmatrix}.$$

由最后一个矩阵知，$r(\boldsymbol{\alpha}_1,\boldsymbol{\alpha}_2,\boldsymbol{\alpha}_3)=r(\boldsymbol{\alpha}_1,\boldsymbol{\alpha}_2,\boldsymbol{\alpha}_3,\boldsymbol{\beta})=3$，所以 $\boldsymbol{\beta}$ 是向量组 $\boldsymbol{\alpha}_1,\boldsymbol{\alpha}_2,\boldsymbol{\alpha}_3$ 的线性组合，且 $\boldsymbol{\beta}=\frac{1}{4}\boldsymbol{\alpha}_1+\frac{1}{2}\boldsymbol{\alpha}_2+\frac{1}{4}\boldsymbol{\alpha}_3$.

定义 3.5 设有向量组 $\boldsymbol{A}:\boldsymbol{\alpha}_1,\boldsymbol{\alpha}_2,\cdots,\boldsymbol{\alpha}_s$，向量组 $\boldsymbol{B}:\boldsymbol{\beta}_1,\boldsymbol{\beta}_2,\cdots,\boldsymbol{\beta}_t$.若向量组 $\boldsymbol{B}$ 中的每一个向量都能由向量组 $\boldsymbol{A}$ 线性表示，则称向量组 $\boldsymbol{B}$ 能由向量组 $\boldsymbol{A}$ 线性表示.若向量组 $\boldsymbol{A}$ 与向量组 $\boldsymbol{B}$ 能互相线性表示，则称这两个向量组**等价**.记为 $\boldsymbol{A}\sim\boldsymbol{B}$.

容易证明，等价向量组间满足以下性质：

（Ⅰ）自反性：$\boldsymbol{A}\sim\boldsymbol{A}$；

（Ⅱ）对称性：若 $\boldsymbol{A}\sim\boldsymbol{B}$，则 $\boldsymbol{B}\sim\boldsymbol{A}$；

（Ⅲ）传递性：若 $\boldsymbol{A}\sim\boldsymbol{B},\boldsymbol{B}\sim\boldsymbol{C}$，则 $\boldsymbol{A}\sim\boldsymbol{C}$.

按照此定义，若向量组 $\boldsymbol{B}$ 能由向量组 $\boldsymbol{A}$ 线性表示，则存在 $k_{1j},k_{2j},\cdots,k_{sj}(j=1,2,\cdots,t)$ 使得

$$\boldsymbol{\beta}_j=k_{1j}\boldsymbol{\alpha}_1+k_{2j}\boldsymbol{\alpha}_2+\cdots+k_{sj}\boldsymbol{\alpha}_s=(\boldsymbol{\alpha}_1,\boldsymbol{\alpha}_2,\cdots,\boldsymbol{\alpha}_s)\begin{pmatrix}k_{1j}\\k_{2j}\\\vdots\\k_{sj}\end{pmatrix},$$

即

$$(\boldsymbol{\beta}_1,\boldsymbol{\beta}_2,\cdots,\boldsymbol{\beta}_t)=(\boldsymbol{\alpha}_1,\boldsymbol{\alpha}_2,\cdots,\boldsymbol{\alpha}_s)\begin{pmatrix}k_{11}&k_{12}&\cdots&k_{1t}\\k_{21}&k_{22}&\cdots&k_{2t}\\\vdots&\vdots&&\vdots\\k_{s1}&k_{s2}&\cdots&k_{st}\end{pmatrix},$$

称矩阵 $\boldsymbol{K}=(k_{ij})_{s\times t}$ 为这一表示的系数矩阵.

3.3.2　线性相关

定义 3.6　对给定向量组 $\boldsymbol{A}:\boldsymbol{\alpha}_1,\boldsymbol{\alpha}_2,\cdots,\boldsymbol{\alpha}_s$,若存在不全为零的实数 $k_1,k_2,\cdots,k_s$,使得

$$k_1\boldsymbol{\alpha}_1+k_2\boldsymbol{\alpha}_2+\cdots+k_s\boldsymbol{\alpha}_s=\boldsymbol{o}\tag{3.5}$$

则称向量组 $\boldsymbol{\alpha}_1,\boldsymbol{\alpha}_2,\cdots,\boldsymbol{\alpha}_s$ **线性相关**;否则称为**线性无关**.

注意:(1)$\boldsymbol{\alpha}_1,\boldsymbol{\alpha}_2,\cdots,\boldsymbol{\alpha}_s$ 线性无关⇔当且仅当 $k_1=k_2=\cdots=k_s=0$;

(2)向量组只含有一个向量 $\boldsymbol{\alpha}$ 时,线性无关的充要条件是 $\boldsymbol{\alpha}\neq\boldsymbol{o}$;

(3)包含零向量的任何向量组是线性相关的;

(4)仅含两个向量的向量组线性相关的充要条件是这两个向量的分量对应成比例;

(5)两个向量线性相关的几何意义是这两个向量共线,3 个向量线性相关的几何意义是这3个向量共面.

定理 3.4　向量组 $\boldsymbol{\alpha}_1,\boldsymbol{\alpha}_2,\cdots,\boldsymbol{\alpha}_s$ 线性相关的充要条件是向量组中至少有一个向量可由其余 $s-1$ 个向量线性表示.

证　必要性:

设 $\boldsymbol{\alpha}_1,\boldsymbol{\alpha}_2,\cdots,\boldsymbol{\alpha}_s$ 线性相关,则存在不全为零的数 $k_1,k_2,\cdots,k_s$,使得

$$k_1\boldsymbol{\alpha}_1+k_2\boldsymbol{\alpha}_2+\cdots+k_s\boldsymbol{\alpha}_s=\boldsymbol{o}$$

成立.不妨设 $k_1\neq0$,于是

$$\boldsymbol{\alpha}_1=-\frac{k_2}{k_1}\boldsymbol{\alpha}_2+\cdots+\left(-\frac{k_s}{k_1}\right)\boldsymbol{\alpha}_s$$

即 $\boldsymbol{\alpha}_1$ 可由其余向量线性表示.

充分性:

设 $\boldsymbol{\alpha}_1,\boldsymbol{\alpha}_2,\cdots,\boldsymbol{\alpha}_s$ 中至少有一个向量能由其余向量线性表示,不妨设

$$\boldsymbol{\alpha}_1=k_2\boldsymbol{\alpha}_2+\cdots+k_s\boldsymbol{\alpha}_s$$

即有

$$(-1)\boldsymbol{\alpha}_1+k_2\boldsymbol{\alpha}_2+\cdots+k_s\boldsymbol{\alpha}_s=\boldsymbol{o}$$

即 $\boldsymbol{\alpha}_1,\boldsymbol{\alpha}_2,\cdots,\boldsymbol{\alpha}_s$ 线性相关.

例如,向量组 $\boldsymbol{\alpha}_1=(1,-1,2),\boldsymbol{\alpha}_2=(2,1,-1),\boldsymbol{\alpha}_3=(3,0,1)$ 线性相关,因为 $\boldsymbol{\alpha}_1+\boldsymbol{\alpha}_2-\boldsymbol{\alpha}_3=\boldsymbol{o}$,即有 $\boldsymbol{\alpha}_3=\boldsymbol{\alpha}_1+\boldsymbol{\alpha}_2$.

向量组 $\boldsymbol{\alpha}_1,\boldsymbol{\alpha}_2,\cdots,\boldsymbol{\alpha}_s$ 是否线性相关，等价于方程组

$$x_1\boldsymbol{\alpha}_1+x_2\boldsymbol{\alpha}_2+\cdots+x_n\boldsymbol{\alpha}_n=\boldsymbol{o}$$

是否存在非零解.由定理 3.2 即可得如下定理：

定理 3.5 设有列向量组 $\boldsymbol{\alpha}_j=\begin{pmatrix}a_{1j}\\a_{2j}\\\vdots\\a_{nj}\end{pmatrix}(j=1,2,\cdots,s)$，则向量组 $\boldsymbol{\alpha}_1,\boldsymbol{\alpha}_2,\cdots,\boldsymbol{\alpha}_s$ 线性相关的充要条件是：$r(\boldsymbol{A})=r(\boldsymbol{\alpha}_1,\boldsymbol{\alpha}_2,\cdots,\boldsymbol{\alpha}_s)<s$.

证 由定理 3.2 知，齐次线性方程组 $x_1\boldsymbol{\alpha}_1+x_2\boldsymbol{\alpha}_2+\cdots x_n\boldsymbol{\alpha}_n=\boldsymbol{o}$ 有非零解的充要条件是：其系数矩阵的秩小于未知量的个数，定理得证.

推论 3.1 s 个 n 维列向量组 $\boldsymbol{\alpha}_1,\boldsymbol{\alpha}_2,\cdots,\boldsymbol{\alpha}_s$ 线性无关的充要条件是

$$r(\boldsymbol{A})=r(\boldsymbol{\alpha}_1,\boldsymbol{\alpha}_2,\cdots,\boldsymbol{\alpha}_s)=s$$

推论 3.2 n 个 n 维列向量组 $\boldsymbol{\alpha}_1,\boldsymbol{\alpha}_2,\cdots,\boldsymbol{\alpha}_n$ 线性无关（线性相关）的充要条件是

$$|\boldsymbol{A}|=|\boldsymbol{\alpha}_1,\boldsymbol{\alpha}_2,\cdots,\boldsymbol{\alpha}_n|\neq 0(=0)$$

注意：上述结论对矩阵的行向量组也同样成立.

推论 3.3 当向量组中所含向量的个数大于向量的维数时，此向量组线性相关.

【例 3.7】 已知 $\boldsymbol{\alpha}_1=(1,0,-1)^{\mathrm{T}},\boldsymbol{\alpha}_2=(-2,2,0)^{\mathrm{T}},\boldsymbol{\alpha}_3=(3,-5,2)^{\mathrm{T}}$，讨论向量组 $\boldsymbol{\alpha}_1,\boldsymbol{\alpha}_2,\boldsymbol{\alpha}_3$ 的线性相关性及 $\boldsymbol{\alpha}_1$ 与 $\boldsymbol{\alpha}_2$ 的线性相关性.

解 对矩阵 $(\boldsymbol{\alpha}_1,\boldsymbol{\alpha}_2,\boldsymbol{\alpha}_3)$ 施以初等行变换

$$\begin{pmatrix}1&-2&3\\0&2&-5\\-1&0&2\end{pmatrix}\to\begin{pmatrix}1&-2&3\\0&2&-5\\0&-2&5\end{pmatrix}\to\begin{pmatrix}1&-2&3\\0&2&-5\\0&0&0\end{pmatrix}$$

由此可以得出 $r(\boldsymbol{\alpha}_1,\boldsymbol{\alpha}_2,\boldsymbol{\alpha}_3)=2<3,r(\boldsymbol{\alpha}_1,\boldsymbol{\alpha}_2)=2$，所以向量组 $\boldsymbol{\alpha}_1,\boldsymbol{\alpha}_2,\boldsymbol{\alpha}_3$ 线性相关，$\boldsymbol{\alpha}_1$ 与 $\boldsymbol{\alpha}_2$ 线性无关.

【例 3.8】 证明：若向量组 $\boldsymbol{\alpha}_1,\boldsymbol{\alpha}_2,\boldsymbol{\alpha}_3$ 线性无关，则向量组

$$\boldsymbol{\alpha}_1+\boldsymbol{\alpha}_2,\boldsymbol{\alpha}_2+\boldsymbol{\alpha}_3,\boldsymbol{\alpha}_3+\boldsymbol{\alpha}_1$$

也线性无关.

证 设存在一组数 k_1,k_2,k_3，使得

$$k_1(\boldsymbol{\alpha}_1+\boldsymbol{\alpha}_2)+k_2(\boldsymbol{\alpha}_2+\boldsymbol{\alpha}_3)+k_3(\boldsymbol{\alpha}_3+\boldsymbol{\alpha}_1)=\boldsymbol{o}$$

即

$$(k_1+k_3)\boldsymbol{\alpha}_1+(k_1+k_2)\boldsymbol{\alpha}_2+(k_2+k_3)\boldsymbol{\alpha}_3=\boldsymbol{o}$$

因为 $\boldsymbol{\alpha}_1,\boldsymbol{\alpha}_2,\boldsymbol{\alpha}_3$ 线性无关，所以有

$$\begin{cases}k_1+k_3=0\\k_1+k_2=0.\\k_2+k_3=0\end{cases}$$

该方程组只有零解，即 $k_1=k_2=k_3=0$.故 $\boldsymbol{\alpha}_1+\boldsymbol{\alpha}_2,\boldsymbol{\alpha}_2+\boldsymbol{\alpha}_3,\boldsymbol{\alpha}_3+\boldsymbol{\alpha}_1$ 线性无关.

定理 3.6 如果向量组中有一部分向量（部分组）线性相关，则整个向量组线性相关.

证 设向量组中 $\boldsymbol{\alpha}_1,\boldsymbol{\alpha}_2,\cdots,\boldsymbol{\alpha}_s$ 有 r 个 $(r\leqslant s)$ 向量的部分组线性相关，不妨设 $\boldsymbol{\alpha}_1,\boldsymbol{\alpha}_2,\cdots,\boldsymbol{\alpha}_r$ 线性相关，则存在不全为零的数 $k_1,k_2,\cdots,k_r$ 使得

$$k_1\boldsymbol{\alpha}_1+k_2\boldsymbol{\alpha}_2+\cdots+k_r\boldsymbol{\alpha}_r=\boldsymbol{o}$$

成立.因而存在一组不全为零的数 $k_1,k_2,\cdots,k_r,0,\cdots,0$ 使得

$$k_1\boldsymbol{\alpha}_1+k_2\boldsymbol{\alpha}_2+\cdots k_r\boldsymbol{\alpha}_r+0\boldsymbol{\alpha}_{r+1}+\cdots+0\boldsymbol{\alpha}_s=\boldsymbol{o}$$

成立,即 $\boldsymbol{\alpha}_1,\boldsymbol{\alpha}_2,\cdots,\boldsymbol{\alpha}_s$ 线性相关.

推论 3.4 线性无关的向量组中的任一部分组皆线性无关.

定理 3.7 若向量组 $\boldsymbol{\alpha}_1,\boldsymbol{\alpha}_2,\cdots,\boldsymbol{\alpha}_s,\boldsymbol{\beta}$ 线性相关,而向量组 $\boldsymbol{\alpha}_1,\boldsymbol{\alpha}_2,\cdots,\boldsymbol{\alpha}_s$ 线性无关,则向量 $\boldsymbol{\beta}$ 可由 $\boldsymbol{\alpha}_1,\boldsymbol{\alpha}_2,\cdots,\boldsymbol{\alpha}_s$ 线性表示且表示法唯一.

证 先证 $\boldsymbol{\beta}$ 可由 $\boldsymbol{\alpha}_1,\boldsymbol{\alpha}_2,\cdots,\boldsymbol{\alpha}_s$ 线性表示.

因为 $\boldsymbol{\alpha}_1,\boldsymbol{\alpha}_2,\cdots,\boldsymbol{\alpha}_s,\boldsymbol{\beta}$ 线性相关,故存在一组不全为零的数 $k_1,k_2,\cdots,k_s,k$ 使得

$$k_1\boldsymbol{\alpha}_1+k_2\boldsymbol{\alpha}_2+\cdots+k_s\boldsymbol{\alpha}_s+k\boldsymbol{\beta}=\boldsymbol{o}$$

成立.而 $\boldsymbol{\alpha}_1,\boldsymbol{\alpha}_2,\cdots,\boldsymbol{\alpha}_s$ 线性无关,易知 $k\neq 0$(否则 $k_1,k_2,\cdots,k_s$ 不全为零,矛盾),所以有

$$\boldsymbol{\beta}=-\frac{k_1}{k}\boldsymbol{\alpha}_1+\cdots+\left(-\frac{k_s}{k}\right)\boldsymbol{\alpha}_s$$

即证得 $\boldsymbol{\beta}$ 可由 $\boldsymbol{\alpha}_1,\boldsymbol{\alpha}_2,\cdots,\boldsymbol{\alpha}_s$ 线性表示.

下证表示法的唯一性.若

$$\boldsymbol{\beta}=l_1\boldsymbol{\alpha}_1+l_2\boldsymbol{\alpha}_2+\cdots+l_s\boldsymbol{\alpha}_s$$

且

$$\boldsymbol{\beta}=h_1\boldsymbol{\alpha}_1+h_2\boldsymbol{\alpha}_2+\cdots+h_s\boldsymbol{\alpha}_s$$

则

$$\boldsymbol{\beta}-\boldsymbol{\beta}=(l_1-h_1)\boldsymbol{\alpha}_1+(l_2-h_2)\boldsymbol{\alpha}_2+\cdots+(l_s-h_s)\boldsymbol{\alpha}_s=\boldsymbol{o}$$

由 $\boldsymbol{\alpha}_1,\boldsymbol{\alpha}_2,\cdots,\boldsymbol{\alpha}_s$ 线性无关有 $l_i=h_i(i=1,2,\cdots,s)$,故表示法是唯一的.

定理 3.8 设有向量组 $\boldsymbol{A}:\boldsymbol{\alpha}_1,\boldsymbol{\alpha}_2,\cdots,\boldsymbol{\alpha}_s$,向量组 $\boldsymbol{B}:\boldsymbol{\beta}_1,\boldsymbol{\beta}_2,\cdots,\boldsymbol{\beta}_t$,向量组 $\boldsymbol{B}$ 能由向量组 $\boldsymbol{A}$ 线性表示,若 $s<t$,则向量组 $\boldsymbol{B}$ 线性相关.

证略.

【例 3.9】 设向量组 $\boldsymbol{\alpha}_1,\boldsymbol{\alpha}_2,\boldsymbol{\alpha}_3$ 线性相关,向量组 $\boldsymbol{\alpha}_2,\boldsymbol{\alpha}_3,\boldsymbol{\alpha}_4$ 线性无关,证明:

(1)$\boldsymbol{\alpha}_1$ 能由 $\boldsymbol{\alpha}_2,\boldsymbol{\alpha}_3$ 线性表示;

(2)$\boldsymbol{\alpha}_4$ 不能由 $\boldsymbol{\alpha}_1,\boldsymbol{\alpha}_2,\boldsymbol{\alpha}_3$ 线性表示.

证 (1)因为向量组 $\boldsymbol{\alpha}_2,\boldsymbol{\alpha}_3,\boldsymbol{\alpha}_4$ 线性无关,所以 $\boldsymbol{\alpha}_2,\boldsymbol{\alpha}_3$ 线性无关,而 $\boldsymbol{\alpha}_1,\boldsymbol{\alpha}_2,\boldsymbol{\alpha}_3$ 线性相关,故 $\boldsymbol{\alpha}_1$ 能由 $\boldsymbol{\alpha}_2,\boldsymbol{\alpha}_3$ 线性表示.

(2)假设 $\boldsymbol{\alpha}_4$ 能由 $\boldsymbol{\alpha}_1,\boldsymbol{\alpha}_2,\boldsymbol{\alpha}_3$ 线性表示,而由(1)知 $\boldsymbol{\alpha}_1$ 能由 $\boldsymbol{\alpha}_2,\boldsymbol{\alpha}_3$ 线性表示,所以 $\boldsymbol{\alpha}_4$ 能由 $\boldsymbol{\alpha}_2,\boldsymbol{\alpha}_3$ 线性表示,这与 $\boldsymbol{\alpha}_2,\boldsymbol{\alpha}_3,\boldsymbol{\alpha}_4$ 线性无关矛盾.故 $\boldsymbol{\alpha}_4$ 不能由 $\boldsymbol{\alpha}_1,\boldsymbol{\alpha}_2,\boldsymbol{\alpha}_3$ 线性表示.

3.4 向量组的秩

本节将重点考察一个向量组中线性无关部分向量组所含的向量个数,给出向量组秩的定义.以此为基础,进一步讨论矩阵的行向量组以及列向量组间的秩与矩阵本身秩之间的关系,这是后续讨论线性方程组解的结构的理论依据,也是表示线性方程组解的强有力的工具.

3.4.1 极大线性无关组

定义 3.7 设有向量组 $\boldsymbol{A}:\boldsymbol{\alpha}_1,\boldsymbol{\alpha}_2,\cdots,\boldsymbol{\alpha}_s$，若在 $\boldsymbol{A}$ 中能选出 $r(r\leqslant s)$ 个向量 $\boldsymbol{\alpha}_{j_1},\boldsymbol{\alpha}_{j_2},\cdots,\boldsymbol{\alpha}_{j_r}$，满足：

（Ⅰ）向量组 $\boldsymbol{A}_0:\boldsymbol{\alpha}_{j_1},\boldsymbol{\alpha}_{j_2},\cdots,\boldsymbol{\alpha}_{j_r}$ 线性无关；

（Ⅱ）向量组中任意 $r+1$ 个向量（若存在）都线性相关，则称向量组 $\boldsymbol{A}_0$ 是向量组 $\boldsymbol{A}$ 的一个**极大线性无关组**（简称"**极大无关组**"）.

注意：向量组的极大无关组可能不止一个，但由定义知，其向量的个数是相同的.

例如，设 $\boldsymbol{A}$ 是所有 n 维列向量的全体，则

$$\varepsilon_1=(1,0,\cdots,0)^{\mathrm{T}},\varepsilon_2=(0,1,\cdots,0)^{\mathrm{T}},\cdots,\varepsilon_n=(0,0,\cdots,1)^{\mathrm{T}}$$

是其中的 n 个向量，显然这 n 个向量是线性无关的.在这 n 个向量中再加进去任意一个 n 维向量 $\boldsymbol{\alpha}=(a_1,a_2,\cdots,a_n)$.此时

$$a_1\varepsilon_1+a_2\varepsilon_2+\cdots+a_n\varepsilon_n-\boldsymbol{\alpha}=\boldsymbol{o}$$

即说明 $\varepsilon_1,\varepsilon_2,\cdots,\varepsilon_n$ 为 $\boldsymbol{A}$ 的一个极大无关组.

定理 3.9 如果 $\boldsymbol{\alpha}_{j_1},\boldsymbol{\alpha}_{j_2},\cdots,\boldsymbol{\alpha}_{j_r}$ 是 $\boldsymbol{\alpha}_1,\boldsymbol{\alpha}_2,\cdots,\boldsymbol{\alpha}_s$ 的线性无关部分组，它是极大无关组的充分必要条件是 $\boldsymbol{\alpha}_1,\boldsymbol{\alpha}_2,\cdots,\boldsymbol{\alpha}_s$ 中的每一个向量都可由 $\boldsymbol{\alpha}_{j_1},\boldsymbol{\alpha}_{j_2},\cdots,\boldsymbol{\alpha}_{j_r}$ 线性表示.

证 必要性：

如果 $\boldsymbol{\alpha}_{j_1},\boldsymbol{\alpha}_{j_2},\cdots,\boldsymbol{\alpha}_{j_r}$ 是 $\boldsymbol{\alpha}_1,\boldsymbol{\alpha}_2,\cdots,\boldsymbol{\alpha}_s$ 的线性无关部分组，则当 j 是 $j_1,j_2,\cdots,j_r$ 中的数时，显然 $\boldsymbol{\alpha}_j$ 可由 $\boldsymbol{\alpha}_{j_1},\boldsymbol{\alpha}_{j_2},\cdots,\boldsymbol{\alpha}_{j_r}$ 线性表示；当 j 不是 $j_1,j_2,\cdots,j_r$ 中的数时，由于 $\boldsymbol{\alpha}_{j_1},\boldsymbol{\alpha}_{j_2},\cdots,\boldsymbol{\alpha}_{j_r}$ 为极大无关组，由定理 3.7 可知，$\boldsymbol{\alpha}_j$ 可由 $\boldsymbol{\alpha}_{j_1},\boldsymbol{\alpha}_{j_2},\cdots,\boldsymbol{\alpha}_{j_r}$ 线性表示.

充分性：

如果 $\boldsymbol{\alpha}_1,\boldsymbol{\alpha}_2,\cdots,\boldsymbol{\alpha}_s$ 中的每一个向量都可由 $\boldsymbol{\alpha}_{j_1},\boldsymbol{\alpha}_{j_2},\cdots,\boldsymbol{\alpha}_{j_r}$ 线性表示，则 $\boldsymbol{\alpha}_1,\boldsymbol{\alpha}_2,\cdots,\boldsymbol{\alpha}_s$ 中任何包含 $r+1(s>r)$ 个向量的部分组都线性相关，所以 $\boldsymbol{\alpha}_{j_1},\boldsymbol{\alpha}_{j_2},\cdots,\boldsymbol{\alpha}_{j_r}$ 是极大无关组.

由此定理可以得出，向量组与其自身的极大无关组是等价的.

3.4.2 向量组的秩

定义 3.8 向量组 $\boldsymbol{\alpha}_1,\boldsymbol{\alpha}_2,\cdots,\boldsymbol{\alpha}_s$ 的极大无关组所含的向量个数称为该向量组的**秩**，记为 $r(\boldsymbol{\alpha}_1,\boldsymbol{\alpha}_2,\cdots,\boldsymbol{\alpha}_s)$.

规定 全由零向量组成的向量组的秩为零.

定理 3.10 若 $\boldsymbol{A}$ 为 $m\times n$ 矩阵，则矩阵 $\boldsymbol{A}$ 的秩等于它的列向量组的秩，也等于它的行向量组的秩，且 $r(\boldsymbol{A})\leqslant\min(m,n)$.

证 设 $\boldsymbol{A}=(\boldsymbol{\alpha}_1,\boldsymbol{\alpha}_2,\cdots,\boldsymbol{\alpha}_n)$，$r(\boldsymbol{A})=s$.由第 2 章矩阵秩的定义知，存在 $\boldsymbol{A}$ 的 s 阶子式 $D_s\neq0$，从而 D_s 所在的 s 个列向量线性无关；又 $\boldsymbol{A}$ 中的任意 $s+1$ 阶子式（若存在）$D_{s+1}=0$，所以 $\boldsymbol{A}$ 中的任意 $s+1$ 个列向量都线性相关.因此，D_s 所在的 s 列就是矩阵 $\boldsymbol{A}$ 的列向量的极大无关组，故列向量组的秩为 s.

同理可证，矩阵 $\boldsymbol{A}$ 的行向量组的秩也为 s.即说明矩阵的行向量组的秩等于列向量组的秩.

由此定理可知，若对矩阵 $\boldsymbol{A}$ 仅施以初等行变换得矩阵 $\boldsymbol{B}$，则 $\boldsymbol{B}$ 的列向量组与 $\boldsymbol{A}$ 的列向

量组间有相同的线性关系,即行的初等变换保持了列向量组间的线性无关性和线性相关性.它提供了求极大无关组的方法:以向量组中各向量为列构成矩阵后,只作初等行变换将该矩阵化为行阶梯形矩阵,即可写出所求向量组的极大无关组.

同理,也可通过以向量组中各向量为行构成矩阵,通过对该矩阵仅作初等列变换来求向量组的极大无关组.

【例 3.10】 求向量组

$$\boldsymbol{\alpha}_1=(1,2,1,3)^{\mathrm{T}},\boldsymbol{\alpha}_2=(4,-1,-5,-6)^{\mathrm{T}},\boldsymbol{\alpha}_3=(1,-3,-4,-7)^{\mathrm{T}}$$

的秩和一个极大无关组,并将其余向量用极大无关组线性表示.

解 对矩阵 $\boldsymbol{A}=(\boldsymbol{\alpha}_1,\boldsymbol{\alpha}_2,\boldsymbol{\alpha}_3)$ 施以初等行变换化为行阶梯形矩阵:

$$\boldsymbol{A}=\begin{pmatrix}1&4&1\\2&-1&-3\\1&-5&-4\\3&-6&-7\end{pmatrix}\to\begin{pmatrix}1&4&1\\0&-9&-5\\0&-9&-5\\0&-18&-10\end{pmatrix}\to\begin{pmatrix}1&4&1\\0&-9&-5\\0&0&0\\0&0&0\end{pmatrix}\to\begin{pmatrix}1&0&-\frac{11}{9}\\0&1&\frac{5}{9}\\0&0&0\\0&0&0\end{pmatrix}$$

由此可知,$r(\boldsymbol{\alpha}_1,\boldsymbol{\alpha}_2,\boldsymbol{\alpha}_3)=2$,两个非零行的首非零元在第 1 列与第 2 列,所以 $\boldsymbol{\alpha}_1,\boldsymbol{\alpha}_2$ 为一个极大无关组,且有 $\boldsymbol{\alpha}_3=-\frac{11}{9}\boldsymbol{\alpha}_1+\frac{5}{9}\boldsymbol{\alpha}_2$.

【例 3.11】 求向量组 $\boldsymbol{\alpha}_1=(1,-2,2,-1)^{\mathrm{T}},\boldsymbol{\alpha}_2=(2,-4,8,0)^{\mathrm{T}},\boldsymbol{\alpha}_3=(-2,4,-2,3)^{\mathrm{T}},\boldsymbol{\alpha}_4=(3,-6,0,-6)^{\mathrm{T}}$ 的秩和一个极大无关组,并将其余向量用极大无关组线性表示.

解 对矩阵 $\boldsymbol{A}=(\boldsymbol{\alpha}_1,\boldsymbol{\alpha}_2,\boldsymbol{\alpha}_3,\boldsymbol{\alpha}_4)$ 施以初等行变换化为最简阶梯形矩阵:

$$\boldsymbol{A}=\begin{bmatrix}1&2&-2&3\\-2&-4&4&-6\\2&8&-2&0\\-1&0&3&-6\end{bmatrix}\to\begin{bmatrix}1&0&-3&6\\0&1&\frac{1}{2}&-\frac{3}{2}\\0&0&0&0\\0&0&0&0\end{bmatrix}$$

由此可知,$r(\boldsymbol{\alpha}_1,\boldsymbol{\alpha}_2,\boldsymbol{\alpha}_3,\boldsymbol{\alpha}_4)=2$,其中,$\boldsymbol{\alpha}_1,\boldsymbol{\alpha}_2$ 为一个极大无关组,且有$\begin{cases}\boldsymbol{\alpha}_3=-3\boldsymbol{\alpha}_1+\frac{1}{2}\boldsymbol{\alpha}_2\\\boldsymbol{\alpha}_4=6\boldsymbol{\alpha}_1-\frac{3}{2}\boldsymbol{\alpha}_2\end{cases}$.

定理 3.11 若向量组 $\boldsymbol{B}$ 能由向量组 $\boldsymbol{A}$ 线性表示,则 $r(\boldsymbol{B})\leqslant r(\boldsymbol{A})$.

证略.

推论 3.5 等价的向量组的秩相等.

证 设 $\boldsymbol{A}\sim\boldsymbol{B}$,由定理 3.11 知,$r(\boldsymbol{B})\leqslant r(\boldsymbol{A})$ 且 $r(\boldsymbol{A})\leqslant r(\boldsymbol{B})$,有

$$r(\boldsymbol{A})=r(\boldsymbol{B})$$

推论 3.6 设向量组 $\boldsymbol{B}$ 是向量组 $\boldsymbol{A}$ 的部分组,若向量组 $\boldsymbol{B}$ 线性无关,且向量组 $\boldsymbol{A}$ 能由向量组 $\boldsymbol{B}$ 线性表示,则向量组 $\boldsymbol{B}$ 是向量组 $\boldsymbol{A}$ 的一个极大无关组.

证 不妨设 $r(\boldsymbol{B})=s$,由向量组 $\boldsymbol{B}$ 的线性无关性,知向量组 $\boldsymbol{B}$ 中恰好含有 s 个向量.而向量组 $\boldsymbol{A}$ 能由向量组 $\boldsymbol{B}$ 线性表示,则有 $r(\boldsymbol{A})\leqslant s$,于是向量组 $\boldsymbol{A}$ 中任意 $s+1$ 个向量必然线性相关.故向量组 $\boldsymbol{B}$ 是向量组 $\boldsymbol{A}$ 的一个极大无关组.

3.5 线性方程组解的结构

3.5.1 齐次线性方程组解的结构

对 3.1 节提到的齐次线性方程组

$$\begin{cases} a_{11}x_1+a_{12}x_2+\cdots+a_{1n}x_n=0 \\ a_{21}x_1+a_{22}x_2+\cdots+a_{2n}x_n=0 \\ \qquad\vdots \\ a_{m1}x_1+a_{m2}x_2+\cdots+a_{mn}x_n=0 \end{cases}.$$

记

$$\boldsymbol{A}=\begin{pmatrix} a_{11} & a_{12} & \cdots & a_{1n} \\ a_{21} & a_{22} & \cdots & a_{2n} \\ \vdots & \vdots & & \vdots \\ a_{m1} & a_{m2} & \cdots & a_{mn} \end{pmatrix},\boldsymbol{x}=\begin{pmatrix} x_1 \\ x_2 \\ \vdots \\ x_n \end{pmatrix},$$

则方程组(3.2)可改写成向量方程

$$\boldsymbol{Ax}=\boldsymbol{o}.$$

其解 $\boldsymbol{x}=\begin{pmatrix} x_1 \\ x_2 \\ \vdots \\ x_n \end{pmatrix}$ 称为方程组(3.2)的**解向量**.

该方程组的解具有如下性质:

性质 3.1 若 $\boldsymbol{\xi}_1,\boldsymbol{\xi}_2$ 为方程组(3.2)的解,则 $\boldsymbol{\xi}_1+\boldsymbol{\xi}_2$ 也为该方程组的解.

证 因为 $\boldsymbol{\xi}_1,\boldsymbol{\xi}_2$ 为其解,所以 $\boldsymbol{A\xi}_1=\boldsymbol{o},\boldsymbol{A\xi}_2=\boldsymbol{o}$,故

$$\boldsymbol{A}(\boldsymbol{\xi}_1+\boldsymbol{\xi}_2)=\boldsymbol{o}.$$

所以 $\boldsymbol{\xi}_1+\boldsymbol{\xi}_2$ 也为该方程组的解.

性质 3.2 若 $\boldsymbol{\xi}_1$ 为方程组(3.2)的解,k 为实数,则 $k\boldsymbol{\xi}_1$ 也为该方程组的解.

证 因为 $\boldsymbol{\xi}_1$ 为其解,所以 $\boldsymbol{A\xi}_1=\boldsymbol{o}$,故

$$\boldsymbol{A}(k\boldsymbol{\xi}_1)=k\boldsymbol{A\xi}_1=k\cdot\boldsymbol{o}=\boldsymbol{o}.$$

所以 $k\boldsymbol{\xi}_1$ 也为该方程组的解.

性质 3.3 若 $\boldsymbol{\xi}_1,\boldsymbol{\xi}_2,\cdots,\boldsymbol{\xi}_s$ 为方程组(3.2)的解,$k_1,k_2,\cdots,k_s$ 为实数,则 $k_1\boldsymbol{\xi}_1+k_2\boldsymbol{\xi}_2+\cdots+k_s\boldsymbol{\xi}_s$ 也为该方程组的解.

证略.

定义 3.9 若齐次线性方程组 $\boldsymbol{Ax}=\boldsymbol{o}$ 的有限个解 $\boldsymbol{\xi}_1,\boldsymbol{\xi}_2,\cdots,\boldsymbol{\xi}_t$ 满足

(1) $\boldsymbol{\xi}_1,\boldsymbol{\xi}_2,\cdots,\boldsymbol{\xi}_t$ 线性无关;

(2) $\boldsymbol{Ax}=\boldsymbol{o}$ 的任意一个解均可由 $\boldsymbol{\xi}_1,\boldsymbol{\xi}_2,\cdots,\boldsymbol{\xi}_t$ 线性表示;

则称 $\boldsymbol{\xi}_1,\boldsymbol{\xi}_2,\cdots,\boldsymbol{\xi}_t$ 为齐次线性方程组 $\boldsymbol{Ax}=\boldsymbol{o}$ 的一个基础解系.

由此定义,线性方程组 $\boldsymbol{Ax}=\boldsymbol{o}$ 若存在非零解以及基础解系,则 $\boldsymbol{Ax}=\boldsymbol{o}$ 的所有解可以表示为

$$k_1\boldsymbol{\xi}_1+k_2\boldsymbol{\xi}_2+\cdots+k_s\boldsymbol{\xi}_s \tag{3.6}$$

其中,$k_1,k_2,\cdots,k_s$ 为实数,称式(3.6)为线性方程组 $\boldsymbol{Ax}=\boldsymbol{o}$ 的**通解**.

那么,当一个齐次线性方程组有非零解时,是否一定存在基础解系呢?若存在,如何求出基础解系?以下定理将给出这两个问题的答案.

定理 3.12　对齐次线性方程组 $\boldsymbol{Ax}=\boldsymbol{o}$,若 $r(\boldsymbol{A})=r<n$,则该方程组一定存在基础解系,且每个基础解系所含的解向量个数为 $n-r$($n-r$ 为自由未知量个数).

证　因 $r(\boldsymbol{A})=r<n$,对矩阵 $\boldsymbol{A}$ 施以初等行变换,可化为如下形式:

$$\begin{pmatrix}1&0&\cdots&0&b_{11}&b_{12}&\cdots&b_{1,n-r}\\0&1&\cdots&0&b_{21}&b_{22}&\cdots&b_{2,n-r}\\\vdots&\vdots&&\vdots&\vdots&\vdots&&\vdots\\0&0&\cdots&1&b_{r1}&b_{r2}&\cdots&b_{r,n-r}\\0&0&\cdots&0&0&0&\cdots&0\\0&0&\cdots&0&0&0&\cdots&0\\\vdots&\vdots&&\vdots&\vdots&\vdots&&\vdots\\0&0&\cdots&0&0&0&\cdots&0\end{pmatrix}.$$

则方程组 $\boldsymbol{Ax}=\boldsymbol{o}$ 的同解方程组为

$$\begin{cases}x_1=-b_{11}x_{r+1}-b_{12}x_{r+2}-\cdots-b_{1,n-r}x_n\\x_2=-b_{21}x_{r+1}-b_{22}x_{r+2}-\cdots-b_{2,n-r}x_n\\\qquad\vdots\\x_r=-b_{r1}x_{r+1}-b_{r2}x_{r+2}-\cdots-b_{r,n-r}x_n\end{cases}.$$

其中,$x_{r+1},x_{r+2},\cdots,x_n$ 为自由未知量,分别取

$$\begin{pmatrix}x_{r+1}\\x_{r+2}\\\vdots\\x_n\end{pmatrix}=\begin{pmatrix}1\\0\\\vdots\\0\end{pmatrix},\begin{pmatrix}0\\1\\\vdots\\0\end{pmatrix},\cdots,\begin{pmatrix}0\\0\\\vdots\\1\end{pmatrix}$$

代入方程组 $\boldsymbol{Ax}=\boldsymbol{o}$,即可得到方程组的 $n-r$ 个解,即为方程组 $\boldsymbol{Ax}=\boldsymbol{o}$ 的基础解系.

【例 3.12】　求齐次线性方程组 $\begin{cases}x_1+2x_2+x_3-x_4=0\\3x_1+6x_2-x_3-3x_4=0\\5x_1+10x_2+x_3-5x_4=0\end{cases}$ 的基础解系与通解.

解　对系数矩阵 $\boldsymbol{A}$ 作初等行变换,化为行最简行矩阵:

$$\boldsymbol{A}=\begin{pmatrix}1&2&1&-1\\3&6&-1&-3\\5&10&1&-5\end{pmatrix}\to\begin{pmatrix}1&2&1&-1\\0&0&-4&0\\0&0&-4&0\end{pmatrix}\to\begin{pmatrix}1&2&1&-1\\0&0&1&0\\0&0&0&0\end{pmatrix}\to\begin{pmatrix}1&2&0&-1\\0&0&1&0\\0&0&0&0\end{pmatrix}$$

选 x_2,x_4 为自由未知量,可得其同解方程组为

$$\begin{cases}x_1=-2x_2+x_4\\x_3=0\end{cases}.$$

令$\begin{pmatrix}x_2\\x_4\end{pmatrix}=\begin{pmatrix}1\\0\end{pmatrix},\begin{pmatrix}0\\1\end{pmatrix}$,可求得基础解系为

$$\boldsymbol{\xi}_1=\begin{pmatrix}-2\\1\\0\\0\end{pmatrix},\boldsymbol{\xi}_2=\begin{pmatrix}1\\0\\0\\1\end{pmatrix}.$$

所以,原方程组的通解为

$$x=k_1\boldsymbol{\xi}_1+k_2\boldsymbol{\xi}_2(k_1,k_2\in\mathbf{R})$$

【例 3.13】 用基础解系表示方程组的通解:

$$\begin{cases}x_1-3x_2+5x_3-2x_4+x_5=0\\-2x_1+x_2-3x_3+x_4-4x_5=0\\-x_1-7x_2+9x_3-4x_4-5x_5=0\\3x_1-14x_2+22x_3-9x_4+x_5=0\end{cases}.$$

解 对系数矩阵 $\boldsymbol{A}$ 作初等行变换,化为行最简矩阵:

$$\boldsymbol{A}=\begin{pmatrix}1&-3&5&-2&1\\-2&1&-3&1&-4\\-1&-7&9&-4&-5\\3&-14&22&-9&1\end{pmatrix}\to\begin{pmatrix}1&-3&5&-2&1\\0&-5&7&-3&-2\\0&-10&14&-6&-4\\0&-5&7&-3&-2\end{pmatrix}$$

$$\to\begin{pmatrix}1&0&\frac{4}{5}&-\frac{1}{5}&\frac{11}{5}\\0&1&-\frac{7}{5}&\frac{3}{5}&\frac{2}{5}\\0&0&0&0&0\\0&0&0&0&0\end{pmatrix}.$$

选 x_3,x_4,x_5 为自由未知量,可得其同解方程组为

$$\begin{cases}x_1=-\frac{4}{5}x_3+\frac{1}{5}x_4-\frac{11}{5}x_5\\x_2=\frac{7}{5}x_3-\frac{3}{5}x_4-\frac{2}{5}x_5\end{cases}.$$

令$\begin{pmatrix}x_3\\x_4\\x_5\end{pmatrix}=\begin{pmatrix}1\\0\\0\end{pmatrix},\begin{pmatrix}0\\1\\0\end{pmatrix},\begin{pmatrix}0\\0\\1\end{pmatrix}$,可求得基础解系为

$$\boldsymbol{\xi}_1=\begin{pmatrix}-\frac{4}{5}\\\frac{7}{5}\\1\\0\\0\end{pmatrix},\boldsymbol{\xi}_2=\begin{pmatrix}\frac{1}{5}\\-\frac{3}{5}\\0\\1\\0\end{pmatrix},\boldsymbol{\xi}_3=\begin{pmatrix}-\frac{11}{5}\\-\frac{2}{5}\\0\\0\\1\end{pmatrix}.$$

所以,原方程组的通解为

$$x=k_1\boldsymbol{\xi}_1+k_2\boldsymbol{\xi}_2+k_3\boldsymbol{\xi}_3(k_1,k_2,k_3\in\mathbf{R})$$

3.5.2 非齐次线性方程组解的结构

非齐次线性方程组(3.1)

$$\begin{cases}a_{11}x_1+a_{12}x_2+\cdots+a_{1n}x_n=b_1\\a_{21}x_1+a_{22}x_2+\cdots+a_{2n}x_n=b_2\\\qquad\vdots\\a_{m1}x_1+a_{m2}x_2+\cdots+a_{mn}x_n=b_m\end{cases}$$

也可以写成向量形式：

$$\boldsymbol{Ax}=\boldsymbol{\beta},$$

称 $\boldsymbol{Ax}=\boldsymbol{o}$ 为与之对应的齐次线性方程组(**导出组**).

性质 3.4 若 $\boldsymbol{\eta}_1,\boldsymbol{\eta}_2$ 为方程组 $\boldsymbol{Ax}=\boldsymbol{\beta}$ 的解,则 $\boldsymbol{\eta}_1-\boldsymbol{\eta}_2$ 为方程组 $\boldsymbol{Ax}=\boldsymbol{o}$ 的解.

性质 3.5 若 $\boldsymbol{\eta}$ 为方程组 $\boldsymbol{Ax}=\boldsymbol{\beta}$ 的解,$\boldsymbol{\xi}$ 为方程组 $\boldsymbol{Ax}=\boldsymbol{o}$ 的解,则 $\boldsymbol{\eta}+\boldsymbol{\xi}$ 为方程组$\boldsymbol{Ax}=\boldsymbol{\beta}$ 的解.

定理 3.13 设 $\boldsymbol{\eta}_0$ 为非齐次线性方程组 $\boldsymbol{Ax}=\boldsymbol{\beta}$ 的一个解,$\boldsymbol{\xi}$ 为对应齐次线性方程组$\boldsymbol{Ax}=\boldsymbol{o}$ 的通解,则非齐次线性方程组 $\boldsymbol{Ax}=\boldsymbol{\beta}$ 的通解可表示为

$$\boldsymbol{x}=\boldsymbol{\xi}+\boldsymbol{\eta}_0$$

证 只需说明非齐次线性方程组 $\boldsymbol{Ax}=\boldsymbol{\beta}$ 的任一解 $\boldsymbol{\eta}$ 一定能表示为 $\boldsymbol{\eta}_0$ 与 $\boldsymbol{Ax}=\boldsymbol{o}$ 的某一解 $\boldsymbol{\xi}_1$ 的和.为此取 $\boldsymbol{\xi}_1=\boldsymbol{\eta}-\boldsymbol{\eta}_0$,由非齐次线性方程组解的性质知,$\boldsymbol{\xi}_1$ 是 $\boldsymbol{Ax}=\boldsymbol{o}$ 的一个解,故$\boldsymbol{\eta}=\boldsymbol{\xi}_1+\boldsymbol{\eta}_0$.

该定理说明非齐次线性方程组的任一解,都能表示为该方程的一个解与其对应齐次线性方程组某一解之和.

综合前面关于向量的讨论,设非齐次线性方程组 $\boldsymbol{Ax}=\boldsymbol{\beta}$,$\boldsymbol{\alpha}_1,\boldsymbol{\alpha}_2,\cdots,\boldsymbol{\alpha}_n$ 为其系数矩阵的列向量组,可得下列 4 个等价命题：

(Ⅰ)非齐次线性方程组 $\boldsymbol{Ax}=\boldsymbol{\beta}$ 有解；

(Ⅱ)向量 $\boldsymbol{\beta}$ 能由 $\boldsymbol{\alpha}_1,\boldsymbol{\alpha}_2,\cdots,\boldsymbol{\alpha}_n$ 线性表示；

(Ⅲ)向量组 $\boldsymbol{\alpha}_1,\boldsymbol{\alpha}_2,\cdots,\boldsymbol{\alpha}_n$ 与 $\boldsymbol{\alpha}_1,\boldsymbol{\alpha}_2,\cdots,\boldsymbol{\alpha}_n,\boldsymbol{\beta}$ 等价；

(Ⅳ)$r(\boldsymbol{A})=r(\boldsymbol{A}\mid b)$.

【例 3.14】 求非齐次线性方程组$\begin{cases}2x_1+x_2-x_3+x_4=1\\4x_1+2x_2-2x_3+x_4=2\\2x_1+x_2-x_3-x_4=1\end{cases}$的通解,用其导出组的基础解系表示其全部解.

解 对方程组的增广矩阵施以初等行变换：

$$\overline{\boldsymbol{A}}=\left(\begin{array}{cccc:c}2&1&-1&1&1\\4&2&-2&1&2\\2&1&-1&-1&1\end{array}\right)\to\left(\begin{array}{cccc:c}2&1&-1&1&1\\0&0&0&-1&0\\0&0&0&-2&0\end{array}\right)$$

$$\to\left(\begin{array}{cccc:c}2&1&-1&1&1\\0&0&0&1&0\\0&0&0&0&0\end{array}\right)\to\left(\begin{array}{cccc:c}2&1&-1&0&1\\0&0&0&1&0\\0&0&0&0&0\end{array}\right)$$

由此，$r(\mathbf{A})=r(\overline{\mathbf{A}})=2<4$，方程组有无穷多组解，取 x_1,x_3 为自由未知量，其同解方程组为

$$\begin{cases}x_2=1-2x_1+x_3\\x_4=0\end{cases}.$$

令$\begin{pmatrix}x_1\\x_3\end{pmatrix}=\begin{pmatrix}0\\0\end{pmatrix}$，可求得一组特解 $\boldsymbol{\eta}_0=\begin{pmatrix}0\\1\\0\\0\end{pmatrix}$.

其导出组的同解方程组为

$$\begin{cases}x_2=-2x_1+x_3\\x_4=0\end{cases}.$$

令$\begin{pmatrix}x_1\\x_3\end{pmatrix}=\begin{pmatrix}1\\0\end{pmatrix},\begin{pmatrix}0\\1\end{pmatrix}$，求得基础解系为

$$\boldsymbol{\xi}_1=\begin{pmatrix}1\\-2\\0\\0\end{pmatrix},\boldsymbol{\xi}_2=\begin{pmatrix}0\\1\\1\\0\end{pmatrix}.$$

所以，所求方程组的通解为

$$x=k_1\boldsymbol{\xi}_1+k_2\boldsymbol{\xi}_2+\boldsymbol{\eta}_0(k_1,k_2\in\mathbf{R})$$

【例3.15】 求非齐次线性方程组$\begin{cases}x_1+3x_2+3x_3-2x_4+x_5=3\\2x_1+6x_2+x_3-3x_4=2\\x_1+3x_2-2x_3-x_4-x_5=-1\\3x_1+9x_2+4x_3-5x_4+x_5=5\end{cases}$的通解，用其导出组的基础解系表示其全部解.

解 对方程组的增广矩阵施以初等行变换：

$$\overline{\mathbf{A}}=\left(\begin{array}{ccccc:c}1&3&3&-2&1&3\\2&6&1&-3&0&2\\1&3&-2&-1&-1&-1\\3&9&4&-5&1&5\end{array}\right)\to\left(\begin{array}{ccccc:c}1&3&3&-2&1&3\\0&0&-5&1&-2&-4\\0&0&-5&1&-2&-4\\0&0&-5&1&-2&-4\end{array}\right)$$

$$\to\left(\begin{array}{ccccc:c}1&3&3&-2&1&3\\0&0&-5&1&-2&-4\\0&0&0&0&0&0\\0&0&0&0&0&0\end{array}\right)\to\left(\begin{array}{ccccc:c}1&3&-7&0&-3&-5\\0&0&-5&1&-2&-4\\0&0&0&0&0&0\\0&0&0&0&0&0\end{array}\right)$$

由此，$r(\mathbf{A})=r(\overline{\mathbf{A}})=2<5$，方程组有无穷多组解. 取 x_2,x_3,x_5 为自由未知量，其同解方程组为

$$\begin{cases}x_1=-5-3x_2+7x_3+3x_5\\x_4=-4+5x_3+2x_5\end{cases}.$$

令$\begin{pmatrix} x_2 \\ x_3 \\ x_5 \end{pmatrix}=\begin{pmatrix} 0 \\ 0 \\ 0 \end{pmatrix}$,可求得一组特解 $\boldsymbol{\eta}_0=\begin{pmatrix} -5 \\ 0 \\ 0 \\ -4 \\ 0 \end{pmatrix}$.

其导出组的同解方程组为

$$\begin{cases} x_1=-3x_2+7x_3+3x_5 \\ x_4=5x_3+2x_5 \end{cases}.$$

令$\begin{pmatrix} x_2 \\ x_3 \\ x_5 \end{pmatrix}=\begin{pmatrix} 1 \\ 0 \\ 0 \end{pmatrix},\begin{pmatrix} 0 \\ 1 \\ 0 \end{pmatrix},\begin{pmatrix} 0 \\ 0 \\ 1 \end{pmatrix}$,可求得基础解系为

$$\boldsymbol{\xi}_1=\begin{pmatrix} -3 \\ 1 \\ 0 \\ 0 \\ 0 \end{pmatrix},\boldsymbol{\xi}_2=\begin{pmatrix} 7 \\ 0 \\ 1 \\ 5 \\ 0 \end{pmatrix},\boldsymbol{\xi}_3=\begin{pmatrix} 3 \\ 0 \\ 0 \\ 2 \\ 1 \end{pmatrix}$$

所以,所求方程组的通解为

$$x=k_1\boldsymbol{\xi}_1+k_2\boldsymbol{\xi}_2+k_3\boldsymbol{\xi}_3+\eta_0(k_1,k_2,k_3\in\mathbf{R})$$

3.6 基、坐标及其变换

在 3.5 节中,我们利用向量空间中的线性表示、线性相关性、秩等来研究线性方程组解的结构,并得到了一系列结论.本节进一步介绍线性空间的基与坐标及其变换等知识,以达到将向量的线性运算转化为向量的坐标运算.

3.6.1 线性空间的基与坐标

定义 3.10 设 V 是数域 F 上的线性空间,若 V 中存在 n 个向量 $\boldsymbol{\xi}_1,\boldsymbol{\xi}_2,\cdots,\boldsymbol{\xi}_n$ 满足:

(1)$\boldsymbol{\xi}_1,\boldsymbol{\xi}_2,\cdots,\boldsymbol{\xi}_n$ 线性无关;

(2)V 中任意向量 $\boldsymbol{\alpha}$ 都可由 $\boldsymbol{\xi}_1,\boldsymbol{\xi}_2,\cdots,\boldsymbol{\xi}_n$ 线性表示:

$$\boldsymbol{\alpha}=x_1\boldsymbol{\xi}_1+x_2\boldsymbol{\xi}_2+\cdots+x_n\boldsymbol{\xi}_n(x_i\in F,i=1,2,\cdots,n),$$

则称有序向量组 $\boldsymbol{\xi}_1,\boldsymbol{\xi}_2,\cdots,\boldsymbol{\xi}_n$ 为线性空间 V 中的一个**基**;n 称为线性空间 V 的**维数**,记作 $\dim V=n$;由 $\boldsymbol{\alpha}$ 唯一确定的 n 元有序数组$(x_1,x_2,\cdots,x_n)^{\mathrm{T}}$,称为向量 $\boldsymbol{\alpha}$ 在基 $\boldsymbol{\xi}_1,\boldsymbol{\xi}_2,\cdots,\boldsymbol{\xi}_n$下的坐标向量,简称**坐标**,记为$[\alpha]$.

由定义 3.10 易知,(1)V 的一个基 $\boldsymbol{\xi}_1,\boldsymbol{\xi}_2,\cdots,\boldsymbol{\xi}_n$ 就相当于是 V 的一个极大无关组,并且线性空间 V 可表示为

$$V=\{\boldsymbol{\alpha}=x_1\boldsymbol{\xi}_1+x_2\boldsymbol{\xi}_2+\cdots+x_n\boldsymbol{\xi}_n\mid x_i\in F,i=1,2,\cdots,n\}.$$

（2）由于线性空间 V 的极大无关组不唯一，因此线性空间 V 中的任一向量在不同基下对应的坐标一般不同.特别地，在 n 维向量空间 R^n 中，取 n 维基本单位向量 $\boldsymbol{\varepsilon}_1,\boldsymbol{\varepsilon}_2,\cdots,\boldsymbol{\varepsilon}_n$ 为基，则任一向量 $\boldsymbol{\alpha}=(a_1,a_2,\cdots,a_n)$ 可表示为 $\boldsymbol{\alpha}=a_1\boldsymbol{\varepsilon}_1+a_2\boldsymbol{\varepsilon}_2+\cdots+a_n\boldsymbol{\varepsilon}_n$，可见向量 $\boldsymbol{\alpha}$ 在基 $\boldsymbol{\varepsilon}_1,\boldsymbol{\varepsilon}_2,\cdots,\boldsymbol{\varepsilon}_n$ 中的坐标等于向量的分量本身，因此称 $\boldsymbol{\varepsilon}_1,\boldsymbol{\varepsilon}_2,\cdots,\boldsymbol{\varepsilon}_n$ 为 R^n 的**标准基**.

定义 3.11 设 L 是数域 F 上线性空间 V 的一个非空子集.如果 L 对 V 中所定义的加法和数乘运算封闭，那么 L 也可构成 F 上的一个线性空间，则称 L 为 V 的一个线性子空间，简称**子空间**.

显然，线性空间 V 总是自身的一个子空间；向量组 $\boldsymbol{\alpha}_1,\boldsymbol{\alpha}_2,\cdots,\boldsymbol{\alpha}_r$ 的任一极大无关组都能生成相等的子空间，并且此极大无关组就是生成的子空间的一个基，称为**生成基**.而向量组 $\boldsymbol{\alpha}_1,\boldsymbol{\alpha}_2,\cdots,\boldsymbol{\alpha}_r$ 的秩即是生成的子空间的维数.

若 V 中没有线性无关的向量组，则规定 V 是零维的，记作 $\dim V=0$.

若 V 中有任意多个线性无关的向量，则称 V 是无限维的，记作 $\dim V=\infty$，如无特别说明，本书只讨论有限维的线性空间.

【例 3.16】 设 $\boldsymbol{\alpha}_1=(1,2,-1,0)^{\mathrm{T}},\boldsymbol{\alpha}_2=(1,1,0,2)^{\mathrm{T}},\boldsymbol{\alpha}_3=(2,1,1,a)^{\mathrm{T}}$，若由生成的向量空间维数等于3，则 a 应满足什么条件?

解 因为生成的向量空间维数等于3，所以向量组 $\boldsymbol{\alpha}_1,\boldsymbol{\alpha}_2,\boldsymbol{\alpha}_3$ 的秩等于3，而

$$(\boldsymbol{\alpha}_1,\boldsymbol{\alpha}_2,\boldsymbol{\alpha}_3)=\begin{pmatrix}1&1&2\\2&1&1\\-1&0&1\\0&2&a\end{pmatrix}\to\begin{pmatrix}1&1&2\\0&-1&-3\\0&1&3\\0&2&a\end{pmatrix}\to\begin{pmatrix}1&1&2\\0&1&3\\0&0&a-6\\0&0&0\end{pmatrix}.$$

故 $a-6\neq0,a\neq6$.

【例 3.17】 在数域 F 上次数小于 n 的多项式全体及零构成的线性空间 $F[x]_n$ 中，向量组 $\boldsymbol{\xi}_0=1,\boldsymbol{\xi}_1=x,\cdots,\boldsymbol{\xi}_{n-1}=x^{n-1}$ 是线性无关的，对任一向量 $f(x)=a_0+a_1x+\cdots+a_{n-1}x^{n-1}\in F[x]_n$，$a_i\in F$，有

$$f(x)=a_0\boldsymbol{\xi}_0+a_1\boldsymbol{\xi}_1+\cdots+a_{n-1}\boldsymbol{\xi}_{n-1},$$

所以 $\boldsymbol{\xi}_0,\boldsymbol{\xi}_1,\cdots,\boldsymbol{\xi}_{n-1}$ 是 $F[x]_n$ 的一个基，且 $f(x)$ 在此基下的坐标为 $(a_0,a_1,\cdots,a_{n-1})^{\mathrm{T}}$.

【例 3.18】 设

$$\boldsymbol{\alpha}_1=\begin{pmatrix}2\\2\\-1\end{pmatrix},\boldsymbol{\alpha}_2=\begin{pmatrix}2\\-1\\2\end{pmatrix},\boldsymbol{\alpha}_3=\begin{pmatrix}-1\\2\\2\end{pmatrix},\boldsymbol{\beta}_1=\begin{pmatrix}-1\\5\\-1\end{pmatrix},\boldsymbol{\beta}_2=\begin{pmatrix}2\\5\\5\end{pmatrix}.$$

证明：$\boldsymbol{\alpha}_1,\boldsymbol{\alpha}_2,\boldsymbol{\alpha}_3$ 是 R^3 的一个基，并求 $\boldsymbol{\beta}_1,\boldsymbol{\beta}_2$ 在该基下的坐标.

证明

$$|\boldsymbol{A}|=|\boldsymbol{\alpha}_1,\boldsymbol{\alpha}_2,\boldsymbol{\alpha}_3|=\begin{vmatrix}2&2&-1\\2&-1&2\\-1&2&2\end{vmatrix}=\begin{vmatrix}-1&2&2\\2&-1&2\\2&2&-1\end{vmatrix}=\begin{vmatrix}-1&2&2\\0&3&6\\0&6&3\end{vmatrix}=27\neq0.$$

所以 $r(\boldsymbol{\alpha}_1,\boldsymbol{\alpha}_2,\boldsymbol{\alpha}_3)=3$，$\boldsymbol{\alpha}_1,\boldsymbol{\alpha}_2,\boldsymbol{\alpha}_3$ 线性无关，$\boldsymbol{\alpha}_1,\boldsymbol{\alpha}_2,\boldsymbol{\alpha}_3$ 是 R^3 的一个基

$$(\boldsymbol{\alpha}_1,\boldsymbol{\alpha}_2,\boldsymbol{\alpha}_3,\boldsymbol{\beta}_1,\boldsymbol{\beta}_2)=\begin{pmatrix}2&2&-1&-1&2\\2&-1&2&5&5\\-1&2&2&-1&5\end{pmatrix}\to\begin{pmatrix}-1&2&2&-1&5\\0&3&6&3&15\\0&6&3&-3&12\end{pmatrix}$$

$$\rightarrow\begin{pmatrix}-1&2&2&-1&5\\0&1&2&1&5\\0&0&-9&-9&-18\end{pmatrix}\rightarrow\begin{pmatrix}1&0&0&1&1\\0&1&0&-1&1\\0&0&1&1&2\end{pmatrix}.$$

因为初等行变换不改变矩阵列向量之间的线性关系，所以由最后的行最简形矩阵中可知，$\boldsymbol{\beta}_1=\boldsymbol{\alpha}_1-\boldsymbol{\alpha}_2+\boldsymbol{\alpha}_3$，$\boldsymbol{\beta}_2=\boldsymbol{\alpha}_1+\boldsymbol{\alpha}_2+2\boldsymbol{\alpha}_3$. $\boldsymbol{\beta}_1,\boldsymbol{\beta}_2$ 在基 $\boldsymbol{\alpha}_1,\boldsymbol{\alpha}_2,\boldsymbol{\alpha}_3$ 下的坐标分别为 $(1,-1,1)^{\mathrm{T}},(1,1,2)^{\mathrm{T}}$.

【例 3.19】 设 $\boldsymbol{\xi}_1,\boldsymbol{\xi}_2,\cdots,\boldsymbol{\xi}_n$ 是数域 F 上线性空间 V 的一个基，$\boldsymbol{\alpha},\boldsymbol{\beta}$ 在该基下的坐标分别为 $(a_1,a_2,\cdots,a_n)^{\mathrm{T}},(b_1,b_2,\cdots,b_n)^{\mathrm{T}}$，即

$$\boldsymbol{\alpha}=a_1\boldsymbol{\xi}_1+a_2\boldsymbol{\xi}_2+\cdots+a_n\boldsymbol{\xi}_n,\boldsymbol{\beta}=b_1\boldsymbol{\xi}_1+b_2\boldsymbol{\xi}_2+\cdots+b_n\boldsymbol{\xi}_n.$$

那么

$$\boldsymbol{\alpha}+\boldsymbol{\beta}=(a_1+b_1)\boldsymbol{\xi}_1+(a_2+b_2)\boldsymbol{\xi}_2+\cdots+(a_n+b_n)\boldsymbol{\xi}_n,$$
$$k\boldsymbol{\alpha}=ka_1\boldsymbol{\xi}_1+ka_2\boldsymbol{\xi}_2+\cdots+ka_n\boldsymbol{\xi}_n.$$

于是向量 $\boldsymbol{\alpha}+\boldsymbol{\beta},k\boldsymbol{\alpha}$ 的坐标分别为

$$(a_1+b_1,a_2+b_2,\cdots,a_n+b_n)^{\mathrm{T}}=(a_1,a_2,\cdots,a_n)^{\mathrm{T}}+(b_1,b_2,\cdots,b_n)^{\mathrm{T}},$$
$$(ka_1,ka_2,\cdots,ka_n)^{\mathrm{T}}=k(a_1,a_2,\cdots,a_n)^{\mathrm{T}}.$$

以上式子说明在 V 中取定一个基，向量用坐标表示后，向量的线性运算就可以归结为向量坐标的线性运算. 因而，线性空间 V 的讨论就归结为 F^n 的讨论. 此时，可以说 V 与 F^n 有相同的结构，称 V 与 F^n **同构**.

3.6.2 基变换与坐标变换

讨论完线性空间的基与坐标，接下来讨论基的改变对坐标变化之间的关系. 因此，首先考虑基与基之间的关系.

定义 3.12 设 $\boldsymbol{\xi}_1,\boldsymbol{\xi}_2,\cdots,\boldsymbol{\xi}_n$ 及 $\boldsymbol{\eta}_1,\boldsymbol{\eta}_2,\cdots,\boldsymbol{\eta}_n$ 为数域 F 上 n 维线性空间 V 的两个基，$\eta_1,\eta_2,\cdots,\eta_n$ 由 $\xi_1,\xi_2,\cdots,\xi_n$ 线性表示为

$$\begin{cases}\eta_1=a_{11}\xi_1+a_{12}\xi_2+\cdots+a_{1n}\xi_n,\\\eta_2=a_{21}\xi_1+a_{22}\xi_2+\cdots+a_{2n}\xi_n,\\\qquad\vdots\\\eta_n=a_{n1}\xi_1+a_{n2}\xi_2+\cdots+a_{nn}\xi_n,\end{cases}\tag{3.7}$$

式(3.7)的系数矩阵的转置矩阵

$$\boldsymbol{P}=\begin{pmatrix}a_{11}&a_{12}&\cdots&a_{1n}\\a_{21}&a_{22}&\cdots&a_{2n}\\\vdots&\vdots&&\vdots\\a_{n1}&a_{n2}&\cdots&a_{nn}\end{pmatrix}^{\mathrm{T}}$$

称为由基 $\boldsymbol{\xi}_1,\boldsymbol{\xi}_2,\cdots,\boldsymbol{\xi}_n$ 到基 $\boldsymbol{\eta}_1,\boldsymbol{\eta}_2,\cdots,\boldsymbol{\eta}_n$ 的**过渡矩阵**.

式(3.7)也可以写成

$$(\boldsymbol{\eta}_1,\boldsymbol{\eta}_2,\cdots,\boldsymbol{\eta}_n)=(\boldsymbol{\xi}_1,\boldsymbol{\xi}_2,\cdots,\boldsymbol{\xi}_n)\boldsymbol{P}.\tag{3.8}$$

式(3.8)称为**基变换公式**. 因为 $\boldsymbol{\eta}_1,\boldsymbol{\eta}_2,\cdots,\boldsymbol{\eta}_n$ 线性无关，所以过渡矩阵 $\boldsymbol{P}$ 一定可逆.

定理 3.14 设 n 维线性空间 V 中的向量 $\boldsymbol{\alpha}$ 在基 $\boldsymbol{\xi}_1,\boldsymbol{\xi}_2,\cdots,\boldsymbol{\xi}_n$ 下的坐标为 $(x_1,x_2,\cdots,$

$x_n)^{\mathrm{T}}$，在基 $\boldsymbol{\eta}_1,\boldsymbol{\eta}_2,\cdots,\boldsymbol{\eta}_n$ 下的坐标为 $(y_1,y_2,\cdots,y_n)^{\mathrm{T}}$. 若由基 $\boldsymbol{\xi}_1,\boldsymbol{\xi}_2,\cdots,\boldsymbol{\xi}_n$ 到基 $\boldsymbol{\eta}_1,\boldsymbol{\eta}_2,\cdots,\boldsymbol{\eta}_n$ 的过渡矩阵为 $\boldsymbol{P}$，则有**坐标变换公式**

$$\begin{pmatrix}x_1\\x_2\\\vdots\\x_n\end{pmatrix}=\boldsymbol{P}\begin{pmatrix}y_1\\y_2\\\vdots\\y_n\end{pmatrix}\text{或}\begin{pmatrix}y_1\\y_2\\\vdots\\y_n\end{pmatrix}=\boldsymbol{P}^{-1}\begin{pmatrix}x_1\\x_2\\\vdots\\x_n\end{pmatrix}. \tag{3.9}$$

证明 因为

$$\boldsymbol{\alpha}=(\boldsymbol{\xi}_1,\boldsymbol{\xi}_2,\cdots,\boldsymbol{\xi}_n)\begin{pmatrix}x_1\\x_2\\\vdots\\x_n\end{pmatrix}=(\boldsymbol{\eta}_1,\boldsymbol{\eta}_2,\cdots,\boldsymbol{\eta}_n)\begin{pmatrix}y_1\\y_2\\\vdots\\y_n\end{pmatrix},$$

$$(\boldsymbol{\eta}_1,\boldsymbol{\eta}_2,\cdots,\boldsymbol{\eta}_n)=(\boldsymbol{\xi}_1,\boldsymbol{\xi}_2,\cdots,\boldsymbol{\xi}_n)\boldsymbol{P}.$$

结合上述两式，有

$$(\boldsymbol{\xi}_1,\boldsymbol{\xi}_2,\cdots,\boldsymbol{\xi}_n)\begin{pmatrix}x_1\\x_2\\\vdots\\x_n\end{pmatrix}=(\boldsymbol{\xi}_1,\boldsymbol{\xi}_2,\cdots,\boldsymbol{\xi}_n)\boldsymbol{P}\begin{pmatrix}y_1\\y_2\\\vdots\\y_n\end{pmatrix}.$$

又因为 $\boldsymbol{\xi}_1,\boldsymbol{\xi}_2,\cdots,\boldsymbol{\xi}_n$ 线性无关，所以

$$\begin{pmatrix}x_1\\x_2\\\vdots\\x_n\end{pmatrix}=\boldsymbol{P}\begin{pmatrix}y_1\\y_2\\\vdots\\y_n\end{pmatrix}\text{或}\begin{pmatrix}y_1\\y_2\\\vdots\\y_n\end{pmatrix}=\boldsymbol{P}^{-1}\begin{pmatrix}x_1\\x_2\\\vdots\\x_n\end{pmatrix}.$$

【例 3.20】 在向量空间 R^4 中，设有两个基：

$$(\mathrm{A})\boldsymbol{\alpha}_1=\begin{pmatrix}1\\-1\\0\\0\end{pmatrix},\boldsymbol{\alpha}_2=\begin{pmatrix}1\\0\\0\\0\end{pmatrix},\boldsymbol{\alpha}_3=\begin{pmatrix}0\\0\\3\\2\end{pmatrix},\boldsymbol{\alpha}_4=\begin{pmatrix}0\\0\\1\\1\end{pmatrix};$$

$$(\mathrm{B})\boldsymbol{\alpha}_1=\begin{pmatrix}1\\1\\2\\1\end{pmatrix},\boldsymbol{\alpha}_2=\begin{pmatrix}0\\1\\1\\2\end{pmatrix},\boldsymbol{\alpha}_3=\begin{pmatrix}0\\0\\3\\1\end{pmatrix},\boldsymbol{\alpha}_4=\begin{pmatrix}0\\0\\1\\0\end{pmatrix}.$$

求：(1) 由基(A)到基(B)的过渡矩阵.

(2) 若向量 $\boldsymbol{\alpha}$ 在基(B)中的坐标为 $(2\quad -3\quad 1\quad -6)^{\mathrm{T}}$，求向量 $\boldsymbol{\alpha}$ 在基(A)中的坐标.

解 (1) 直接按定义求过渡矩阵比较麻烦，我们采取“中介基”法求过渡矩阵.

令 $\boldsymbol{A}=(\boldsymbol{\alpha}_1,\boldsymbol{\alpha}_2,\boldsymbol{\alpha}_3,\boldsymbol{\alpha}_4)=\begin{pmatrix}1&1&0&0\\-1&0&0&0\\0&0&3&1\\0&0&2&1\end{pmatrix}$，$\boldsymbol{B}=(\boldsymbol{\beta}_1,\boldsymbol{\beta}_2,\boldsymbol{\beta}_3,\boldsymbol{\beta}_4)=\begin{pmatrix}1&0&0&0\\1&1&0&0\\2&1&3&1\\1&2&1&0\end{pmatrix}$，

由于 R^4 中任一向量在标准基 $\boldsymbol{\varepsilon}_1,\boldsymbol{\varepsilon}_2,\boldsymbol{\varepsilon}_3,\boldsymbol{\varepsilon}_4$ 中的坐标等于该向量的分量，因此

$$(\alpha_1,\alpha_2,\alpha_3,\alpha_4)=(\varepsilon_1,\varepsilon_2,\varepsilon_3,\varepsilon_4)\boldsymbol{A}$$
$$(\beta_1,\beta_2,\beta_3,\beta_4)=(\varepsilon_1,\varepsilon_2,\varepsilon_3,\varepsilon_4)\boldsymbol{B}$$

于是

$$(\varepsilon_1,\varepsilon_2,\varepsilon_3,\varepsilon_4)=(\alpha_1,\alpha_2,\alpha_3,\alpha_4)\boldsymbol{A}^{-1}$$
$$(\beta_1,\beta_2,\beta_3,\beta_4)=(\varepsilon_1,\varepsilon_2,\varepsilon_3,\varepsilon_4)\boldsymbol{B}=(\alpha_1,\alpha_2,\alpha_3,\alpha_4)\boldsymbol{A}^{-1}\boldsymbol{B}.$$

所以基(A)到基(B)的过渡矩阵

$$\boldsymbol{P}=\boldsymbol{A}^{-1}\boldsymbol{B}=\begin{pmatrix}1&1&0&0\\-1&0&0&0\\0&0&3&1\\0&0&2&1\end{pmatrix}^{-1}\begin{pmatrix}1&0&0&0\\1&1&0&0\\2&1&3&1\\1&2&1&0\end{pmatrix}=\begin{pmatrix}-1&-1&0&0\\2&1&0&0\\1&-1&2&1\\-1&4&-3&-2\end{pmatrix}.$$

(2)向量 $\boldsymbol{\alpha}$ 在基(B)中的坐标为 $y=(2\quad -3\quad 1\quad -6)^{\mathrm{T}}$.

由式(3.9)知,向量 $\boldsymbol{\alpha}$ 在基(A)中的坐标

$$x=\boldsymbol{P}y=\begin{pmatrix}-1&-1&0&0\\2&1&0&0\\1&-1&2&1\\-1&4&-3&-2\end{pmatrix}\begin{pmatrix}2\\-3\\1\\-6\end{pmatrix}=\begin{pmatrix}1\\1\\1\\-5\end{pmatrix}.$$

【例 3.21】(2015 考研试题) 设向量组 $\boldsymbol{\alpha}_1,\boldsymbol{\alpha}_2,\boldsymbol{\alpha}_3$ 是 3 维向量空间 R^3 中的一个基,$\boldsymbol{\beta}_1=2\boldsymbol{\alpha}_1+2k\boldsymbol{\alpha}_3$,$\boldsymbol{\beta}_2=2\boldsymbol{\alpha}_2$,$\boldsymbol{\beta}_3=\boldsymbol{\alpha}_1+(k+1)\boldsymbol{\alpha}_3$.

(1)证明 $\boldsymbol{\beta}_1,\boldsymbol{\beta}_2,\boldsymbol{\beta}_3$ 是 R^3 的一个基.

(2)k 为何值时,存在非零向量 $\boldsymbol{\xi}$ 在基 $\alpha_1,\alpha_2,\alpha_3$ 与基 β_1,β_2,β_3 下的坐标相同,并求出所有 $\boldsymbol{\xi}$.

解 (1)由题意可知,$\alpha_1,\alpha_2,\alpha_3$ 线性无关,$(\beta_1,\beta_2,\beta_3)=(\alpha_1,\alpha_2,\alpha_3)\begin{pmatrix}2&0&1\\0&2&0\\2k&0&k+1\end{pmatrix}$.

因为 $\begin{vmatrix}2&0&1\\0&2&0\\2k&0&k+1\end{vmatrix}=2\begin{vmatrix}2&1\\2k&k+1\end{vmatrix}=4\neq0$,所以 β_1,β_2,β_3 线性无关,β_1,β_2,β_3 是 R^3 的一个基.

(2)显然从基 $\alpha_1,\alpha_2,\alpha_3$ 到基 β_1,β_2,β_3 的过渡矩阵是 $\boldsymbol{P}=\begin{pmatrix}2&0&1\\0&2&0\\2k&0&k+1\end{pmatrix}$,设 $\boldsymbol{\xi}$ 在基 α_1,α_2,α_3 下的坐标为 $x=(x_1,x_2,x_3)^{\mathrm{T}}$,在基 β_1,β_2,β_3 下的坐标为 $\boldsymbol{P}^{-1}x$,得 $\boldsymbol{P}^{-1}x=x$,即 $(\boldsymbol{P}-\boldsymbol{E})x=\boldsymbol{o}$,因为 $\boldsymbol{\xi}$ 是非零向量,所以 x 也是非零向量.因此 $|\boldsymbol{P}-\boldsymbol{E}|=\begin{vmatrix}1&0&1\\0&1&0\\2k&0&k\end{vmatrix}=-k=0$,即 $k=0$,并求解齐次线性方程组 $(\boldsymbol{P}-\boldsymbol{E})x=\boldsymbol{o}$ 得 $x=c\begin{pmatrix}-1\\0\\1\end{pmatrix}$,$c$ 为任意非零常数.$\xi=(\alpha_1,\alpha_2,\alpha_3)x=c(\alpha_1,\alpha_2,\alpha_3)\begin{pmatrix}-1\\0\\1\end{pmatrix}=-c\alpha_1+c\alpha_3$,$c$ 为任意非零常数.

习题 3

(A)

1.用消元法解下列线性方程组.

(1) $\begin{cases}2x_1+x_2+x_3=2\\x_1+3x_2+x_3=5\\x_1+x_2+5x_3=-7\\2x_1+3x_2-3x_3=14\end{cases}$；　　(2) $\begin{cases}5x_1-x_2+2x_3+x_4=7\\2x_1+x_2+4x_3-2x_4=1\\x_1-3x_2-6x_3+5x_4=0\end{cases}$；

(3) $\begin{cases}x_1-2x_2+x_3+x_4=1\\x_1-2x_2+x_3-x_4=-1\\x_1-2x_2+x_3-5x_4=-5\end{cases}$；　　(4) $\begin{cases}x_1+2x_2-x_4=-1\\-x_1-3x_2+x_3+2x_4=3\\x_1-x_2+3x_3+x_4=1\\2x_1-3x_2+7x_3+3x_4=4\end{cases}$；

(5) $\begin{cases}x_1+x_2+x_3+x_4+x_5=0\\3x_1+2x_2+x_3+x_4-3x_5=0\\x_2+2x_3+2x_4+6x_5=0\\5x_1+4x_2+2x_3+3x_4-x_5=0\end{cases}$；　　(6) $\begin{cases}2x_1-4x_2+5x_3+3x_4=0\\3x_1-6x_2+4x_3+2x_4=0\\4x_1-8x_2+17x_3+11x_4=0\end{cases}$.

2.当 a 取何值时，线性方程组

$$\begin{cases}x_1+x_2-x_3=1\\2x_1+3x_2+ax_3=3\\x_1+ax_2+3x_3=2\end{cases}$$

无解？有唯一解？有无穷多解？当方程组有无穷多解时，求出其一般解.

3.当 k 为何值时，齐次线性方程组

$$\begin{cases}2x_1-x_2+3x_3=0\\3x_1-4x_2+7x_3=0\\-x_1+2x_2+kx_3=0\end{cases}$$

有非零解？并求出此非零解.

4.已知向量 $\boldsymbol{\alpha}=(2,-1,0,1)$，$\boldsymbol{\beta}=(-1,4,2,3)$，计算：

(1) $2\boldsymbol{\alpha}-\boldsymbol{\beta}$；　　(2) $\frac{1}{2}(\boldsymbol{\alpha}+3\boldsymbol{\beta})$.

5.设向量 $\boldsymbol{\alpha}_1=(-1,4)$，$\boldsymbol{\alpha}_2=(1,2)$，$\boldsymbol{\alpha}_3=(4,11)$.求 a,b 的值，使 $a\boldsymbol{\alpha}_1-b\boldsymbol{\alpha}_2-\boldsymbol{\alpha}_3=\boldsymbol{o}$.

6.判定下列各组中的向量 $\boldsymbol{\beta}$ 是否可以表示为其余向量的线性组合，若可以，试求出其表达式.

(1) $\boldsymbol{\beta}=(4,5,6)^{\mathrm{T}}$，$\boldsymbol{\alpha}_1=(3,-3,2)^{\mathrm{T}}$，$\boldsymbol{\alpha}_2=(-2,1,2)^{\mathrm{T}}$，$\boldsymbol{\alpha}_3=(1,2,-1)^{\mathrm{T}}$；

(2) $\boldsymbol{\beta}=(-1,1,3,1)^{\mathrm{T}}$，$\boldsymbol{\alpha}_1=(1,2,1,1)^{\mathrm{T}}$，$\boldsymbol{\alpha}_2=(1,1,1,2)^{\mathrm{T}}$，$\boldsymbol{\alpha}_3=(-3,-2,1,-3)^{\mathrm{T}}$；

(3) $\boldsymbol{\beta}=\left(1,0,-\frac{1}{2}\right)^{\mathrm{T}}$，$\boldsymbol{\alpha}_1=(1,1,1)^{\mathrm{T}}$，$\boldsymbol{\alpha}_2=(1,-1,-2)^{\mathrm{T}}$，$\boldsymbol{\alpha}_3=(-1,1,2)^{\mathrm{T}}$.

7.设 $\boldsymbol{\alpha}_1=(1+\lambda,1,1)^{\mathrm{T}}$，$\boldsymbol{\alpha}_2=(1,1+\lambda,1)^{\mathrm{T}}$，$\boldsymbol{\alpha}_3=(1,1,1+\lambda)^{\mathrm{T}}$，$\boldsymbol{\beta}=(0,\lambda,\lambda^2)^{\mathrm{T}}$.问当 λ 为何值时：

(1)$\boldsymbol{\beta}$ 不能由 $\boldsymbol{\alpha}_1,\boldsymbol{\alpha}_2,\boldsymbol{\alpha}_3$ 线性表出？

(2)$\boldsymbol{\beta}$ 可由 $\boldsymbol{\alpha}_1,\boldsymbol{\alpha}_2,\boldsymbol{\alpha}_3$ 线性表出，并且表示法唯一？

(3)$\boldsymbol{\beta}$ 可由 $\boldsymbol{\alpha}_1,\boldsymbol{\alpha}_2,\boldsymbol{\alpha}_3$ 线性表出，并且表示法不唯一？

8.判定下列向量组是线性相关，还是线性无关.

(1)$\boldsymbol{\alpha}_1=(3,2,0)$，$\boldsymbol{\alpha}_2=(-1,2,1)$；

(2)$\boldsymbol{\alpha}_1=(1,1,-1,1)$，$\boldsymbol{\alpha}_2=(1,-1,2,-1)$，$\boldsymbol{\alpha}_3=(3,1,0,1)$；

(3)$\boldsymbol{\alpha}_1=(2,1,3)$，$\boldsymbol{\alpha}_2=(-3,1,1)$，$\boldsymbol{\alpha}_3=(1,1,-2)$.

9.已知向量 $\boldsymbol{\alpha}_1=(a,2,1)$，$\boldsymbol{\alpha}_2=(2,a,0)$，$\boldsymbol{\alpha}_3=(1,-1,1)$.试确定 a 的值，使得：

(1)向量组 $\boldsymbol{\alpha}_1,\boldsymbol{\alpha}_2,\boldsymbol{\alpha}_3$ 线性相关；

(2)向量组 $\boldsymbol{\alpha}_1,\boldsymbol{\alpha}_2,\boldsymbol{\alpha}_3$ 线性无关.

10.设 $\boldsymbol{\alpha}_1,\boldsymbol{\alpha}_2,\boldsymbol{\alpha}_3$ 线性无关，又 $\boldsymbol{\beta}_1=\boldsymbol{\alpha}_1-\boldsymbol{\alpha}_2+2\boldsymbol{\alpha}_3$，$\boldsymbol{\beta}_2=\boldsymbol{\alpha}_2-\boldsymbol{\alpha}_3$，$\boldsymbol{\beta}_3=2\boldsymbol{\alpha}_1-\boldsymbol{\alpha}_2+3\boldsymbol{\alpha}_3$.证明：向量组 $\boldsymbol{\beta}_1,\boldsymbol{\beta}_2,\boldsymbol{\beta}_3$ 线性相关.

11.已知向量组 $\boldsymbol{\beta}_1,\boldsymbol{\beta}_2,\boldsymbol{\beta}_3$ 可由向量组 $\boldsymbol{\alpha}_1,\boldsymbol{\alpha}_2,\boldsymbol{\alpha}_3$ 线性表示：

$$\begin{cases}\boldsymbol{\beta}_1=\boldsymbol{\alpha}_1-\boldsymbol{\alpha}_2+\boldsymbol{\alpha}_3\\ \boldsymbol{\beta}_2=\boldsymbol{\alpha}_1+\boldsymbol{\alpha}_2-\boldsymbol{\alpha}_3\\ \boldsymbol{\beta}_3=-\boldsymbol{\alpha}_1+\boldsymbol{\alpha}_2+\boldsymbol{\alpha}_3\end{cases}.$$

(1)试把向量组 $\boldsymbol{\alpha}_1,\boldsymbol{\alpha}_2,\boldsymbol{\alpha}_3$ 由向量组 $\boldsymbol{\beta}_1,\boldsymbol{\beta}_2,\boldsymbol{\beta}_3$ 线性表示；

(2)这两个向量组是否等价？

12.设 n 维向量组 $\boldsymbol{\alpha}_1=(1,0,0,\cdots,0)$，$\boldsymbol{\alpha}_2=(1,1,0,\cdots,0)$，$\cdots$，$\boldsymbol{\alpha}_n=(1,1,1,\cdots,1)$.试证：向量组 $\boldsymbol{\alpha}_1,\boldsymbol{\alpha}_2,\cdots,\boldsymbol{\alpha}_n$ 与 n 维基本单位向量组 $\boldsymbol{\varepsilon}_1,\boldsymbol{\varepsilon}_2,\cdots,\boldsymbol{\varepsilon}_n$ 等价.

13.证明：如果 n 维基本单位向量组 $\boldsymbol{\varepsilon}_1,\boldsymbol{\varepsilon}_2,\cdots,\boldsymbol{\varepsilon}_n$ 可由 n 维向量组 $\boldsymbol{\alpha}_1,\boldsymbol{\alpha}_2,\cdots,\boldsymbol{\alpha}_n$ 线性表示，则向量组 $\boldsymbol{\alpha}_1,\boldsymbol{\alpha}_2,\cdots,\boldsymbol{\alpha}_n$ 线性无关.

14.求下列向量组的一个极大无关组，并将其余向量用此极大无关组线性表示：

(1)$\boldsymbol{\alpha}_1=(1,1,0)^{\mathrm{T}}$，$\boldsymbol{\alpha}_2=(1,2,1)^{\mathrm{T}}$，$\boldsymbol{\alpha}_3=(2,3,1)^{\mathrm{T}}$，$\boldsymbol{\alpha}_4=(3,5,2)^{\mathrm{T}}$；

(2)$\boldsymbol{\alpha}_1=(5,2,-3,1)^{\mathrm{T}}$，$\boldsymbol{\alpha}_2=(4,1,-2,3)^{\mathrm{T}}$，$\boldsymbol{\alpha}_3=(1,1,-1,-2)^{\mathrm{T}}$，$\boldsymbol{\alpha}_4=(3,4,-1,2)^{\mathrm{T}}$.

15.求下列向量组的秩：

(1)$\boldsymbol{\alpha}_1=(3,1,2,5)^{\mathrm{T}}$，$\boldsymbol{\alpha}_2=(1,1,1,2)^{\mathrm{T}}$，$\boldsymbol{\alpha}_3=(2,0,1,3)^{\mathrm{T}}$，$\boldsymbol{\alpha}_4=(1,-1,0,1)^{\mathrm{T}}$，$\boldsymbol{\alpha}_5=(4,2,3,7)^{\mathrm{T}}$；

(2)$\boldsymbol{\alpha}_1=(6,4,1,-1,2)^{\mathrm{T}}$，$\boldsymbol{\alpha}_2=(1,0,2,3,-4)^{\mathrm{T}}$，$\boldsymbol{\alpha}_3=(1,4,-9,-16,22)^{\mathrm{T}}$，$\boldsymbol{\alpha}_4=(7,1,0,-1,3)^{\mathrm{T}}$.

16.设向量组 $\boldsymbol{\alpha}_1,\boldsymbol{\alpha}_2,\cdots,\boldsymbol{\alpha}_s$ 的秩为 r.证明：$\boldsymbol{\alpha}_1,\boldsymbol{\alpha}_2,\cdots,\boldsymbol{\alpha}_s$ 中任意 r 个线性无关的向量都是它们的一个极大线性无关组.

17.求下列齐次线性方程组的一个基础解系和通解：

(1)$\begin{cases}2x_1+x_2+x_4=0\\ x_1-x_3+x_4=0\end{cases}$；　　(2)$\begin{cases}x_1+x_2-x_3+x_4=0\\ x_1-x_2+2x_3-x_4=0\\ 3x_1+x_2+x_4=0\end{cases}$；

（3）$\begin{cases}x_1+x_2+x_3+x_4+x_5=0\\3x_1+2x_2+x_3+x_4-3x_5=0\\x_2+2x_3+2x_4+6x_5=0\\5x_1+4x_2+3x_3+3x_4-x_5=0\end{cases}$；（4）$\begin{cases}2x_1-4x_2+5x_3+3x_4=0\\3x_1-6x_2+4x_3+2x_4=0\\4x_1-8x_2+17x_3+11x_4=0\end{cases}$.

18.求下列非齐次线性方程组的全部解，并用其导出组的基础解系表示：

（1）$\begin{cases}x_1+2x_2+3x_4=3\\2x_1+5x_2+2x_3+4x_4=4\\x_1+4x_2+5x_3-2x_4=0\end{cases}$；（2）$\begin{cases}x_1+x_2-2x_3+4x_4=0\\2x_1+5x_2-4x_3+11x_4=-3\\x_1+2x_2-2x_3+5x_4=-1\end{cases}$；

（3）$\begin{cases}2x_1+x_2+x_3-x_4-x_5=2\\x_1-x_2+2x_3+x_4-x_5=4\\3x_1-4x_2+5x_3+2x_4-3x_5=10\end{cases}$；（4）$\begin{cases}x_1+2x_2+x_3-x_4=4\\3x_1+6x_2-x_3-3x_4=8\\5x_1+10x_2-x_3-5x_4=16\end{cases}$.

19.证明：线性方程组

$$\begin{cases}x_1-x_2=a_1\\x_2-x_3=a_2\\x_3-x_4=a_3\\x_4-x_5=a_4\\x_5-x_1=a_5\end{cases}$$

有解的充分必要条件是 $\sum_{i=1}^{5}a_i=0$.在方程组有解时，求方程组的全部解.

20.设 $\boldsymbol{A}$ 为 $m\times n$ 矩阵，$\boldsymbol{B}$ 为 $n\times s$ 矩阵.证明：$\boldsymbol{AB}=\boldsymbol{O}$ 的充分必要条件是 $\boldsymbol{B}$ 的每个列向量为齐次线性方程组 $\boldsymbol{A}x=\boldsymbol{o}$ 的解.

21.设 $\boldsymbol{A}$ 为 $m\times n$ 矩阵，且 $r(\boldsymbol{A})=r<n$.求证：存在秩为 $n-r$ 的 $n\times(n-r)$ 矩阵 $\boldsymbol{B}$，使得 $\boldsymbol{AB}=\boldsymbol{O}$.

22.设 $\boldsymbol{A}$ 为 $m\times n$ 矩阵，且 $r(\boldsymbol{A})=n$，又 $\boldsymbol{B}$ 为 n 阶矩阵.求证：

（1）如果 $\boldsymbol{AB}=\boldsymbol{O}$，则 $\boldsymbol{B}=\boldsymbol{O}$；

（2）如果 $\boldsymbol{AB}=\boldsymbol{A}$，则 $\boldsymbol{B}=\boldsymbol{E}$.

23.判断线性空间 R^3 的下列子集是否构成 R^3 的子空间.

（1）$W_1=\{\boldsymbol{\alpha}=(a,b,a-3)^{\mathrm{T}}\mid a,b\in R\}$；

（2）$W_2=\{\boldsymbol{\alpha}=(a,3a,5b)^{\mathrm{T}}\mid a,b\in R\}$；

（3）$W_3=\{\boldsymbol{\alpha}=(a,b^2,b)^{\mathrm{T}}\mid a,b\in R\}$；

（4）$W_4=\{\boldsymbol{\alpha}=(a,b,c)^{\mathrm{T}}\mid a+b-c=0,a,b,c\in R\}$.

24.在 R^4 中取向量 $\boldsymbol{\alpha}_1=(2,1,4,3)^{\mathrm{T}}$，$\boldsymbol{\alpha}_2=(-1,1,-6,6)^{\mathrm{T}}$，$\boldsymbol{\alpha}_3=(-1,-2,2,-9)^{\mathrm{T}}$，$\boldsymbol{\alpha}_4=(1,1,-2,7)^{\mathrm{T}}$.求由向量 $\boldsymbol{\alpha}_1,\boldsymbol{\alpha}_2,\boldsymbol{\alpha}_3,\boldsymbol{\alpha}_4$ 生成的线性空间的一个基和维数.

25.在 R^4 中取两个基：

（ⅰ）$\boldsymbol{\varepsilon}_1=(1,0,0,0)^{\mathrm{T}}$，$\boldsymbol{\varepsilon}_2=(0,1,0,0)^{\mathrm{T}}$，$\boldsymbol{\varepsilon}_3=(0,0,1,0)^{\mathrm{T}}$，$\boldsymbol{\varepsilon}_4=(0,0,0,1)^{\mathrm{T}}$；

（ⅱ）$\boldsymbol{\xi}_1=(2,1,-1,1)^{\mathrm{T}}$，$\boldsymbol{\xi}_2=(0,3,1,0)^{\mathrm{T}}$，$\boldsymbol{\xi}_3=(5,3,2,1)^{\mathrm{T}}$，$\boldsymbol{\xi}_4=(6,6,1,3)^{\mathrm{T}}$.

求：（1）由基（ⅰ）到基（ⅱ）的过渡矩阵；

（2）向量 $\boldsymbol{\alpha}=(x_1,x_2,x_3,x_4)^{\mathrm{T}}$ 在基（ⅱ）下的坐标；

（3）在两个基下坐标相同的向量.

26. 已知 ξ_1,ξ_2,ξ_3 是线性空间 V 的一个基，如果

$$\eta_1=2\xi_1+\xi_2-\xi_3,\eta_2=2\xi_1-\xi_2+2\xi_3,\eta_3=3\xi_1+\xi_3.$$

(1) 证明 η_1,η_2,η_3 也是 V 的一个基；

(2) 求基 ξ_1,ξ_2,ξ_3 到基 η_1,η_2,η_3 的过渡矩阵；

(3) 如果 α 在基 ξ_1,ξ_2,ξ_3 下的坐标为 $(2,3,4)^T$，求 α 在基 η_1,η_2,η_3 下的坐标.

(B)

一、填空题

1. 设向量 $\boldsymbol{\alpha}_1=(1,0,1),\boldsymbol{\alpha}_2=(0,1,0),\boldsymbol{\alpha}_3=(0,0,1)$，则向量 $\boldsymbol{\alpha}=(-1,-1,0)$ 可表示为 $\boldsymbol{\alpha}_1,\boldsymbol{\alpha}_2,\boldsymbol{\alpha}_3$ 的线性组合________.

2. 已知向量组 $\boldsymbol{\alpha}_1=(3,1,a),\boldsymbol{\alpha}_2=(4,a,0),\boldsymbol{\alpha}_3=(1,0,a)$，则当 $a=$________时，$\boldsymbol{\alpha}_1,\boldsymbol{\alpha}_2,\boldsymbol{\alpha}_3$ 线性相关.

3. 已知向量组 $\boldsymbol{\alpha}_1=(1,2,4)^T,\boldsymbol{\alpha}_2=(2,-3,1)^T,\boldsymbol{\alpha}_3=(a,1,a)^T,\boldsymbol{\alpha}_4=(1,0,b)^T$ 的秩为 2，则 $a=$________，$b=$________.

4. 线性方程组

$$\begin{cases}x_1+3x_2-3x_3+x_4=b_1\\x_1+x_2-x_3=b_2\\x_1-x_2+x_3-x_4=b_3\end{cases}$$

有解的充分必要条件是 b_1,b_2,b_3 满足________.

5. 设矩阵 $\boldsymbol{A}=\begin{pmatrix}0&0&1\\1&1&-1\\1&0&1\end{pmatrix}$，则齐次线性方程组 $(\boldsymbol{E}-\boldsymbol{A})x=\boldsymbol{o}$ 的一个基础解系是________.

6. 设 n 阶矩阵 $\boldsymbol{A}$ 的各行元素之和均为零，且 $\boldsymbol{A}$ 的秩为 $n-1$，则线性方程组 $\boldsymbol{A}x=\boldsymbol{o}$ 的通解为________.

7. 设四元线性方程组 $\boldsymbol{A}x=\boldsymbol{\beta}$ 的系数矩阵 $\boldsymbol{A}$ 的秩 $r(\boldsymbol{A})=3$，$\boldsymbol{\eta}_1,\boldsymbol{\eta}_2,\boldsymbol{\eta}_3$ 均为此方程的解，且 $\boldsymbol{\eta}_1+\boldsymbol{\eta}_2=(2,0,4,6)^T,\boldsymbol{\eta}_1+\boldsymbol{\eta}_3=(1,-2,1,2)^T$，则方程组 $\boldsymbol{A}x=\boldsymbol{\beta}$ 的通解为________.

二、单项选择题

1. 已知向量组 $\boldsymbol{\alpha}_1,\boldsymbol{\alpha}_2,\boldsymbol{\alpha}_3$ 线性无关，则下列向量组中线性无关的是(　　).

A. $\boldsymbol{\alpha}_1,3\boldsymbol{\alpha}_3,\boldsymbol{\alpha}_1-2\boldsymbol{\alpha}_2$　　B. $\boldsymbol{\alpha}_1+\boldsymbol{\alpha}_2,\boldsymbol{\alpha}_2-\boldsymbol{\alpha}_3,\boldsymbol{\alpha}_3-\boldsymbol{\alpha}_1-2\boldsymbol{\alpha}_2$

C. $\boldsymbol{\alpha}_1,\boldsymbol{\alpha}_3+\boldsymbol{\alpha}_1,\boldsymbol{\alpha}_3-\boldsymbol{\alpha}_1$　　D. $\boldsymbol{\alpha}_2-\boldsymbol{\alpha}_3,\boldsymbol{\alpha}_2+\boldsymbol{\alpha}_3,\boldsymbol{\alpha}_2$

2. 向量 $\boldsymbol{\alpha}_1,\boldsymbol{\alpha}_2,\cdots,\boldsymbol{\alpha}_s$ 线性无关的必要条件是(　　).

A. $\boldsymbol{\alpha}_1,\boldsymbol{\alpha}_2,\cdots,\boldsymbol{\alpha}_s$ 均不是零向量

B. $\boldsymbol{\alpha}_1,\boldsymbol{\alpha}_2,\cdots,\boldsymbol{\alpha}_s$ 中任意两个向量都不成比例

C. $\boldsymbol{\alpha}_1,\boldsymbol{\alpha}_2,\cdots,\boldsymbol{\alpha}_s$ 中任意一个向量均不能由其余 $s-1$ 个向量线性表示

D. $\boldsymbol{\alpha}_1,\boldsymbol{\alpha}_2,\cdots,\boldsymbol{\alpha}_s$ 中有一个部分组线性无关

3. 设 $\boldsymbol{\alpha}_1,\boldsymbol{\alpha}_2,\cdots,\boldsymbol{\alpha}_s$ 均为 n 维向量，则下述结论中正确的是(　　).

A. 若 $k_1\boldsymbol{\alpha}_1+k_1\boldsymbol{\alpha}_2+\cdots+k_s\boldsymbol{\alpha}_s=\boldsymbol{o}$，则向量组 $\boldsymbol{\alpha}_1,\boldsymbol{\alpha}_2,\cdots,\boldsymbol{\alpha}_s$ 线性相关

B. 若对任意一组不全为零的数 $k_1,k_2,\cdots,k_s$，都有 $k_1\boldsymbol{\alpha}_1+k_1\boldsymbol{\alpha}_2+\cdots+k_s\boldsymbol{\alpha}_s\neq\boldsymbol{o}$，则向量组 $\boldsymbol{\alpha}_1,\boldsymbol{\alpha}_2,\cdots,\boldsymbol{\alpha}_s$ 线性无关

C. 若向量组 $\boldsymbol{\alpha}_1,\boldsymbol{\alpha}_2,\cdots,\boldsymbol{\alpha}_s$ 线性相关，则其中任意一个向量都可以用其余 $s-1$ 个向量线

性表示

D.若向量组 $\boldsymbol{\alpha}_1,\boldsymbol{\alpha}_2,\cdots,\boldsymbol{\alpha}_s$ 线性相关，则对任意一组不全为零的数 $k_1,k_2,\cdots,k_s$，都有 $k_1\boldsymbol{\alpha}_1+k_1\boldsymbol{\alpha}_2+\cdots+k_s\boldsymbol{\alpha}_s=\boldsymbol{o}$

4.若向量组 $\boldsymbol{\alpha},\boldsymbol{\beta},\boldsymbol{\gamma}$ 线性无关，向量组 $\boldsymbol{\alpha},\boldsymbol{\beta},\boldsymbol{\delta}$ 线性相关，则（　　）.

A.$\boldsymbol{\alpha}$ 必可由 $\boldsymbol{\beta},\boldsymbol{\gamma},\boldsymbol{\delta}$ 线性表示

B.$\boldsymbol{\beta}$ 必不可由 $\boldsymbol{\alpha},\boldsymbol{\gamma},\boldsymbol{\delta}$ 线性表示

C.$\boldsymbol{\delta}$ 必可由 $\boldsymbol{\alpha},\boldsymbol{\beta},\boldsymbol{\gamma}$ 线性表示

D.$\boldsymbol{\delta}$ 必不可由 $\boldsymbol{\alpha},\boldsymbol{\beta},\boldsymbol{\gamma}$ 线性表示

5.设 n 阶矩阵 $\boldsymbol{A}$ 的秩 $r(\boldsymbol{A})=r<n$，则 $\boldsymbol{A}$ 的 n 个行向量中（　　）.

A.必有 r 个行向量线性无关

B.任意 r 个行向量线性无关

C.任意 $r-1$ 个行向量线性无关

D.任意一个行向量都可由其他 r 个行向量线性表出

6.设非齐次线性方程组 $\boldsymbol{A}x=b$ 中，系数矩阵 $\boldsymbol{A}$ 为 $m\times n$ 矩阵，且 $r(\boldsymbol{A})=r$，则（　　）.

A.$r=m$ 时，方程组 $\boldsymbol{A}x=b$ 有解

B.$r=n$ 时，方程组 $\boldsymbol{A}x=b$ 有唯一解

C.$m=n$ 时，方程组 $\boldsymbol{A}x=b$ 有唯一解

D.$r<n$ 时，方程组 $\boldsymbol{A}x=b$ 有无穷多解

7.设 $\boldsymbol{A}$ 是 $m\times n$ 矩阵，线性方程组 $\boldsymbol{A}x=b$ 对应的导出组为 $\boldsymbol{A}x=\boldsymbol{o}$，则下述结论中正确的是（　　）.

A.若 $\boldsymbol{A}x=\boldsymbol{o}$ 仅有零解，则 $\boldsymbol{A}x=b$ 有唯一解

B.若 $\boldsymbol{A}x=\boldsymbol{o}$ 有非零解，则 $\boldsymbol{A}x=b$ 有无穷多解

C.若 $\boldsymbol{A}x=b$ 有无穷多解，则 $\boldsymbol{A}x=\boldsymbol{o}$ 仅有零解

D.若 $\boldsymbol{A}x=b$ 有无穷多解，则 $\boldsymbol{A}x=\boldsymbol{o}$ 有非零解

习题答案

第 4 章

矩阵的特征值与特征向量

本章主要讨论矩阵的特征值、特征向量及方阵的相似对角化理论与方法，它们在线性代数中占有十分重要的地位.

埃尔米特

4.1　特征值与特征向量

4.1.1　特征值与特征向量的定义与求法

定义 4.1　设 $\boldsymbol{A}$ 为 n 阶矩阵，若存在常数 λ 及 n 维**非零列向量** $\boldsymbol{\alpha}$，使得

$$\boldsymbol{A\alpha}=\lambda\boldsymbol{\alpha}, \tag{4.1}$$

则称 λ 为矩阵 $\boldsymbol{A}$ 的一个**特征值**，$\boldsymbol{\alpha}$ 为 $\boldsymbol{A}$ 的对应于(属于)λ 的**特征向量**.

显然：(1)一个特征向量只能属于一个特征值；

(2)若 $\boldsymbol{\alpha}$ 为矩阵 $\boldsymbol{A}$ 的属于 λ 的一个特征向量，则 $k\boldsymbol{\alpha}$(k 是非零常数)也是 $\boldsymbol{A}$ 的属于 λ 的特征向量.

将式(4.1)改写为

$$(\lambda\boldsymbol{E}-\boldsymbol{A})\boldsymbol{\alpha}=\boldsymbol{O}.$$

这说明 α 为 n 元齐次线性方程组 $(\lambda\boldsymbol{E}-\boldsymbol{A})x=\boldsymbol{O}$ 的非零解. 此方程组有非零解的充要条件是系数行列式等于 0，即

$$|\lambda\boldsymbol{E}-\boldsymbol{A}|=\begin{vmatrix}\lambda-a_{11} & -a_{12} & \cdots & -a_{1n}\\ -a_{21} & \lambda-a_{22} & \cdots & -a_{2n}\\ \vdots & \vdots & \ddots & \vdots\\ -a_{n1} & -a_{n2} & \cdots & \lambda-a_{nn}\end{vmatrix}=0.$$

定义 4.2　设 $\boldsymbol{A}$ 为 n 阶矩阵，则矩阵 $\lambda\boldsymbol{E}-\boldsymbol{A}$ 称为 $\boldsymbol{A}$ 的**特征矩阵**，其行列式 $|\lambda\boldsymbol{E}-\boldsymbol{A}|$ 称为矩阵 $\boldsymbol{A}$ 的**特征多项式**；而方程 $|\lambda\boldsymbol{E}-\boldsymbol{A}|=0$ 称为 $\boldsymbol{A}$ 的**特征方程**.

λ 为矩阵 $\boldsymbol{A}$ 的一个特征值$\Leftrightarrow\lambda$ 是 $|\lambda\boldsymbol{E}-\boldsymbol{A}|=0$ 的一个根，而由方程组 $(\lambda\boldsymbol{E}-\boldsymbol{A})x=\boldsymbol{O}$ 得到的所有非零列向量都是 $\boldsymbol{A}$ 属于 λ 的特征向量.

因此，对 n 阶矩阵 $\boldsymbol{A}$，求矩阵 $\boldsymbol{A}$ 的特征值与特征向量的步骤如下：

(1)解特征方程 $|\lambda\boldsymbol{E}-\boldsymbol{A}|=0$，得 $\boldsymbol{A}$ 的全部特征值 $\lambda_1,\lambda_2,\cdots,\lambda_s$.

(2)对每个不同的特征值 λ_i，解齐次线性方程组$(\lambda_i\boldsymbol{E}-\boldsymbol{A})x=\boldsymbol{O}$，求出它的基础解系 α_1，$\alpha_2,\cdots,\alpha_t$，则 $k_1\alpha_1+k_2\alpha_2+\cdots+k_t\alpha_t$ 即为属于 λ_i 的所有特征向量(其中，$k_1,k_2,\cdots,k_t$ 为不全为零的任意常数).

【例 4.1】 求矩阵 $\boldsymbol{A}=\begin{pmatrix}6&-1\\-1&6\end{pmatrix}$ 的特征值与特征向量.

解 $\boldsymbol{A}$ 的特征方程为

$$|\lambda\boldsymbol{E}-\boldsymbol{A}|=\begin{vmatrix}\lambda-6&1\\1&\lambda-6\end{vmatrix}=0.$$

化简得 $(\lambda-5)(\lambda-7)=0$，$\boldsymbol{A}$ 的两个特征值分别为 $\lambda_1=5,\lambda_2=7$.

当 $\lambda_1=5$ 时，解齐次线性方程组$(5\boldsymbol{E}-\boldsymbol{A})x=\boldsymbol{O}$，由

$$5\boldsymbol{E}-\boldsymbol{A}=\begin{pmatrix}-1&1\\1&-1\end{pmatrix}\to\begin{pmatrix}1&-1\\0&0\end{pmatrix}$$

得一般解$\begin{cases}x_1=k_1\\x_2=k_1\end{cases}$，通解为 $x=k_1\begin{pmatrix}1\\1\end{pmatrix}$ $(k_1\in\mathbf{R})$.

因为基础解系为 $\boldsymbol{\alpha}_1=(1,1)^{\mathrm{T}}$，所以 $\boldsymbol{A}$ 的对应 $\lambda_1=5$ 的全部特征向量为 $k_1\boldsymbol{\alpha}_1=k_1\begin{pmatrix}1\\1\end{pmatrix}$，其中，$k_1$ 是不为零的任意常数.

当 $\lambda_2=7$ 时，解齐次线性方程组$(7\boldsymbol{E}-\boldsymbol{A})x=\boldsymbol{O}$，由

$$7\boldsymbol{E}-\boldsymbol{A}=\begin{pmatrix}1&1\\1&1\end{pmatrix}\to\begin{pmatrix}1&1\\0&0\end{pmatrix}$$

得一般解$\begin{cases}x_1=-k_2\\x_2=k_2\end{cases}$，通解为 $x=k_2\begin{pmatrix}-1\\1\end{pmatrix}$ $(k_2\in\mathbf{R})$.

因为基础解系为 $\boldsymbol{\alpha}_2=(1,-1)^{\mathrm{T}}$，所以 $\boldsymbol{A}$ 对应 $\lambda_2=7$ 的全部特征向量为 $k_2\boldsymbol{\alpha}_2=k_2\begin{pmatrix}1\\-1\end{pmatrix}$，其中，$k_2$ 是不为零的任意常数.

【例 4.2】 求矩阵 $\boldsymbol{A}=\begin{pmatrix}-1&2&2\\3&-1&1\\2&2&-1\end{pmatrix}$的特征值与特征向量.

解 $\boldsymbol{A}$ 的特征方程为

$$|\lambda\boldsymbol{E}-\boldsymbol{A}|=\begin{vmatrix}\lambda+1&-2&-2\\-3&\lambda+1&-1\\-2&-2&\lambda+1\end{vmatrix}=0.$$

化简得$(\lambda+3)^2(\lambda-3)=0$，所以 $\boldsymbol{A}$ 的特征值分别为 $\lambda_1=\lambda_2=-3,\lambda_3=3$.

当 $\lambda_1=\lambda_2=-3$ 时，解齐次线性方程组$(-3\boldsymbol{E}-\boldsymbol{A})x=\boldsymbol{O}$，由

$$-3\boldsymbol{E}-\boldsymbol{A}=\begin{pmatrix}-2&-2&-2\\-3&-2&-1\\-2&-2&-2\end{pmatrix}\to\begin{pmatrix}1&0&-1\\0&1&2\\0&0&0\end{pmatrix}$$

得一般解$\begin{cases}x_1=k_1\\x_2=-2k_1\\x_3=k_1\end{cases}$，通解为$x=k_1\begin{pmatrix}1\\-2\\1\end{pmatrix}(k_1\in\mathbf{R})$.

因为基础解系为$\boldsymbol{\alpha}_1=(1,-2,1)^{\mathrm{T}}$，所以$\boldsymbol{A}$对应$\lambda_1=\lambda_2=-3$的全部特征向量为$k_1\boldsymbol{\alpha}_1=k_1\begin{pmatrix}1\\-2\\1\end{pmatrix}$，其中，$k_1$是不为零的任意常数.

当$\lambda_3=3$时，解齐次线性方程组$(3\boldsymbol{E}-\boldsymbol{A})x=\boldsymbol{O}$，由

$$3\boldsymbol{E}-\boldsymbol{A}=\begin{pmatrix}4&-2&-2\\-3&4&-1\\-2&-2&4\end{pmatrix}\rightarrow\begin{pmatrix}1&0&-1\\0&1&-1\\0&0&0\end{pmatrix}$$

得一般解$\begin{cases}x_1=k_2\\x_2=k_2\\x_3=k_2\end{cases}$，通解为$x=k_2\begin{pmatrix}1\\1\\1\end{pmatrix}(k_2\in\mathbf{R})$.

基础解系为$\boldsymbol{\alpha}_2=(1,1,1)^{\mathrm{T}}$，所以$\boldsymbol{A}$对应$\lambda_3=3$的全部特征向量为$k_2\boldsymbol{\alpha}_2=k_2\begin{pmatrix}1\\1\\1\end{pmatrix}$，其中，$k_2$是不为零的任意常数.

【例 4.3】　求矩阵$\boldsymbol{A}=\begin{pmatrix}-4&-10&0\\1&3&0\\3&6&1\end{pmatrix}$的特征值与特征向量.

解　$\boldsymbol{A}$的特征方程为

$$|\lambda\boldsymbol{E}-\boldsymbol{A}|=\begin{vmatrix}\lambda+4&10&0\\-1&\lambda-3&0\\-3&-6&\lambda-1\end{vmatrix}=0,$$

化简得$(\lambda+2)(\lambda-1)^2=0$，所以$\boldsymbol{A}$的特征值分别为$\lambda_1=-2,\lambda_2=\lambda_3=1$.

当$\lambda_1=-2$时，解齐次线性方程组$(-2\boldsymbol{E}-\boldsymbol{A})x=\boldsymbol{O}$，由

$$-2\boldsymbol{E}-\boldsymbol{A}=\begin{pmatrix}2&10&0\\-1&-5&0\\-3&-6&-3\end{pmatrix}\rightarrow\begin{pmatrix}3&0&5\\0&3&-1\\0&0&0\end{pmatrix}\rightarrow\begin{pmatrix}1&0&\frac{5}{3}\\0&1&-\frac{1}{3}\\0&0&0\end{pmatrix}$$

得一般解$\begin{cases}x_1=-\dfrac{5}{3}k_1\\x_2=\dfrac{1}{3}k_1\\x_3=k_1\end{cases}$，通解为$x=\dfrac{1}{3}k_1\begin{pmatrix}-5\\1\\3\end{pmatrix}(k_1\in\mathbf{R})$.

基础解系为$\boldsymbol{\alpha}_1=(-5,1,3)^{\mathrm{T}}$，所以$\boldsymbol{A}$的对应$\lambda_1=-2$的全部特征向量为$k_1\boldsymbol{\alpha}_1=k_1\begin{pmatrix}-5\\1\\3\end{pmatrix}$，其

中，k_1 是不为零的任意常数.

当 $\lambda_2=\lambda_3=1$ 时，解齐次线性方程组 $(\boldsymbol{E}-\boldsymbol{A})x=\boldsymbol{O}$，由

$$\boldsymbol{E}-\boldsymbol{A}=\begin{pmatrix}5&10&0\\-1&-2&0\\-3&-6&0\end{pmatrix}\to\begin{pmatrix}1&2&0\\0&0&0\\0&0&0\end{pmatrix}$$

得一般解 $\begin{cases}x_1=-2k_2\\x_2=k_2\\x_3=k_3\end{cases}$，通解为 $x=k_2\begin{pmatrix}-2\\1\\0\end{pmatrix}+k_3\begin{pmatrix}0\\0\\1\end{pmatrix}$，$(k_2,k_3\in\mathbf{R})$.

基础解系为 $\boldsymbol{\alpha}_2=(-2,1,0)^{\mathrm{T}}$，$\boldsymbol{\alpha}_3=(0,0,1)^{\mathrm{T}}$，所以 $\boldsymbol{A}$ 对应 $\lambda_2=\lambda_3=1$ 的全部特征向量为

$k_2\boldsymbol{\alpha}_2+k_3\boldsymbol{\alpha}_3=k_2\begin{pmatrix}-2\\1\\0\end{pmatrix}+k_3\begin{pmatrix}0\\0\\1\end{pmatrix}$，其中，$k_2,k_3$ 是不全为零的任意常数.

4.1.2 特征值及特征向量的性质

定理 4.1 设 n 阶矩阵 $\boldsymbol{A}$ 的 n 个特征值为 $\lambda_1,\lambda_2,\cdots,\lambda_n$，则

（Ⅰ）$\lambda_1+\lambda_2+\cdots+\lambda_n=a_{11}+a_{22}+\cdots+a_{nn}=\mathrm{tr}(\boldsymbol{A})$（$\boldsymbol{A}$ 的迹）；

（Ⅱ）$\lambda_1\lambda_2\cdots\lambda_n=|\boldsymbol{A}|$.

证 因为 $\lambda_1,\lambda_2,\cdots,\lambda_n$ 是矩阵 $\boldsymbol{A}$ 的 n 个特征值，则

$$\begin{aligned}|\lambda\boldsymbol{E}-\boldsymbol{A}|&=(\lambda-\lambda_1)(\lambda-\lambda_2)\cdots(\lambda-\lambda_n)\\&=\lambda^n-(\lambda_1+\lambda_2+\cdots+\lambda_n)\lambda^{n-1}+\cdots+(-1)^n\lambda_1\lambda_2\cdots\lambda_n.\end{aligned}$$

又有

$$|\lambda\boldsymbol{E}-\boldsymbol{A}|=\begin{vmatrix}\lambda-a_{11}&-a_{12}&\cdots&-a_{1n}\\-a_{21}&\lambda-a_{22}&\cdots&-a_{2n}\\\vdots&\vdots&\ddots&\vdots\\-a_{n1}&-a_{n2}&\cdots&\lambda-a_{nn}\end{vmatrix}=\lambda^n-(a_{11}+a_{22}+\cdots+a_{nn})\lambda^{n-1}+\cdots+(-1)^n|\boldsymbol{A}|.$$

通过比较上述两式中的同次项的系数，可知定理 4.1 成立.

定理 4.2 n 阶矩阵 $\boldsymbol{A}$ 与其转置矩阵 $\boldsymbol{A}^{\mathrm{T}}$ 有相同的特征值.

证 由于

$$|\lambda\boldsymbol{E}-\boldsymbol{A}^{\mathrm{T}}|=|(\lambda\boldsymbol{E}-\boldsymbol{A})^{\mathrm{T}}|=|\lambda\boldsymbol{E}-\boldsymbol{A}|,$$

即 $\boldsymbol{A}$ 与 $\boldsymbol{A}^{\mathrm{T}}$ 具有相同的特征多项式，所以 $\boldsymbol{A}$ 与 $\boldsymbol{A}^{\mathrm{T}}$ 有相同的特征值.

定理 4.3 设 λ 为 n 阶矩阵 $\boldsymbol{A}$ 的特征值，$\boldsymbol{\alpha}$ 为相应特征向量，c 为常数，m 为正整数，则

（Ⅰ）$c\boldsymbol{A},\boldsymbol{A}^m,f(\boldsymbol{A})=a_0A^m+a_1A^{m-1}+\cdots+a_{m-1}A+a_mE$ 的特征值分别为 $c\lambda,\lambda^m,f(\lambda)$，相应的特征向量均为 $\boldsymbol{\alpha}$.

（Ⅱ）当 $\boldsymbol{A}$ 可逆时，$\boldsymbol{A}^{-1},\boldsymbol{A}^*$ 的特征值分别为 $\dfrac{1}{\lambda},\dfrac{|\boldsymbol{A}|}{\lambda}$，相应的特征向量均为 $\boldsymbol{\alpha}$.

证 因为 $\boldsymbol{\alpha}\neq\boldsymbol{o}$，且 $\boldsymbol{A\alpha}=\lambda\boldsymbol{\alpha}$，所以

$$(c\boldsymbol{A})\boldsymbol{\alpha}=c(\boldsymbol{A}\boldsymbol{\alpha})=c(\lambda\boldsymbol{\alpha})=(c\lambda)\boldsymbol{\alpha},$$

$$\boldsymbol{A}^m\boldsymbol{\alpha}=A^{m-1}(A\boldsymbol{\alpha})=A^{m-1}(\lambda\boldsymbol{\alpha})=\lambda A^{m-1}\boldsymbol{\alpha}=\lambda A^{m-2}(A\boldsymbol{\alpha})=\lambda^2A^{m-2}\boldsymbol{\alpha}=\cdots=\lambda^m\boldsymbol{\alpha},$$

$$\begin{aligned}f(\boldsymbol{A})\boldsymbol{\alpha}&=(a_0A^m+a_1A^{m-1}+\cdots+a_{m-1}A+a_mE)\boldsymbol{\alpha}\\&=a_0A^m\boldsymbol{\alpha}+a_1A^{m-1}\boldsymbol{\alpha}+\cdots+a_{m-1}A\boldsymbol{\alpha}+a_mE\boldsymbol{\alpha}\\&=a_0\lambda^m\boldsymbol{\alpha}+a_1\lambda^{m-1}\boldsymbol{\alpha}+\cdots+a_{m-1}\lambda\boldsymbol{\alpha}+a_m\boldsymbol{\alpha}\\&=(a_0\lambda^m+a_1\lambda^{m-1}+\cdots+a_{m-1}\lambda+a_m)\boldsymbol{\alpha}=f(\lambda)\boldsymbol{\alpha}.\end{aligned}$$

又当 $\boldsymbol{A}$ 可逆时，$\lambda\neq0$，$\boldsymbol{A}\boldsymbol{\alpha}=\lambda\boldsymbol{\alpha}$，则

$$\boldsymbol{A}^{-1}\boldsymbol{\alpha}=\frac{1}{\lambda}\boldsymbol{A}^{-1}(\lambda\boldsymbol{\alpha})=\frac{1}{\lambda}\boldsymbol{A}^{-1}\boldsymbol{A}\boldsymbol{\alpha}=\frac{1}{\lambda}\boldsymbol{\alpha},$$

$$\boldsymbol{A}^*\boldsymbol{\alpha}=|\boldsymbol{A}|\boldsymbol{A}^{-1}\boldsymbol{\alpha}=\frac{|\boldsymbol{A}|}{\lambda}\boldsymbol{\alpha}.$$

【例 4.4】 设 3 阶矩阵 $\boldsymbol{A}$ 的特征值为 1,2,4,求：

(1) $\boldsymbol{A}^{-1}$,$\boldsymbol{A}^*$ 的特征值； (2) $\boldsymbol{B}=\boldsymbol{A}^2-\boldsymbol{A}-\boldsymbol{E}$ 的特征值、$|\boldsymbol{B}|$、$\mathrm{tr}(\boldsymbol{B})$.

解 设 λ 为 $\boldsymbol{A}$ 的特征值，$\lambda=1,2,4$，$|\boldsymbol{A}|=8$，有

(1) $\boldsymbol{A}^{-1}$的特征值为$\frac{1}{\lambda}$，即分别为 $1,\frac{1}{2},\frac{1}{4}$；$\boldsymbol{A}^*$ 的特征值为$\frac{|\boldsymbol{A}|}{\lambda}$，即分别为 8,4,2.

(2) $\boldsymbol{B}=\boldsymbol{A}^2-\boldsymbol{A}-\boldsymbol{E}$ 的特征值为 $\lambda^2-\lambda-1$，即分别为$-1,1,11$，$|\boldsymbol{B}|=(-1)\times1\times11=-11$，$\mathrm{tr}(\boldsymbol{B})=(-1)+1+11=11$.

定理 4.4 设 $\lambda_1,\lambda_2,\cdots,\lambda_m$ 为矩阵 $\boldsymbol{A}$ 的 m 个互不相同的特征值，$\boldsymbol{\alpha}_1,\boldsymbol{\alpha}_2,\cdots,\boldsymbol{\alpha}_m$ 是与之依次对应的特征向量，则 $\boldsymbol{\alpha}_1,\boldsymbol{\alpha}_2,\cdots,\boldsymbol{\alpha}_m$ 线性无关.换言之，**方阵 $\boldsymbol{A}$ 属于不同特征值的特征向量线性无关**.

证 设存在 m 个数 $k_1,k_2,\cdots,k_m$，使得

$$k_1\boldsymbol{\alpha}_1+k_2\boldsymbol{\alpha}_2+\cdots+k_m\boldsymbol{\alpha}_m=\boldsymbol{o}.$$

上式两端分别左乘 $\boldsymbol{E},\boldsymbol{A},\boldsymbol{A}^2,\cdots,\boldsymbol{A}^{m-1}$，得

$$\begin{cases}(k_1\boldsymbol{\alpha}_1)+(k_2\boldsymbol{\alpha}_2)+\cdots+(k_m\boldsymbol{\alpha}_m)=\boldsymbol{o}\\\lambda_1(k_1\boldsymbol{\alpha}_1)+\lambda_2(k_2\boldsymbol{\alpha}_2)+\cdots+\lambda_m(k_m\boldsymbol{\alpha}_m)=\boldsymbol{o}\\\lambda_1^2(k_1\boldsymbol{\alpha}_1)+\lambda_2^2(k_2\boldsymbol{\alpha}_2)+\cdots+\lambda_m^2(k_m\boldsymbol{\alpha}_m)=\boldsymbol{o}\\\qquad\vdots\\\lambda_1^m(k_1\boldsymbol{\alpha}_1)+\lambda_2^m(k_2\boldsymbol{\alpha}_2)+\cdots+\lambda_m^m(k_m\boldsymbol{\alpha}_m)=\boldsymbol{o}\end{cases}.$$

其系数行列式 D 是范德蒙行列式，由于 $\lambda_1,\lambda_2,\cdots,\lambda_m$ 互不相同，因此 $D\neq0$，于是由克莱姆法则知，上述方程组只有零解，即 $k_1\boldsymbol{\alpha}_1=k_2\boldsymbol{\alpha}_2=\cdots=k_m\boldsymbol{\alpha}_m=\boldsymbol{o}$，又因为 $\boldsymbol{\alpha}_1,\boldsymbol{\alpha}_2,\cdots,\boldsymbol{\alpha}_m$ 均为非零阵，所以 $k_1=k_2=\cdots=k_m=0$，即 $\boldsymbol{\alpha}_1,\boldsymbol{\alpha}_2,\cdots,\boldsymbol{\alpha}_m$ 线性无关.

4.2 相似矩阵与矩阵对角化

4.2.1 相似矩阵及其性质

定义 4.3 设 $\boldsymbol{A},\boldsymbol{B}$ 为 n 阶矩阵,若存在 n 阶可逆矩阵 $\boldsymbol{P}$ 使得

$$\boldsymbol{P}^{-1}\boldsymbol{AP}=\boldsymbol{B},$$

则称矩阵 $\boldsymbol{A}$ 与 $\boldsymbol{B}$ 相似,记为 $\boldsymbol{A}\sim\boldsymbol{B}$.

例如,$\boldsymbol{A}=\begin{pmatrix}2&1\\2&3\end{pmatrix}$,$\boldsymbol{B}=\begin{pmatrix}1&0\\0&4\end{pmatrix}$, $\boldsymbol{P}=\begin{pmatrix}1&1\\-1&2\end{pmatrix}$, 则 $\boldsymbol{P}^{-1}=\begin{pmatrix}\frac{2}{3}&-\frac{1}{3}\\\frac{1}{3}&\frac{1}{3}\end{pmatrix}$;

$$\boldsymbol{P}^{-1}\boldsymbol{AP}=\begin{pmatrix}\frac{2}{3}&-\frac{1}{3}\\\frac{1}{3}&\frac{1}{3}\end{pmatrix}\begin{pmatrix}2&1\\2&3\end{pmatrix}\begin{pmatrix}1&1\\-1&2\end{pmatrix}=\begin{pmatrix}1&0\\0&4\end{pmatrix}=\boldsymbol{B}.$$

所以 $\boldsymbol{A}\sim\boldsymbol{B}$, 即$\begin{pmatrix}2&1\\2&3\end{pmatrix}\sim\begin{pmatrix}1&0\\0&4\end{pmatrix}$.

定理 4.5 如果 n 阶矩阵 $\boldsymbol{A},\boldsymbol{B}$ 相似,则 $\boldsymbol{A},\boldsymbol{B}$ 具有相同的特征值.

证 因为 $\boldsymbol{A}\sim\boldsymbol{B}$,则存在 n 阶可逆矩阵 $\boldsymbol{P}$,使得 $\boldsymbol{P}^{-1}\boldsymbol{AP}=\boldsymbol{B}$,则

$$\begin{aligned}|\lambda\boldsymbol{E}-\boldsymbol{B}|&=|\lambda\boldsymbol{E}-\boldsymbol{P}^{-1}\boldsymbol{AP}|=|\boldsymbol{P}^{-1}(\lambda\boldsymbol{E})\boldsymbol{P}-\boldsymbol{P}^{-1}\boldsymbol{AP}|=|\boldsymbol{P}^{-1}(\lambda\boldsymbol{E}-\boldsymbol{A})\boldsymbol{P}|\\&=|\boldsymbol{P}^{-1}|\,|\lambda\boldsymbol{E}-\boldsymbol{A}|\,|\boldsymbol{P}|=|\lambda\boldsymbol{E}-\boldsymbol{A}|.\end{aligned}$$

$\boldsymbol{A},\boldsymbol{B}$ 具有相同的特征多项式, 所以它们也有相同的特征值.

事实上, 若 n 阶矩阵 $\boldsymbol{A}\sim\boldsymbol{B}$, 还可以证明 $\boldsymbol{A},\boldsymbol{B}$ 具有下述性质:

(Ⅰ) $|\boldsymbol{A}|=|\boldsymbol{B}|$;

(Ⅱ) $r(\boldsymbol{A})=r(\boldsymbol{B})$;

(Ⅲ) $\mathrm{tr}(\boldsymbol{A})=\mathrm{tr}(\boldsymbol{B})$;

(Ⅳ) 若 $\boldsymbol{A}$ 可逆,则 $\boldsymbol{B}$ 也可逆,且 $\boldsymbol{A}^{-1}\sim\boldsymbol{B}^{-1}$.

证 只证明(4),其余的请读者自行完成.

若 $\boldsymbol{A}$ 可逆, 由(1)知 $|\boldsymbol{A}|=|\boldsymbol{B}|\neq 0$, 所以 $\boldsymbol{B}$ 也可逆, 且存在可逆矩阵 $\boldsymbol{P}$, 使得 $\boldsymbol{P}^{-1}\boldsymbol{AP}=\boldsymbol{B}$, 于是

$$\boldsymbol{B}^{-1}=(\boldsymbol{P}^{-1}\boldsymbol{AP})^{-1}=\boldsymbol{P}^{-1}\boldsymbol{A}^{-1}(\boldsymbol{P}^{-1})^{-1}=\boldsymbol{P}^{-1}\boldsymbol{A}^{-1}\boldsymbol{P}$$

所以 $\boldsymbol{A}^{-1}\sim\boldsymbol{B}^{-1}$.

【例 4.5】 已知矩阵 $\boldsymbol{A}=\begin{pmatrix}1&1&-1\\-2&x&-2\\-2&2&0\end{pmatrix}$,$\boldsymbol{B}=\begin{pmatrix}y&0&0\\0&2&0\\0&0&2\end{pmatrix}$,若 $\boldsymbol{A}\sim\boldsymbol{B}$,求 x,y 的值.

解 因为 $\boldsymbol{A}\sim\boldsymbol{B}$,所以 $\mathrm{tr}(\boldsymbol{A})=\mathrm{tr}(\boldsymbol{B})$ 且 $|\boldsymbol{A}|=|\boldsymbol{B}|$,即

$$\begin{cases} 1+x=y+4 \\ -2(x-6)=4y \end{cases}$$

解得 $x=4, y=1$.

4.2.2 矩阵可对角化的条件

由于相似矩阵之间有许多共同的性质，因此，在研究任一个 n 阶矩阵的某些性质时，都希望把它转化为一个与之相似且结构更简单的矩阵来讨论.一般地，考虑 n 阶矩阵是否与一个对角矩阵相似的问题.若矩阵 $\boldsymbol{A}$ 可与一个对角矩阵相似，就称矩阵 $\boldsymbol{A}$ **可对角化**.

定理 4.6 n 阶矩阵 $\boldsymbol{A}$ 与 n 阶对角矩阵

$$\boldsymbol{\Lambda}=\begin{pmatrix} \lambda_1 & & & \\ & \lambda_2 & & \\ & & \ddots & \\ & & & \lambda_n \end{pmatrix}$$

相似的充要条件为矩阵 $\boldsymbol{A}$ 有 n 个线性无关的特征向量.

证 必要性：

如果 $\boldsymbol{A}$ 与对角矩阵 $\boldsymbol{\Lambda}$ 相似，则存在可逆矩阵 $\boldsymbol{P}$，使得

$$\boldsymbol{P}^{-1}\boldsymbol{A}\boldsymbol{P}=\boldsymbol{\Lambda}$$

设 $\boldsymbol{P}=(\boldsymbol{\alpha}_1,\boldsymbol{\alpha}_2,\cdots,\boldsymbol{\alpha}_n)$，由 $\boldsymbol{A}\boldsymbol{P}=\boldsymbol{P}\boldsymbol{\Lambda}$，有

$$\boldsymbol{A}(\boldsymbol{\alpha}_1,\boldsymbol{\alpha}_2,\cdots,\boldsymbol{\alpha}_n)=(\boldsymbol{\alpha}_1,\boldsymbol{\alpha}_2,\cdots,\boldsymbol{\alpha}_n)\begin{pmatrix} \lambda_1 & & & \\ & \lambda_2 & & \\ & & \ddots & \\ & & & \lambda_n \end{pmatrix},$$

可得

$$(\boldsymbol{A}\boldsymbol{\alpha}_1,\boldsymbol{A}\boldsymbol{\alpha}_2,\cdots,\boldsymbol{A}\boldsymbol{\alpha}_n)=(\lambda_1\boldsymbol{\alpha}_1,\lambda_2\boldsymbol{\alpha}_2,\cdots,\lambda_n\boldsymbol{\alpha}_n),$$

即

$$A\boldsymbol{\alpha}_i=\lambda_i\boldsymbol{\alpha}_i(i=1,2,\cdots,n).$$

因为 $\boldsymbol{P}$ 可逆，有 $|\boldsymbol{P}|\neq 0$，所以 $\boldsymbol{\alpha}_i(i=1,2,\cdots,n)$ 都是非零列向量，因而 $\boldsymbol{\alpha}_i(i=1,2,\cdots,n)$ 都是 $\boldsymbol{A}$ 的特征向量，并且这 n 个向量线性无关.

充分性：设 $\boldsymbol{\alpha}_1,\boldsymbol{\alpha}_2,\cdots,\boldsymbol{\alpha}_n$ 为 $\boldsymbol{A}$ 的 n 个线性无关的特征向量，它们所对应的特征值依次是 $\lambda_1,\lambda_2,\cdots,\lambda_n$，则有

$$\boldsymbol{A}\boldsymbol{\alpha}_i=\lambda_i\boldsymbol{\alpha}_i(i=1,2,\cdots,n)$$

令 $\boldsymbol{P}=(\boldsymbol{\alpha}_1,\boldsymbol{\alpha}_2,\cdots,\boldsymbol{\alpha}_n)$，因为 $\boldsymbol{\alpha}_1,\boldsymbol{\alpha}_2,\cdots,\boldsymbol{\alpha}_n$ 线性无关，所以 $\boldsymbol{P}$ 可逆.

$$\begin{aligned}\boldsymbol{A}\boldsymbol{P}&=\boldsymbol{A}(\boldsymbol{\alpha}_1,\boldsymbol{\alpha}_2,\cdots,\boldsymbol{\alpha}_n)\\&=(\boldsymbol{A}\boldsymbol{\alpha}_1,\boldsymbol{A}\boldsymbol{\alpha}_2,\cdots,\boldsymbol{A}\boldsymbol{\alpha}_n)\\&=(\lambda_1\boldsymbol{\alpha}_1,\lambda_2\boldsymbol{\alpha}_2,\cdots,\lambda_n\boldsymbol{\alpha}_n)\\&=(\boldsymbol{\alpha}_1,\boldsymbol{\alpha}_2,\cdots,\boldsymbol{\alpha}_n)\begin{pmatrix} \lambda_1 & & & \\ & \lambda_2 & & \\ & & \ddots & \\ & & & \lambda_n \end{pmatrix}\\&=\boldsymbol{P}\boldsymbol{\Lambda}.\end{aligned}$$

用 $\boldsymbol{P}^{-1}$ 左乘上式两端，得

$$\boldsymbol{P}^{-1}\boldsymbol{AP}=\boldsymbol{\Lambda}.$$

即矩阵 $\boldsymbol{A}$ 与 $\boldsymbol{\Lambda}$ 相似.

推论 4.1 若 n 阶矩阵 $\boldsymbol{A}$ 有 n 个相异的特征值 $\lambda_1,\lambda_2,\cdots,\lambda_n$，则 $\boldsymbol{A}$ 与对角矩阵

$$\boldsymbol{\Lambda}=\begin{pmatrix}\lambda_1 & & & \\ & \lambda_2 & & \\ & & \ddots & \\ & & & \lambda_n\end{pmatrix}$$ 相似.

注：n 阶矩阵 $\boldsymbol{A}$ 有 n 个相异的特征值是 $\boldsymbol{A}$ 能相似于对角矩阵的充分条件而不是必要条件.

推论 4.2 n 阶矩阵 $\boldsymbol{A}$ 可对角化的充要条件是对 $\boldsymbol{A}$ 的每一 k 重特征值 λ 都满足 $r(\lambda\boldsymbol{E}-\boldsymbol{A})=n-k$.

换言之，n 阶矩阵 $\boldsymbol{A}$ 可对角化的充要条件是对 $\boldsymbol{A}$ 的每一 k 重特征值 λ 所对应的线性无关的特征向量的个数也是 k. 否则，若 n 阶矩阵 $\boldsymbol{A}$ 的某个特征值对应的线性无关的特征向量的个数不等于该特征值的重数，则该矩阵不能对角化. 我们经常以此来判断一个矩阵是否能对角化.

n 阶矩阵 $\boldsymbol{A}$ 对角化的步骤：

（1）由特征多项式求出 $\boldsymbol{A}$ 的所有特征值 $\lambda_1,\lambda_2,\cdots,\lambda_s$，其重数依次是 $n_1,n_2,\cdots,n_s$；

（2）对每一特征值 λ_i，解方程组 $(\lambda_i\boldsymbol{E}-\boldsymbol{A})x=\boldsymbol{O}$ 得基础解系 $\alpha_{i1},\alpha_{i2},\cdots,\alpha_{it_i}$，$i=1,2,\cdots,s$；

（3）若 $t_i\neq n_i$，则矩阵 $\boldsymbol{A}$ 不能对角化，否则可以对角化. 以这些基础解系的向量为列构成矩阵 $\boldsymbol{P}=(\alpha_{11},\alpha_{12},\cdots,\alpha_{1n_1},\cdots,\alpha_{s1},\alpha_{s2},\cdots,\alpha_{sn_s})$，则 $\boldsymbol{P}$ 可逆且

$$\boldsymbol{P}^{-1}\boldsymbol{AP}=\boldsymbol{\Lambda}=\begin{pmatrix}\lambda_1 & & & \\ & \lambda_2 & & \\ & & \ddots & \\ & & & \lambda_n\end{pmatrix}.$$

若 $\boldsymbol{P}^{-1}\boldsymbol{AP}=\boldsymbol{\Lambda}=\mathrm{diag}(\lambda_1,\lambda_2,\cdots,\lambda_n)$，则有以下重要等式：

$$\boldsymbol{A}=\boldsymbol{P}\mathrm{diag}(\lambda_1,\lambda_2,\cdots,\lambda_n)\boldsymbol{P}^{-1},\qquad |\boldsymbol{A}|=\lambda_1\lambda_2\cdots\lambda_n;$$

$$\boldsymbol{A}^m=\boldsymbol{P}\mathrm{diag}(\lambda_1^m,\lambda_2^m,\cdots,\lambda_n^m)\boldsymbol{P}^{-1},\qquad |\boldsymbol{A}|=\lambda_1^m\lambda_2^m\cdots\lambda_n^m.$$

【例 4.6】 判断下列矩阵能否对角化. 若能，则求矩阵 $\boldsymbol{P}$，使 $\boldsymbol{P}^{-1}\boldsymbol{AP}=\boldsymbol{\Lambda}$ 为对角阵.

$$(1)\boldsymbol{A}=\begin{pmatrix}-1 & 1 & 0\\ -4 & 3 & 0\\ 1 & 0 & 2\end{pmatrix};\qquad (2)\boldsymbol{A}=\begin{pmatrix}1 & 1 & -1\\ -2 & 4 & -2\\ -2 & 2 & 0\end{pmatrix}.$$

解

(1) $|\lambda\boldsymbol{E}-\boldsymbol{A}|=\begin{vmatrix}\lambda+1 & -1 & 0\\ 4 & \lambda-3 & 0\\ -1 & 0 & \lambda-2\end{vmatrix}=(\lambda-2)[(\lambda+1)(\lambda-3)+4]=(\lambda-2)(\lambda-1)^2$ 得 $\boldsymbol{A}$ 的特征值为 $\lambda_1=\lambda_2=1,\lambda_3=2$.

对 $\lambda_1=\lambda_2=1$，解方程组 $(\boldsymbol{E}-\boldsymbol{A})x=\boldsymbol{O}$，由

$$E-A=\begin{pmatrix}2&-1&0\\4&-2&0\\-1&0&-1\end{pmatrix}\to\begin{pmatrix}1&0&1\\0&1&2\\0&0&0\end{pmatrix},$$

因为 $r(E-A)=2\neq 3-2$,所以 A 不能对角化.

(2) $|\lambda E-A|=\begin{vmatrix}\lambda-1&-1&1\\2&\lambda-4&2\\2&-2&\lambda\end{vmatrix}=(\lambda-1)(\lambda-2)^2$,得 A 的特征值为 $\lambda_1=\lambda_2=2,\lambda_3=1$.

对 $\lambda_1=\lambda_2=2$,解方程组 $(2E-A)x=O$,由

$$2E-A=\begin{pmatrix}1&-1&1\\2&-2&2\\2&-2&2\end{pmatrix}\to\begin{pmatrix}1&-1&1\\0&0&0\\0&0&0\end{pmatrix}$$

可得基础解系 $\alpha_1=(1,1,0)^T,\alpha_2=(-1,0,1)^T$.

对 $\lambda_3=1$,解方程组 $(E-A)x=O$,由

$$E-A=\begin{pmatrix}0&-1&1\\2&-3&2\\2&-2&1\end{pmatrix}\to\begin{pmatrix}1&0&-\frac{1}{2}\\0&1&-1\\0&0&0\end{pmatrix}$$

得基础解系 $\alpha_3=(1,2,2)^T$.

因为矩阵有 3 个线性无关的特征向量 $\alpha_1,\alpha_2,\alpha_3$,所以 A 可对角化.令

$$P=(\alpha_1,\alpha_2,\alpha_3)=\begin{pmatrix}1&-1&1\\1&0&2\\0&1&2\end{pmatrix},$$

P 可逆且有

$$P^{-1}AP=\Lambda=\begin{pmatrix}2&0&0\\0&2&0\\0&0&1\end{pmatrix}.$$

【例 4.7】 设矩阵 $A=\begin{pmatrix}1&0&1\\0&1&0\\1&0&1\end{pmatrix}$,试判断 A 是否可对角化.若能,则求矩阵 P,使 $P^{-1}AP=\Lambda$ 为对角阵,并计算 A^n.

解

$$|\lambda E-A|=\begin{vmatrix}\lambda-1&0&-1\\0&\lambda-1&0\\-1&0&\lambda-1\end{vmatrix}=(\lambda-1)[(\lambda-1)^2-1]=\lambda(\lambda-1)(\lambda-2),$$

得 A 的特征值为 $\lambda_1=0,\lambda_2=1,\lambda_3=2$.

对 $\lambda_1=0$,解方程组 $-Ax=O$,由

$$-A=\begin{pmatrix}-1&0&-1\\0&-1&0\\-1&0&-1\end{pmatrix}\to\begin{pmatrix}1&0&1\\0&1&0\\0&0&0\end{pmatrix}$$

得基础解系为 $\alpha_1=(-1,0,1)^T$.

对 $\lambda_2=1$,解方程组$(\boldsymbol{E}-\boldsymbol{A})x=\boldsymbol{O}$,由

$$\boldsymbol{E}-\boldsymbol{A}=\begin{pmatrix}0&0&-1\\0&0&0\\-1&0&0\end{pmatrix}\to\begin{pmatrix}1&0&0\\0&0&1\\0&0&0\end{pmatrix}$$

得基础解系为 $\boldsymbol{\alpha}_2=(0,1,0)^{\mathrm{T}}$.

对 $\lambda_3=2$,解方程组$(2\boldsymbol{E}-\boldsymbol{A})x=\boldsymbol{O}$,由

$$2\boldsymbol{E}-\boldsymbol{A}=\begin{pmatrix}1&0&-1\\0&1&0\\-1&0&1\end{pmatrix}\to\begin{pmatrix}1&0&-1\\0&1&0\\0&0&0\end{pmatrix}$$

得基础解系为 $\boldsymbol{\alpha}_3=(1,0,1)^{\mathrm{T}}$.

矩阵 $\boldsymbol{A}$ 有 3 个线性无关的特征向量，所以 $\boldsymbol{A}$ 可对角化.令

$$\boldsymbol{P}=(\boldsymbol{\alpha}_1,\boldsymbol{\alpha}_2,\boldsymbol{\alpha}_3)=\begin{pmatrix}-1&0&1\\0&1&0\\1&0&1\end{pmatrix},$$

则 $\boldsymbol{P}$ 可逆且易得 $\boldsymbol{P}^{-1}=\begin{pmatrix}\frac{1}{2}&0&-\frac{1}{2}\\0&1&0\\\frac{1}{2}&0&\frac{1}{2}\end{pmatrix}$,有

$$\boldsymbol{P}^{-1}\boldsymbol{A}\boldsymbol{P}=\boldsymbol{\Lambda}=\begin{pmatrix}0&0&0\\0&1&0\\0&0&2\end{pmatrix}.$$

从而

$$\boldsymbol{A}^n=(\boldsymbol{P}\boldsymbol{\Lambda}\boldsymbol{P}^{-1})^n=\boldsymbol{P}\boldsymbol{\Lambda}^n\boldsymbol{P}^{-1}=\begin{pmatrix}1&0&1\\0&1&0\\-1&0&1\end{pmatrix}\begin{pmatrix}0&0&0\\0&1&0\\0&0&2^n\end{pmatrix}\begin{pmatrix}\frac{1}{2}&0&-\frac{1}{2}\\0&1&0\\\frac{1}{2}&0&\frac{1}{2}\end{pmatrix}=\begin{pmatrix}2^{n-1}&0&2^{n-1}\\0&1&0\\2^{n-1}&0&2^{n-1}\end{pmatrix}.$$

将矩阵 $\boldsymbol{A}$ 先对角化再求 $\boldsymbol{A}^n$,是计算矩阵的幂的常用方法之一.

4.3 实对称矩阵的对角化

在计量经济学和一些经济数学模型中,经常遇到实对称矩阵.实对称矩阵的特征值与特征向量具有许多特殊的性质.

4.3.1 向量内积

为了描述向量的度量性质,首先引入向量内积的定义.

定义 4.4　设两个列向量 $\boldsymbol{\alpha}=\begin{pmatrix}a_1\\a_2\\\vdots\\a_n\end{pmatrix},\boldsymbol{\beta}=\begin{pmatrix}b_1\\b_2\\\vdots\\b_n\end{pmatrix}$，称实数 $a_1b_1+a_2b_2+\cdots+a_nb_n$ 为向量 $\boldsymbol{\alpha}$ 与 $\boldsymbol{\beta}$ 的内积,记作 $\boldsymbol{\alpha}^{\mathrm{T}}\boldsymbol{\beta}$，$\boldsymbol{\alpha},\boldsymbol{\beta}$ 的内积也可记为 $(\boldsymbol{\alpha},\boldsymbol{\beta})$.

概念辨析

例如，$\boldsymbol{\alpha}=(1,2,1,0)^{\mathrm{T}},\boldsymbol{\beta}=(3,2,0,8)^{\mathrm{T}}$，则 $\boldsymbol{\alpha},\boldsymbol{\beta}$ 的内积为

$$\boldsymbol{\alpha}^{\mathrm{T}}\boldsymbol{\beta}=(1,2,1,0)\begin{pmatrix}3\\2\\0\\8\end{pmatrix}=1\times3+2\times2+1\times0+0\times8=7.$$

设 $\boldsymbol{\alpha},\boldsymbol{\beta},\boldsymbol{\gamma}$ 都是 n 维列向量,根据定义 4.4，容易验证内积满足以下性质：

（Ⅰ）$\boldsymbol{\alpha}^{\mathrm{T}}\boldsymbol{\beta}=\boldsymbol{\beta}^{\mathrm{T}}\boldsymbol{\alpha}$；

（Ⅱ）$(k\boldsymbol{\alpha})^{\mathrm{T}}\boldsymbol{\beta}=k(\boldsymbol{\alpha}^{\mathrm{T}}\boldsymbol{\beta})$（$k$ 为实数）；

（Ⅲ）$(\boldsymbol{\alpha}+\boldsymbol{\beta})^{\mathrm{T}}\boldsymbol{\gamma}=\boldsymbol{\alpha}^{\mathrm{T}}\boldsymbol{\gamma}+\boldsymbol{\beta}^{\mathrm{T}}\boldsymbol{\gamma}$；

（Ⅳ）$\boldsymbol{\alpha}^{\mathrm{T}}\boldsymbol{\alpha}\geqslant0$，并且仅当 $\boldsymbol{\alpha}=\boldsymbol{o}$ 时，$\boldsymbol{\alpha}^{\mathrm{T}}\boldsymbol{\alpha}=0$.

定义了内积的实向量空间 R^n 称为欧几里得空间,简称欧氏空间,仍用 R^n 表示.

定义 4.5　对任意列向量 $\boldsymbol{\alpha}=\begin{pmatrix}a_1\\a_2\\\vdots\\a_n\end{pmatrix}$，把

$$\|\boldsymbol{\alpha}\|=\sqrt{\boldsymbol{\alpha}^{\mathrm{T}}\boldsymbol{\alpha}}=\sqrt{a_1^2+a_2^2+\cdots+a_n^2}$$

称为向量 $\boldsymbol{\alpha}$ 的**长度**(也称为向量的**范数**).当 $\|\boldsymbol{\alpha}\|=1$ 时，称向量 $\boldsymbol{\alpha}$ 为单位向量.

向量长度具有以下性质：

（Ⅰ）**非负性**：$\|\boldsymbol{\alpha}\|\geqslant0$，当且仅当 $\boldsymbol{\alpha}=\boldsymbol{o}$ 时，$\|\boldsymbol{\alpha}\|=0$.

（Ⅱ）**齐次性**：$\|k\boldsymbol{\alpha}\|=|k|\cdot\|\boldsymbol{\alpha}\|$（$k$ 为实数）.

（Ⅲ）**柯西-施瓦茨不等式**：对任意向量 $\boldsymbol{\alpha},\boldsymbol{\beta}$，有

$$|\boldsymbol{\alpha}^{\mathrm{T}}\boldsymbol{\beta}|\leqslant\|\boldsymbol{\alpha}\|\cdot\|\boldsymbol{\beta}\|$$

对任意一个非零向量 $\boldsymbol{\alpha}$，利用齐次性易知，$\left\|\dfrac{1}{\|\boldsymbol{\alpha}\|}\boldsymbol{\alpha}\right\|=\dfrac{1}{\|\boldsymbol{\alpha}\|}\cdot\|\boldsymbol{\alpha}\|=1$，所以向量 $\dfrac{1}{\|\boldsymbol{\alpha}\|}\boldsymbol{\alpha}$ 是一个单位向量.

把一个非零向量 $\boldsymbol{\alpha}$ 变成单位向量 $\dfrac{1}{\|\boldsymbol{\alpha}\|}\boldsymbol{\alpha}$，称为**对向量 $\boldsymbol{\alpha}$ 单位化**.

4.3.2　标准正交向量组

定义 4.6　如果两个向量 $\boldsymbol{\alpha}$ 与 $\boldsymbol{\beta}$ 的内积等于零,即 $\boldsymbol{\alpha}^{\mathrm{T}}\boldsymbol{\beta}=0$，则称向量 $\boldsymbol{\alpha}$ 与 $\boldsymbol{\beta}$ 互相**正交**(垂直).显然,若 $\boldsymbol{\alpha}=\boldsymbol{o}$，则 $\boldsymbol{\alpha}$ 与任何向量正交.

定义 4.7　如果向量组 $\boldsymbol{\alpha}_1,\boldsymbol{\alpha}_2,\cdots,\boldsymbol{\alpha}_s$（$\boldsymbol{\alpha}_i\neq\boldsymbol{o},i=1,2,\cdots,s$）两两正交,即

$$\boldsymbol{\alpha}_i^{\mathrm{T}}\boldsymbol{\alpha}_j = 0(i\neq j,i,j = 1,2,\cdots,s)$$

则称向量组 $\boldsymbol{\alpha}_1,\boldsymbol{\alpha}_2,\cdots,\boldsymbol{\alpha}_s$ 为**正交向量组**；如果其中每个向量 $\boldsymbol{\alpha}_i$ 还是单位向量，则称 $\boldsymbol{\alpha}_1,\boldsymbol{\alpha}_2,\cdots,\boldsymbol{\alpha}_s$ 为**标准正交向量组**.

定理 4.7 正交向量组必线性无关.

证 设 $\boldsymbol{\alpha}_1,\boldsymbol{\alpha}_2,\cdots,\boldsymbol{\alpha}_s$ 为正交向量组，且存在 s 个数 $k_1,k_2,\cdots,k_s$，使得

$$k_1\boldsymbol{\alpha}_1+k_2\boldsymbol{\alpha}_2+\cdots+k_s\boldsymbol{\alpha}_s=\boldsymbol{o}.$$

上式两端同时左乘 $\boldsymbol{\alpha}_i^{\mathrm{T}}$，有

$$\boldsymbol{\alpha}_i^{\mathrm{T}}(k_1\boldsymbol{\alpha}_1+k_2\boldsymbol{\alpha}_2+\cdots+k_s\boldsymbol{\alpha}_s)=\boldsymbol{\alpha}_i^{\mathrm{T}}\cdot\boldsymbol{o}=0.$$

因为 $\boldsymbol{\alpha}_i^{\mathrm{T}}\boldsymbol{\alpha}_j=0(i\neq j)$，所以上式可化为

$$k_i\boldsymbol{\alpha}_i^{\mathrm{T}}\boldsymbol{\alpha}_i=0.$$

又因为 $\boldsymbol{\alpha}_i\neq o,\boldsymbol{\alpha}_i^{\mathrm{T}}\boldsymbol{\alpha}_i=\|\boldsymbol{\alpha}_i\|\neq 0$，所以 $k_i=0(i=1,2,\cdots,s)$.因此 $\boldsymbol{\alpha}_1,\boldsymbol{\alpha}_2,\cdots,\boldsymbol{\alpha}_s$ 线性无关.

对线性无关的向量组 $\boldsymbol{\alpha}_1,\boldsymbol{\alpha}_2,\cdots,\boldsymbol{\alpha}_s$，可利用施密特正交化方法求得与其等价的正交向量组 $\boldsymbol{\beta}_1,\boldsymbol{\beta}_2,\cdots,\boldsymbol{\beta}_s$.具体步骤如下：

$$\boldsymbol{\beta}_1=\alpha_1;$$

$$\boldsymbol{\beta}_2=\alpha_2-\frac{\beta_1^{\mathrm{T}}\alpha_2}{\beta_1^{\mathrm{T}}\beta_1}\beta_1;$$

$$\boldsymbol{\beta}_3=\alpha_3-\frac{\beta_1^{\mathrm{T}}\alpha_3}{\beta_1^{\mathrm{T}}\beta_1}\beta_1-\frac{\beta_2^{\mathrm{T}}\alpha_3}{\beta_2^{\mathrm{T}}\beta_2}\beta_2;$$

$$\vdots$$

$$\boldsymbol{\beta}_s=\alpha_s-\frac{\beta_1^{\mathrm{T}}\alpha_s}{\beta_1^{\mathrm{T}}\beta_1}\beta_1-\frac{\beta_2^{\mathrm{T}}\alpha_s}{\beta_2^{\mathrm{T}}\beta_2}\beta_2-\cdots-\frac{\beta_{s-1}^{\mathrm{T}}\alpha_s}{\beta_{s-1}^{\mathrm{T}}\beta_{s-1}}\beta_{s-1}.$$

这样得到的 $\boldsymbol{\beta}_1,\boldsymbol{\beta}_2,\cdots,\boldsymbol{\beta}_s$ 必是正交向量组，且与向量组 $\boldsymbol{\alpha}_1,\boldsymbol{\alpha}_2,\cdots,\boldsymbol{\alpha}_s$ 等价.把向量组 $\boldsymbol{\alpha}_1,\boldsymbol{\alpha}_2,\cdots,\boldsymbol{\alpha}_s$ 化为正交向量组 $\boldsymbol{\beta}_1,\boldsymbol{\beta}_2,\cdots,\boldsymbol{\beta}_s$ 的这一过程称为**施密特正交化方法**.

如果再把正交向量组 $\beta_1,\beta_2,\cdots,\beta_s$ 单位化，即取

$$\boldsymbol{\gamma}_1=\frac{1}{\|\beta_1\|}\beta_1,\boldsymbol{\gamma}_2=\frac{1}{\|\beta_2\|}\beta_2,\cdots,\boldsymbol{\gamma}_s=\frac{1}{\|\beta_s\|}\beta_s,$$

那么 $\boldsymbol{\gamma}_1,\boldsymbol{\gamma}_2,\cdots,\boldsymbol{\gamma}_s$ 是与向量组 $\boldsymbol{\alpha}_1,\boldsymbol{\alpha}_2,\cdots,\boldsymbol{\alpha}_s$ 等价的标准正交向量组.

【例 4.8】 利用施密特正交化方法将向量组：$\boldsymbol{\alpha}_1=(-2,1,0)^{\mathrm{T}},\boldsymbol{\alpha}_2=(2,0,1)^{\mathrm{T}},\boldsymbol{\alpha}_3=(-1,-2,1)^{\mathrm{T}}$ 化为标准正交向量组.

解 令

$$\boldsymbol{\beta}_1=\alpha_1=(-2,1,0)^{\mathrm{T}};$$

$$\boldsymbol{\beta}_2=\alpha_2-\frac{\beta_1^{\mathrm{T}}\alpha_2}{\beta_1^{\mathrm{T}}\beta_1}\beta_1$$

$$=(2,0,1)^{\mathrm{T}}-\frac{-4}{5}(-2,1,0)^{\mathrm{T}}=\left(\frac{2}{5},\frac{4}{5},1\right)^{\mathrm{T}};$$

$$\boldsymbol{\beta}_3=\alpha_3-\frac{\beta_1^{\mathrm{T}}\alpha_3}{\beta_1^{\mathrm{T}}\beta_1}\beta_1-\frac{\beta_2^{\mathrm{T}}\alpha_3}{\beta_2^{\mathrm{T}}\beta_2}\beta_2$$

$$=(-1,-2,1)^{\mathrm{T}}-\frac{0}{5}(-2,1,0)^{\mathrm{T}}-\frac{-5}{9}\left(\frac{2}{5},\frac{4}{5},1\right)^{\mathrm{T}}$$

$$=\left(-\frac{7}{9},-\frac{14}{9},\frac{14}{9}\right)^{\mathrm{T}}.$$

再将它们单位化，令

$$\boldsymbol{\gamma}_1=\frac{\beta_1}{\|\beta_1\|}=\left(-\frac{2}{\sqrt{5}},\frac{1}{\sqrt{5}},0\right)^{\mathrm{T}},\boldsymbol{\gamma}_2=\frac{\beta_2}{\|\beta_2\|}=\left(\frac{2\sqrt{5}}{15},\frac{4\sqrt{5}}{15},\frac{\sqrt{5}}{3}\right)^{\mathrm{T}},\boldsymbol{\gamma}_3=\frac{\beta_3}{\|\beta_3\|}=\left(-\frac{1}{3},-\frac{2}{3},\frac{2}{3}\right)^{\mathrm{T}},$$

则 $\boldsymbol{\gamma}_1,\boldsymbol{\gamma}_2,\boldsymbol{\gamma}_3$ 即为所求的标准正交向量组.

4.3.3 正交矩阵

定义 4.8 设 $\boldsymbol{A}$ 为 n 阶实矩阵，若 $\boldsymbol{A}^{\mathrm{T}}\boldsymbol{A}=\boldsymbol{E}$，则称 $\boldsymbol{A}$ 为**正交矩阵**.

正交矩阵具有下述性质：设 $\boldsymbol{A},\boldsymbol{B}$ 为 n 阶正交矩阵，则

（Ⅰ）$|\boldsymbol{A}|=\pm 1$；

（Ⅱ）$\boldsymbol{A}^{\mathrm{T}}=\boldsymbol{A}^{-1}$，即 $\boldsymbol{A}\boldsymbol{A}^{\mathrm{T}}=\boldsymbol{A}^{\mathrm{T}}\boldsymbol{A}=\boldsymbol{E}$；

（Ⅲ）$\boldsymbol{AB}$ 也是正交矩阵.

性质（Ⅰ），（Ⅱ）请读者自行证明. 下面证明性质（Ⅲ）.

证 由于 $\boldsymbol{A},\boldsymbol{B}$ 为 n 阶正交矩阵，因此，$\boldsymbol{A}^{\mathrm{T}}\boldsymbol{A}=E,\boldsymbol{B}^{\mathrm{T}}\boldsymbol{B}=\boldsymbol{E}$.

$$(\boldsymbol{AB})^{\mathrm{T}}(\boldsymbol{AB})=\boldsymbol{B}^{\mathrm{T}}(\boldsymbol{A}^{\mathrm{T}}\boldsymbol{A})\boldsymbol{B}=\boldsymbol{B}^{\mathrm{T}}\boldsymbol{B}=\boldsymbol{E}.$$

因此，$\boldsymbol{AB}$ 也是正交矩阵.

定理 4.8 n 阶实矩阵 $\boldsymbol{A}$ 是正交矩阵的充要条件是 $\boldsymbol{A}$ 的列（行）向量组是标准正交向量组.

证 将 $\boldsymbol{A}$ 按列分块，记 $\boldsymbol{A}=(\alpha_1,\alpha_2,\cdots,\alpha_n)$，有

$$\boldsymbol{A}^{\mathrm{T}}\boldsymbol{A}=\begin{pmatrix}\alpha_1\\ \alpha_2\\ \vdots\\ \alpha_n\end{pmatrix}(\alpha_1,\alpha_2,\cdots,\alpha_n)=\begin{pmatrix}\alpha_1^{\mathrm{T}}\alpha_1 & \alpha_1^{\mathrm{T}}\alpha_2 & \cdots & \alpha_1^{\mathrm{T}}\alpha_n\\ \alpha_2^{\mathrm{T}}\alpha_1 & \alpha_2^{\mathrm{T}}\alpha_2 & \cdots & \alpha_2^{\mathrm{T}}\alpha_n\\ \vdots & \vdots & \ddots & \cdots\\ \alpha_n^{\mathrm{T}}\alpha_1 & \alpha_n^{\mathrm{T}}\alpha_2 & \cdots & \alpha_n^{\mathrm{T}}\alpha_n\end{pmatrix}.$$

因此，$\boldsymbol{A}^{\mathrm{T}}\boldsymbol{A}=\boldsymbol{E}$ 等价于 $\begin{cases}\alpha_i^{\mathrm{T}}\alpha_i=1(i=1,2,\cdots,n)\\ \alpha_i^{\mathrm{T}}\alpha_j=0(i\neq j,i,j=1,2,\cdots,n)\end{cases}$.

即 $\boldsymbol{A}$ 是正交矩阵的充要条件是 $\boldsymbol{A}$ 的列向量组是标准正交向量组.

类似可证：$\boldsymbol{A}$ 是正交矩阵的充要条件是 $\boldsymbol{A}$ 的行向量组是标准正交向量组.

4.3.4 实对称矩阵的特征值与特征向量

由上节可知，并非所有矩阵都能对角化，但实对称矩阵却总可以对角化，而且可正交相似对角矩阵.

定理 4.9 实对称矩阵的特征值都是实数.

证明略.

定理 4.10 实对称矩阵属于不同特征值的特征向量必正交.

证 设 λ_1,λ_2 为 n 阶实矩阵 $\boldsymbol{A}$ 的两个不同的特征值，$\boldsymbol{\alpha}_1,\boldsymbol{\alpha}_2$ 为其对应的特征向量，即 $\boldsymbol{A\alpha}_1=\lambda_1\boldsymbol{\alpha}_1,\boldsymbol{A\alpha}_2=\lambda_2\boldsymbol{\alpha}_2$，于是

$$\lambda_1\boldsymbol{\alpha}_1^{\mathrm{T}}\boldsymbol{\alpha}_2=(\lambda_1\boldsymbol{\alpha}_1)^{\mathrm{T}}\boldsymbol{\alpha}_2=(\boldsymbol{A}\boldsymbol{\alpha}_1)^{\mathrm{T}}\boldsymbol{\alpha}_2=\boldsymbol{\alpha}_1^{\mathrm{T}}\boldsymbol{A}^{\mathrm{T}}\boldsymbol{\alpha}_2=\boldsymbol{\alpha}_1^{\mathrm{T}}(\boldsymbol{A}\boldsymbol{\alpha}_2)=\lambda_2\boldsymbol{\alpha}_1^{\mathrm{T}}\boldsymbol{\alpha}_2.$$

即$(\lambda_1-\lambda_2)\boldsymbol{\alpha}_1^{\mathrm{T}}\boldsymbol{\alpha}_2=0$,又由 $\lambda_1\neq\lambda_2$ 有 $\boldsymbol{\alpha}_1^{\mathrm{T}}\boldsymbol{\alpha}_2=0$,即 $\boldsymbol{\alpha}_1,\boldsymbol{\alpha}_2$ 正交.

定理 4.11 n 阶实对称矩阵 $\boldsymbol{A}$ 的 k 重特征值 λ 恰有 k 个线性无关的特征向量.

证明略.

定理 4.12 n 阶实对称矩阵 $\boldsymbol{A}$ 必可相似对角化,且总存在正交矩阵 $\boldsymbol{Q}$, 使得

$$\boldsymbol{Q}^{\mathrm{T}}\boldsymbol{A}\boldsymbol{Q}=\boldsymbol{\Lambda}=\begin{pmatrix}\lambda_1 & & & \\ & \lambda_2 & & \\ & & \ddots & \\ & & & \lambda_n\end{pmatrix}.$$

其中,$\lambda_1,\lambda_2,\cdots,\lambda_n$ 为 $\boldsymbol{A}$ 的特征值.

证 设 $\boldsymbol{A}$ 的互不相同的特征值为 $\lambda_1,\lambda_2,\cdots,\lambda_s$,其重数依次是 $n_1,n_2,\cdots,n_s(n_1+n_2+\cdots+n_s=n)$.由定理 4.11 知,对应特征值 $\lambda_i(i=1,2,\cdots,n)$恰有 n_i 个线性无关的特征向量, 把它们正交单位化后得 n_i 个单位正交的特征向量, 以这些正交单位化后的特征向量为列构成正交矩阵 $\boldsymbol{Q}$,可使

$$\boldsymbol{Q}^{\mathrm{T}}\boldsymbol{A}\boldsymbol{Q}=\boldsymbol{Q}^{-1}\boldsymbol{A}\boldsymbol{Q}=\boldsymbol{\Lambda}(\text{对角矩阵}).$$

基于上述定理可知,将 n 阶实对称矩阵 $\boldsymbol{A}$ 正交对角化的步骤为:

(1)由矩阵的特征多项式求出 $\boldsymbol{A}$ 的所有特征值 $\lambda_1,\lambda_2,\cdots,\lambda_s$,其重数依次为 $n_1,n_2,\cdots,n_s(n_1+n_2+\cdots+n_s=n)$.

(2)对每一个特征值 λ_i,解方程组$(\lambda_i\boldsymbol{E}-\boldsymbol{A})x=\boldsymbol{O}$ 得基础解系 $\alpha_{i1},\alpha_{i2},\cdots,\alpha_{in_i}$,将基础解系正交化(利用施密特正交化法)、单位化为 $\boldsymbol{\gamma}_{i1},\boldsymbol{\gamma}_{i2},\cdots,\boldsymbol{\gamma}_{in_i}$.

(3)将这些正交单位化后的特征向量按列构成 n 阶正交矩阵 $\boldsymbol{Q}=(\gamma_{11},\cdots,\gamma_{1n_1},\cdots,\gamma_{s1},\cdots,\gamma_{sn_1})$,即有

$$\boldsymbol{Q}^{\mathrm{T}}\boldsymbol{A}\boldsymbol{Q}=\boldsymbol{\Lambda}=\begin{pmatrix}\lambda_1 & & & & & & \\ & \ddots & & & & & \\ & & \lambda_1 & & & & \\ & & & \ddots & & & \\ & & & & \lambda_s & & \\ & & & & & \ddots & \\ & & & & & & \lambda_s\end{pmatrix}.$$

【例 4.9】 设实对称矩阵 $\boldsymbol{A}=\begin{pmatrix}0 & -1 & 1\\ -1 & 0 & 1\\ 1 & 1 & 0\end{pmatrix}$,求正交矩阵 $\boldsymbol{Q}$,使 $\boldsymbol{Q}^{\mathrm{T}}\boldsymbol{A}\boldsymbol{Q}$ 为对角阵.

解 矩阵 $\boldsymbol{A}$ 的特征多项式为

$$|\lambda\boldsymbol{E}-\boldsymbol{A}|=\begin{vmatrix}\lambda & 1 & -1\\ 1 & \lambda & -1\\ -1 & -1 & \lambda\end{vmatrix}=(\lambda-1)^2(\lambda+2),$$

所以 $\boldsymbol{A}$ 的特征值为 $\lambda_1=-2,\lambda_2=\lambda_3=1$.

当 $\lambda_1=-2$ 时,解方程组$(-2\boldsymbol{E}-\boldsymbol{A})x=\boldsymbol{O}$,得基础解系为 $\boldsymbol{\alpha}_1=(-1,-1,1)^{\mathrm{T}}$,单位化得 $\boldsymbol{\gamma}_1=$

$\dfrac{\boldsymbol{\alpha}_1}{\|\boldsymbol{\alpha}_1\|}=\left(-\dfrac{1}{\sqrt{3}},-\dfrac{1}{\sqrt{3}},\dfrac{1}{\sqrt{3}}\right)^{\mathrm{T}}$.

当 $\lambda_2=\lambda_3=1$ 时,解方程组 $(\boldsymbol{E}-\boldsymbol{A})x=\boldsymbol{O}$,得基础解系为 $\boldsymbol{\alpha}_2=(-1,1,0)^{\mathrm{T}}$,$\boldsymbol{\alpha}_3=(1,0,1)^{\mathrm{T}}$.

将 $\boldsymbol{\alpha}_2,\boldsymbol{\alpha}_3$ 正交化，令

$\boldsymbol{\beta}_1=\boldsymbol{\alpha}_2=(-1,1,0)^{\mathrm{T}}$;

$$\begin{aligned}\boldsymbol{\beta}_2&=\boldsymbol{\alpha}_3-\frac{\boldsymbol{\beta}_1^{\mathrm{T}}\boldsymbol{\alpha}_3}{\boldsymbol{\beta}_1^{\mathrm{T}}\boldsymbol{\beta}_1}\boldsymbol{\beta}_1\\&=(1,0,1)^{\mathrm{T}}-\frac{-1}{2}(-1,1,0)^{\mathrm{T}}=\left(\frac{1}{2},\frac{1}{2},1\right)^{\mathrm{T}}.\end{aligned}$$

再单位化,令

$$\boldsymbol{\gamma}_2=\frac{\boldsymbol{\beta}_1}{\|\boldsymbol{\beta}_1\|}=\left(-\frac{1}{\sqrt{2}},\frac{1}{\sqrt{2}},0\right)^{\mathrm{T}},\boldsymbol{\gamma}_3=\frac{\boldsymbol{\beta}_2}{\|\boldsymbol{\beta}_2\|}=\left(\frac{1}{\sqrt{6}},\frac{1}{\sqrt{6}},\frac{2}{\sqrt{6}}\right)^{\mathrm{T}}.$$

于是取

$$\boldsymbol{Q}=(\boldsymbol{\gamma}_1,\boldsymbol{\gamma}_2,\boldsymbol{\gamma}_3)=\begin{pmatrix}-\frac{1}{\sqrt{3}} & -\frac{1}{\sqrt{2}} & \frac{1}{\sqrt{6}}\\ -\frac{1}{\sqrt{3}} & \frac{1}{\sqrt{2}} & \frac{1}{\sqrt{6}}\\ \frac{1}{\sqrt{3}} & 0 & \frac{2}{\sqrt{6}}\end{pmatrix},$$

则 $\boldsymbol{Q}^{\mathrm{T}}\boldsymbol{A}\boldsymbol{Q}=\begin{pmatrix}-2 & & \\ & 1 & \\ & & 1\end{pmatrix}$.

【例 4.10】 设实对称矩阵 $\boldsymbol{A}=\begin{pmatrix}1 & 0 & 1\\ 0 & 1 & 0\\ 1 & 0 & 1\end{pmatrix}$,求正交矩阵 $\boldsymbol{Q}$,使 $\boldsymbol{Q}^{\mathrm{T}}\boldsymbol{A}\boldsymbol{Q}$ 为对角阵.

解 矩阵 $\boldsymbol{A}$ 的特征多项式为

$$|\lambda\boldsymbol{E}-\boldsymbol{A}|=\begin{vmatrix}\lambda-1 & 0 & -1\\ 0 & \lambda-1 & 0\\ -1 & 0 & \lambda-1\end{vmatrix}=\lambda(\lambda-1)(\lambda-2),$$

所以 $\boldsymbol{A}$ 的特征值为 $\lambda_1=0,\lambda_2=1,\lambda_3=2$.

当 $\lambda_1=0$ 时,解方程组 $-\boldsymbol{A}x=\boldsymbol{O}$,得基础解系为 $\boldsymbol{\alpha}_1=(-1,0,1)^{\mathrm{T}}$.

当 $\lambda_2=1$ 时,解方程组 $(\boldsymbol{E}-\boldsymbol{A})x=\boldsymbol{O}$,得基础解系为 $\boldsymbol{\alpha}_2=(0,1,0)^{\mathrm{T}}$.

当 $\lambda_3=2$ 时,解方程组 $(2\boldsymbol{E}-\boldsymbol{A})x=\boldsymbol{O}$,得基础解系为 $\boldsymbol{\alpha}_3=(1,0,1)^{\mathrm{T}}$.

$\boldsymbol{\alpha}_1,\boldsymbol{\alpha}_2,\boldsymbol{\alpha}_3$ 已经是正交向量组,故只需再单位化,得

$$\boldsymbol{\beta}_1=\frac{\boldsymbol{\alpha}_1}{\|\boldsymbol{\alpha}_1\|}=\left(-\frac{1}{\sqrt{2}},0,\frac{1}{\sqrt{2}}\right)^{\mathrm{T}},\boldsymbol{\beta}_2=\boldsymbol{\alpha}_2=(0,1,0)^{\mathrm{T}},\boldsymbol{\beta}_3=\frac{\boldsymbol{\alpha}_3}{\|\boldsymbol{\alpha}_3\|}=\left(\frac{1}{\sqrt{2}},0,\frac{1}{\sqrt{2}}\right)^{\mathrm{T}}.$$

令正交矩阵

$$Q=(\boldsymbol{\beta}_1,\boldsymbol{\beta}_2,\boldsymbol{\beta}_3)=\begin{pmatrix}-\frac{1}{\sqrt{2}} & 0 & \frac{1}{\sqrt{2}}\\ 0 & 1 & 0\\ \frac{1}{\sqrt{2}} & 0 & \frac{1}{\sqrt{2}}\end{pmatrix},$$

则 $\boldsymbol{Q}^{\mathrm{T}}\boldsymbol{A}\boldsymbol{Q}=\begin{pmatrix}0 & & \\ & 1 & \\ & & 2\end{pmatrix}$.

习题 4

（A）

1.求下列矩阵的特征值与特征向量.

（1）$\begin{pmatrix}2 & 1\\ 1 & 2\end{pmatrix}$；（2）$\begin{pmatrix}2 & -3\\ -3 & 2\end{pmatrix}$；（3）$\begin{pmatrix}2 & 0 & 0\\ 0 & 2 & 3\\ 0 & 3 & 2\end{pmatrix}$；（4）$\begin{pmatrix}1 & -2 & 2\\ -2 & -2 & 4\\ 2 & 4 & -2\end{pmatrix}$；

（5）$\begin{pmatrix}2 & 1 & 0\\ 0 & 1 & 0\\ -1 & 1 & 1\end{pmatrix}$；（6）$\begin{pmatrix}0 & 0 & 1\\ 0 & 1 & 0\\ 1 & 0 & 0\end{pmatrix}$；（7）$\begin{pmatrix}1 & 1 & 1 & 1\\ 1 & 1 & -1 & -1\\ 1 & -1 & 1 & -1\\ 1 & -1 & -1 & 1\end{pmatrix}$；

（8）$\begin{pmatrix}1 & 3 & 1 & 2\\ 0 & -1 & 1 & 3\\ 0 & 0 & 2 & 5\\ 0 & 0 & 0 & 2\end{pmatrix}$.

2.已知矩阵 $\boldsymbol{A}=\begin{pmatrix}3 & b & -1\\ -2 & -2 & a\\ 3 & 6 & -1\end{pmatrix}$，如果 $\boldsymbol{A}$ 的特征值 λ_1 对应的一个特征向量 $\boldsymbol{\alpha}_1=(1,-2,3)^{\mathrm{T}}$，求 a,b 和 λ_1 的值.

3.设矩阵 $\boldsymbol{A}=\begin{pmatrix}t & 0 & 2\\ 0 & 3 & 0\\ 2 & 0 & 2\end{pmatrix}$ 的一个特征值 $\lambda_1=0$，求 $\boldsymbol{A}$ 的其他特征值.

4.设 3 阶矩阵 $\boldsymbol{A}$ 的特征值分别为 2,3,4，求：

（1）$2\boldsymbol{A}^{-1}-\boldsymbol{E}$ 的特征值；

（2）矩阵 $\boldsymbol{B}=\boldsymbol{A}^2-3\boldsymbol{A}+2\boldsymbol{E}$ 的特征值，$|\boldsymbol{B}|$；

（3）$\boldsymbol{A}^*$ 特征值及 $\mathrm{tr}(\boldsymbol{A}^*)$；

（4）$|\boldsymbol{A}^2-2\boldsymbol{E}|$.

5.如果 n 阶矩阵 $\boldsymbol{A}$ 满足 $\boldsymbol{A}^2=\boldsymbol{A}$，则称 $\boldsymbol{A}$ 为幂等矩阵.设 $\boldsymbol{A}$ 为幂等矩阵，求 $\boldsymbol{A}$ 的特征值并

证明 $\boldsymbol{A}+2\boldsymbol{E}$ 可逆.

6. 已知 $\boldsymbol{A}=\begin{pmatrix}0&1&0\\1&2&0\\0&0&x\end{pmatrix}$，$\boldsymbol{B}=\begin{pmatrix}2&0&0\\0&y&-1\\0&2&-1\end{pmatrix}$，若 $\boldsymbol{A}\sim\boldsymbol{B}$，求 x,y 的值.

7. 判断下列矩阵能否对角化. 若能，则求矩阵 $\boldsymbol{P}$ 使得 $\boldsymbol{P}^{-1}\boldsymbol{A}\boldsymbol{P}=\boldsymbol{\Lambda}$ 为对角矩阵.

(1) $\boldsymbol{A}=\begin{pmatrix}0&0&1\\1&1&1\\1&0&0\end{pmatrix}$；　(2) $\boldsymbol{A}=\begin{pmatrix}1&-2&2\\-2&-2&4\\2&4&-2\end{pmatrix}$.

8. 设矩阵 $\boldsymbol{A}=\begin{pmatrix}2&0&1\\3&1&x\\4&0&5\end{pmatrix}$ 可对角化，求 x.

9. 设矩阵 $\boldsymbol{A},\boldsymbol{B}$ 相似，其中 $\boldsymbol{A}=\begin{pmatrix}1&-1&1\\2&4&-2\\-3&-3&a\end{pmatrix}$，$\boldsymbol{B}=\begin{pmatrix}2&0&0\\0&2&0\\0&0&b\end{pmatrix}$，求：

(1) a,b 的值；

(2) 矩阵 $\boldsymbol{P}$，使得 $\boldsymbol{P}^{-1}\boldsymbol{A}\boldsymbol{P}=\boldsymbol{B}$.

10. 已知向量 $\boldsymbol{\alpha}=\begin{pmatrix}1\\1\\1\end{pmatrix}$ 是矩阵 $\boldsymbol{A}=\begin{pmatrix}2&-1&2\\5&a&3\\-1&b&-2\end{pmatrix}$ 的一个特征向量，求参数 a,b 的值及特征向量 $\boldsymbol{\alpha}$ 所对应的特征值.

11. 计算向量 $\boldsymbol{\alpha}$ 与 $\boldsymbol{\beta}$ 的内积：

(1) $\boldsymbol{\alpha}=(1,2,-1,1)^{\mathrm{T}}$，$\boldsymbol{\beta}=(2,3,0,1)^{\mathrm{T}}$；

(2) $\boldsymbol{\alpha}=\left(\frac{1}{\sqrt{3}},0,\frac{2}{\sqrt{6}}\right)^{\mathrm{T}}$，$\boldsymbol{\beta}=\left(\frac{1}{\sqrt{3}},\frac{1}{\sqrt{2}},\frac{1}{\sqrt{6}}\right)^{\mathrm{T}}$.

12. 将下列向量单位化：

(1) $\boldsymbol{\alpha}=(1,2,-1,1)^{\mathrm{T}}$；

(2) $\boldsymbol{\alpha}=(-3,2,1,6)^{\mathrm{T}}$.

13. 利用施密特正交化方法将下列向量组正交化：

(1) $\boldsymbol{\alpha}_1=(1,1,1)^{\mathrm{T}}$，$\boldsymbol{\alpha}_2=(1,0,2)^{\mathrm{T}}$，$\boldsymbol{\alpha}_3=(1,5,3)^{\mathrm{T}}$；

(2) $\boldsymbol{\alpha}_1=(-2,1,0)^{\mathrm{T}}$，$\boldsymbol{\alpha}_2=(2,0,1)^{\mathrm{T}}$，$\boldsymbol{\alpha}_3=(-1,-2,1)^{\mathrm{T}}$；

(3) $\boldsymbol{\alpha}_1=(1,2,2,-1)^{\mathrm{T}}$，$\boldsymbol{\alpha}_2=(1,1,-5,3)^{\mathrm{T}}$，$\boldsymbol{\alpha}_3=(3,2,8,-7)^{\mathrm{T}}$.

14. 判断下列矩阵是否为正交矩阵：

(1) $\begin{pmatrix}\frac{\sqrt{3}}{2}&\frac{1}{2}\\-\frac{1}{2}&\frac{\sqrt{3}}{2}\end{pmatrix}$；　(2) $\begin{pmatrix}\frac{1}{9}&-\frac{8}{9}&-\frac{4}{9}\\-\frac{8}{9}&\frac{1}{9}&-\frac{4}{9}\\-\frac{4}{9}&-\frac{4}{9}&\frac{7}{9}\end{pmatrix}$.

15.求正交矩阵 Q 使 $Q^{T}AQ=\Lambda$ 为对角矩阵.

(1) $A=\begin{pmatrix}1&1&1\\1&1&1\\1&1&1\end{pmatrix}$;　　(2) $A=\begin{pmatrix}3&2&4\\2&0&2\\4&2&3\end{pmatrix}$.

16.设 3 阶实对称矩阵 A 的各行元素之和均为 3,向量 $\alpha_1=(-1,2,-1)^T$,$\alpha_2=(0,-1,1)^T$ 是线性方程组 $Ax=O$ 的两个解.

(1)求 A 的特征值和特征向量.

(2)求正交矩阵 Q 和对角矩阵 Λ,使 $Q^{T}AQ=\Lambda$.

(B)

一、填空题

1.若矩阵 $A=\begin{pmatrix}7&4&-1\\4&7&-1\\-4&4&x\end{pmatrix}$ 的 3 个特征值之和等于 18,则 $x=$________.

2.设 $\lambda=2$ 是可逆矩阵 A 的一个特征值,则矩阵 $\left(\frac{1}{3}A^{2}\right)^{-1}$ 必有一个特征值为________.

3.设 $\alpha=(1,1,1)^T$,$\beta=(1,0,k)^T$,若 $\alpha\beta^T$ 相似于 $\begin{pmatrix}3&0&0\\0&0&0\\0&0&0\end{pmatrix}$,则 $k=$________.

4.设 A 为 2 阶矩阵,α_1,α_2 为线性无关的二维列向量,$A\alpha_1=o$,$A\alpha_2=3\alpha_1+\alpha_2$,则 A 的非零特征值为________.

5.若矩阵 $\begin{pmatrix}22&31\\x&y\end{pmatrix}$ 与 $\begin{pmatrix}1&2\\3&4\end{pmatrix}$ 相似,则 $x=$________,$y=$________.

二、单项选择题

1.若 3 阶矩阵 A 的特征值分别为 1,-1,2,则下列矩阵可逆的是(　　).

A. $E-A$　　B. $E+A$　　C. $2E+A$　　D. $2E-A$

2. n 阶矩阵 A 为相似对角阵的充要条件是(　　).

A. A 有 n 个不同的特征值

B. A 有 n 个不同的特征向量

C. A^T 有 n 个不同的特征值

D. A 的任一特征值的重数等于其对应的线性无关的特征向量的个数

3.下列矩阵中,与 $A=\begin{pmatrix}1&0&0\\0&1&0\\0&0&3\end{pmatrix}$ 相似的是(　　).

A. $\begin{pmatrix}1&0&0\\0&1&3\\0&0&1\end{pmatrix}$　　B. $\begin{pmatrix}1&1&0\\0&3&1\\0&1&0\end{pmatrix}$　　C. $\begin{pmatrix}1&0&1\\0&1&0\\0&0&3\end{pmatrix}$　　D. $\begin{pmatrix}1&0&1\\0&1&3\\0&0&1\end{pmatrix}$

4.设 $\alpha_1=(1,1,0)^T$,$\alpha_2=(1,0,1)^T$ 为 3 阶矩阵 A 的属于特征值 $\lambda=3$ 的特征向量,$\gamma=(0,1,-1)^T$,则 $A\gamma=$(　　).

A. $(0,3,-3)^T$　　B. $(6,3,-3)^T$　　C. $(3,2,1)^T$　　D. $(0,1,-1)^T$

5.设 $\boldsymbol{A}$ 为 n 阶矩阵,则下列结论正确的是(　　).

A.$\boldsymbol{A}$ 与 $\boldsymbol{A}^{\mathrm{T}}$ 具有相同的特征值和特征向量

B.$\boldsymbol{A}$ 的特征向量 $\boldsymbol{\alpha}_1,\boldsymbol{\alpha}_2$ 的任一线性组合还是 $\boldsymbol{A}$ 的特征向量

C.$\boldsymbol{A}$ 的属于不同特征值的特征向量彼此正交

D.$\boldsymbol{A}$ 的属于不同特征值的特征向量线性无关

习题答案

第 5 章

二次型

所谓二次型,实际上指的是一类二次多项式,其研究起源于几何学中将二次曲线方程或二次曲面方程化为标准形问题的研究.例如,在几何中,为了研究二次曲线方程

$$ax^2+bxy+cy^2=d$$

的几何性质,需要将其化为标准形式

$$a'x'^2+c'y'^2=d',$$

以便于判断其为圆、椭圆或双曲线等形态,进而研究其有关性质.类似的问题在数学的其他分支及物理学、科学技术、经济管理中常常碰到.

二次型简史

二次型的有关理论在物理学、几何学、概率论等学科中都已得到广泛的应用,因此有必要对此类问题进行深入研究.

5.1 二次型及其矩阵表示

5.1.1 二次型的概念

在中学阶段定义过多项式.在多项式中,项的最高次数为二次的多项式称为**二次多项式**,每项的次数都相同的多项式称为**齐次多项式**,每项的次数都是二次的多项式则称为**二次齐次多项式**,由此定义的函数分别称为**二次函数**、**齐次函数**和**二次齐次函数**.其中,二次齐次函数是本章介绍的对象——二次型.

定义 5.1 含有 n 个变量 $x_1,x_2,\cdots,x_n$ 的 n 元二次齐次函数

$$\begin{aligned}f(x_1,x_2,\cdots,x_n)=&a_{11}x_1^2+b_{12}x_1x_2+\cdots+b_{1n}x_1x_n+a_{22}x_2^2+b_{23}x_2x_3+\cdots+b_{2n}x_2x_n+\\&a_{33}x_3^2+b_{34}x_3x_4+\cdots+b_{3n}x_3x_n+\cdots+a_{nn}x_n^2\end{aligned}\tag{5.1}$$

称为一个 n 元二次型,简称**二次型**.

在定义 5.1 中,当系数 $a_{ij},b_{ij}(i,j=1,2,\cdots,n)$ 为复数时,称此二次型为**复二次型**;当 a_{ij},b_{ij} $(i,j=1,2,\cdots,n)$ 为实数时,称此二次型为**实二次型**.本章仅讨论实二次型.

令

$$A=\begin{pmatrix} a_{11} & \frac{b_{12}}{2} & \cdots & \frac{b_{1n}}{2} \\ \frac{b_{12}}{2} & a_{22} & \cdots & \frac{b_{2n}}{2} \\ \vdots & \vdots & & \vdots \\ \frac{b_{1n}}{2} & \frac{b_{2n}}{2} & \cdots & a_{nn} \end{pmatrix},X=\begin{pmatrix} x_1 \\ x_2 \\ \vdots \\ x_n \end{pmatrix}.$$

欧拉

则式(5.1)可以表示为

$$f(x_1,x_2,\cdots,x_n)=X^{T}AX. \tag{5.2}$$

显然,A 是对称矩阵,任何一个二次型都可以表示成这种矩阵形式,且二次型和对称矩阵具有一一对应的关系,即给定一个二次型 f,可以唯一确定一个对称矩阵 A;反之,给定一个对称矩阵 A 也能唯一确定一个二次型 f.矩阵 A 称为**二次型 f 的矩阵**,函数 f 称为**矩阵 A 的二次型**,矩阵 A 的秩称为**二次型 f 的秩**.

【例 5.1】　写出二次型 $f(x_1,x_2,x_3)=x_1^2+2x_2^2-x_3^2+2x_1x_2-3x_2x_3$ 的矩阵,并求其秩.

解　二次型 f 的矩阵为

$$A=\begin{pmatrix} 1 & 1 & 0 \\ 1 & 2 & -\frac{3}{2} \\ 0 & -\frac{3}{2} & -1 \end{pmatrix}.$$

柯西

由

$$A=\begin{pmatrix} 1 & 1 & 0 \\ 1 & 2 & -\frac{3}{2} \\ 0 & -\frac{3}{2} & -1 \end{pmatrix}\to\begin{pmatrix} 1 & 1 & 0 \\ 0 & 1 & -\frac{3}{2} \\ 0 & -\frac{3}{2} & -1 \end{pmatrix}\to\begin{pmatrix} 1 & 1 & 0 \\ 0 & 1 & -\frac{3}{2} \\ 0 & 0 & -\frac{13}{4} \end{pmatrix}$$

知 $r(A)=3$,所以二次型 f 的秩为 3.

【例 5.2】　设对称矩阵

$$A=\begin{pmatrix} 1 & 1 & 2 & \frac{1}{2} \\ 1 & -1 & 0 & 3 \\ 2 & 0 & 0 & -4 \\ \frac{1}{2} & 3 & -4 & 2 \end{pmatrix},$$

试求矩阵 A 对应的二次型 f.

解一:利用二次型和其对称矩阵的特征,可直接写出矩阵 A 对应的二次型为

$$f(x_1,x_2,x_3,x_4)=x_1^2-x_2^2+2x_4^2+2x_1x_2+4x_1x_3+x_1x_4+6x_2x_4-8x_3x_4$$

解二:利用式(5.2)可得

$$f(x_1,x_2,x_3,x_4)=\boldsymbol{X}^{\mathrm{T}}\boldsymbol{AX}=(x_1,x_2,x_3,x_4)\begin{pmatrix}1&1&2&\frac{1}{2}\\1&-1&0&3\\2&0&0&-4\\\frac{1}{2}&3&-4&2\end{pmatrix}\begin{pmatrix}x_1\\x_2\\x_3\\x_4\end{pmatrix}$$

$$=x_1^2-x_2^2+2x_4^2+2x_1x_2+4x_1x_3+x_1x_4+6x_2x_4-8x_3x_4.$$

5.1.2 二次型的标准形和规范形

在研究二次曲线方程时，如果能将其变形为适当的形式，可以有利于分析和判断方程的形态和性质.例如，在中学阶段我们学过椭圆方程的标准形式，能够根据其标准形式很容易确定曲线的形状和相关性质.若给出的是非标准形式的椭圆方程，则很难确定其形态和性质.因此，二次型要解决的重要问题之一是其形式转化问题.根据实际问题的需要，一般将二次型化为下述两种规定的形式.

定义 5.2 形式为

$$f(y_1,y_2,\cdots,y_n)=d_1y_1^2+d_2y_2^2+\cdots+d_ny_n^2 \tag{5.3}$$

的二次型称为**标准形**，其中，$d_1,d_2,\cdots,d_n$ 为常数.

由定义 5.2 知，标准形式(5.3)的二次型矩阵是如下形式的对角矩阵：

$$\begin{pmatrix}d_1&&&\\&d_2&&\\&&\ddots&\\&&&d_n\end{pmatrix}.$$

定义 5.3 形式为

$$f(z_1,z_2,\cdots,z_n)=z_1^2+z_2^2+\cdots+z_r^2-z_{r+1}^2-z_{r+2}^2-\cdots-z_n^2 \tag{5.4}$$

的二次型称为**规范形**.

由定义 5.3 知，规范形式(5.4)的二次型矩阵是如下形式的对角矩阵：

$$\begin{pmatrix}1&&&&&\\&\ddots&&&&\\&&1&&&\\&&&-1&&\\&&&&\ddots&\\&&&&&-1\end{pmatrix}.$$

5.1.3 线性变换

雅可比

为了化简二次型，即将二次型转化为标准形或规范形，需要引入线性变换的相关概念.

定义 5.4 设两组变量 $x_1,x_2,\cdots,x_n$ 和 $y_1,y_2,\cdots,y_n$ 有如下关系式：

$$\begin{cases} x_1 = c_{11}y_1 + c_{12}y_2 + \cdots + c_{1n}y_n \\ x_2 = c_{21}y_1 + c_{22}y_2 + \cdots + c_{2n}y_n \\ \quad\vdots \\ x_n = c_{n1}y_1 + c_{n2}y_2 + \cdots + c_{nn}y_n \end{cases}, \tag{5.5}$$

则称式(5.5)是变量 $x_1, x_2, \cdots, x_n$ 到变量 $y_1, y_2, \cdots, y_n$ 的一个**线性变换**.

显然,自变量为 $x_1, x_2, \cdots, x_n$ 的二次型式(5.1),由式(5.5)换元后便成为自变量为 $y_1, y_2, \cdots, y_n$ 的二次型.

在线性变换式(5.5)中,显然,给定一组数值 $y_1, y_2, \cdots, y_n$ 可以唯一确定数值 $x_1, x_2, \cdots, x_n$.反之,若给定一组数值 $x_1, x_2, \cdots, x_n$,也能唯一确定一组数值 $y_1, y_2, \cdots, y_n$,则这两组变量便具有一一对应关系,此时,线性变换称为**可逆线性变换**.

根据第 3 章方程组的理论,若给定一组数值 $x_1, x_2, \cdots, x_n$,由式(5.5)能唯一确定一组数值 $y_1, y_2, \cdots, y_n$,即以 $y_1, y_2, \cdots, y_n$ 为未知数的方程组(5.5)有唯一解.

令

$$\boldsymbol{C} = \begin{pmatrix} c_{11} & c_{12} & \cdots & c_{1n} \\ c_{21} & c_{22} & \cdots & c_{2n} \\ \vdots & \vdots & & \vdots \\ c_{n1} & c_{n2} & \cdots & c_{nn} \end{pmatrix}, \boldsymbol{Y} = \begin{pmatrix} y_1 \\ y_2 \\ \vdots \\ y_n \end{pmatrix}, \boldsymbol{X} = \begin{pmatrix} x_1 \\ x_2 \\ \vdots \\ x_n \end{pmatrix}$$

则线性变换式(5.5)也可表示为矩阵的形式:

$$\boldsymbol{CY} = \boldsymbol{X} \tag{5.6}$$

其中,$\boldsymbol{C}$ 称为线性变换式(5.5)的矩阵.若给定 $\boldsymbol{X}$,线性变换的矩阵 $\boldsymbol{C}$ 已知,方程组(5.5)有唯一解的充分必要条件是 $|\boldsymbol{C}| \neq 0$.

因此,线性变换式(5.5)为可逆线性变换的充要条件是其线性变换矩阵 $\boldsymbol{C}$ 满足 $|\boldsymbol{C}| \neq 0$.此时,其逆变换仍是可逆线性变换,其逆变换,即从变量 $y_1, y_2, \cdots, y_n$ 到变量 $x_1, x_2, \cdots, x_n$ 变换为

$$\boldsymbol{Y} = \boldsymbol{C}^{-1}\boldsymbol{X} \tag{5.7}$$

本章所说的将二次型化为标准形或规范形所作的线性变换必须是可逆线性变换,因为其可以保证两组变量空间的同构.

5.1.4　矩阵合同

每个二次型都对应一个唯一的二次型矩阵,通过线性变换后又得到新的二次型.于是又有了新的二次型矩阵,那么,通过线性变换后,新二次型的矩阵与原二次型的矩阵之间是怎样的关系？这就是下面要介绍的合同关系.

定义 5.5　设 $\boldsymbol{A}$ 与 $\boldsymbol{B}$ 是 n 阶矩阵,如果存在一个可逆矩阵 $\boldsymbol{C}$,使得

$$\boldsymbol{B} = \boldsymbol{C}^{\mathrm{T}}\boldsymbol{A}\boldsymbol{C} \tag{5.8}$$

则称 $\boldsymbol{A}$ 与 $\boldsymbol{B}$ 是**合同的**,记作 $\boldsymbol{A} \simeq \boldsymbol{B}$.

矩阵合同具有以下性质:

(Ⅰ)反身性:对任一 n 阶矩阵 $\boldsymbol{A}$,都有 $\boldsymbol{A} \simeq \boldsymbol{A}.\boldsymbol{A} = \boldsymbol{E}^{\mathrm{T}}\boldsymbol{A}\boldsymbol{E}$.

(Ⅱ)对称性:若 $\boldsymbol{A} \simeq \boldsymbol{B}$,则 $\boldsymbol{B} \simeq \boldsymbol{A}$.因为 $\boldsymbol{B} = \boldsymbol{C}^{\mathrm{T}}\boldsymbol{A}\boldsymbol{C}$,所以

$$A=(C^{T})^{-1}BC^{-1}=(C^{-1})^{T}B(C^{-1}).$$

（Ⅲ）传递性：若 $A_1 \simeq A_2, A_2 \simeq A_3$，则 $A_1 \simeq A_3$.

因为

$$A_2=C_1^{T}A_1C_1, A_3=C_2^{T}A_2C_2,$$

所以

$$A_3=C_2^{T}(C_1^{T}A_1C_1)C_2=(C_1C_2)^{T}A_1(C_1C_2).$$

从合同的定义及性质不难看出，若两矩阵合同，它们必等价，反之不一定成立.

定理 5.1 若二次型 $f=X^{T}AX$ 经线性变换 $X=CY$ 得二次型 $f=Y^{T}BY$，则 $A\simeq B$ 且 $B=C^{T}AC$.

证 因 $f=X^{T}AX$ 经线性变换 $X=CY$，得

$$f=X^{T}AX=(CY)^{T}A(CY)=Y^{T}(C^{T}AC)Y.$$

又因

$$(C^{T}AC)^{T}=C^{T}A^{T}C=C^{T}AC,$$

所以 $C^{T}AC$ 为对称矩阵，且为新的二次型 $f=Y^{T}(C^{T}AC)Y$ 的矩阵，又 $f=Y^{T}BY$，所以 $B=C^{T}AC, A\simeq B$.

定理 5.1 表明，经可逆线性变换，得到不同的二次型矩阵之间是合同的关系.

定理 5.2 任何一个 n 元二次型 $f=X^{T}AX$ 都可以经过可逆的线性变换化成标准形.

证 因二次型 $f=X^{T}AX$，A 是对称矩阵. 由第 4 章定理 4.12 知，存在正交矩阵 Q，使得 $Q^{T}AQ$ 为对角矩阵. 作正交变换 $Y=QX$，由定理 5.1 知，得新的二次型 $f=Y^{T}BY$，$B=Q^{T}AQ$，因 B 为对角矩阵，可知二次型 $f=Y^{T}BY$ 是标准形.

由定理 5.1 和定理 5.2 知，显然有任意一个对称矩阵都与一个对角矩阵合同.

5.2 化二次型为标准形

二次型讨论的一个主要内容是其形式转化问题，即如何将一般的二次型转化为标准形或者规范形，其基本方法是线性变换，类似于我们通常所说的换元法. 而换元的基本要求是要保证两组变量之间的一一对应关系，因此，本节讲述如何找到可逆的线性变换使二次型化为标准形.

5.2.1 用配方法将二次型化为标准形

配方法是代数式变形的一种常用方法. 用配方法将二次型化为标准形就是将一个二次型配成若干个平方项的和，然后根据配方的形式给出所作的线性变换，至于该线性变换是否可逆，还需进一步验证. 由于配方是一种很灵活的方法，一般若遵循某些技巧配方后，总是可以给出可逆的线性变换，读者可从下列例子中仔细体会.

1）二次型中有平方项的情形

二次型中若有平方项，一般方法是任选某一平方项，把该平方项和含该平方项相同变量

的项归并到一起配方,以此类推,配下一个平方项.

【例 5.3】 用配方法将二次型

$$f(x_1,x_2,x_3)=3x_1^2+2x_2^2-x_3^2+6x_1x_2-12x_1x_3+9x_2x_3$$

化为标准形,并写出所作的可逆线性变换.

解 先将含 x_1 的各项归并到一起,并配成完全平方项,有

$$\begin{aligned}f(x_1,x_2,x_3)&=(3x_1^2+6x_1x_2-12x_1x_3)+2x_2^2-x_3^2+9x_2x_3\\&=3[x_1^2+2x_1(x_2-2x_3)]+2x_2^2-x_3^2+9x_2x_3\\&=3[x_1^2+2x_1(x_2-2x_3)+(x_2-2x_3)^2]-3(x_2-2x_3)^2+2x_2^2-x_3^2+9x_2x_3\\&=3(x_1+x_2-2x_3)^2-x_2^2+21x_2x_3-13x_3^2.\end{aligned}$$

然后把含 x_2 的各项归并到一起配成完全平方,得

$$\begin{aligned}f&=3(x_1+x_2-2x_3)^2-(x_2^2-21x_2x_3)-13x_3^2\\&=3(x_1+x_2-2x_3)^2-\left(x_2^2-21x_2x_3+\frac{441}{4}x_3^2\right)+\frac{389}{4}x_3^2\\&=3(x_1+x_2-2x_3)^2-\left(x_2-\frac{21}{2}x_3\right)^2+\frac{389}{4}x_3^2,\end{aligned}$$

令

$$\begin{cases}y_1=x_1+x_2-2x_3\\y_2=x_2-\dfrac{21}{2}x_3\\y_3=x_3\end{cases},$$

易知该线性变换的矩阵为

$$\boldsymbol{C}=\begin{pmatrix}1&1&-2\\0&1&-\dfrac{21}{2}\\0&0&1\end{pmatrix},\ |\boldsymbol{C}|\neq 0.$$

因此,其逆变换仍为可逆线性变换,即

$$\begin{cases}x_1=y_1-y_2-\dfrac{17}{2}y_3\\x_2=y_2+\dfrac{21}{2}y_3\\x_3=y_3\end{cases}.$$

此时,原二次型化为

$$f=3y_1^2-y_2^2+\frac{389}{4}y_3^2,$$

其用到的线性变换矩阵为 $\boldsymbol{C}^{-1}$,由其线性变换的方程式易得

$$\boldsymbol{C}^{-1}=\begin{pmatrix}1&-1&-\dfrac{17}{2}\\0&1&\dfrac{21}{2}\\0&0&1\end{pmatrix}.$$

2）二次型中无平方项的情形

二次型中若无平方项，可先引入一个可逆线性变换，使新的二次型含平方项，然后按有平方项的情况进行配方.

【例 5.4】 用配方法将二次型

$$f=2x_1x_2+2x_1x_3+4x_2x_3$$

化为标准形，并写出所作的可逆线性变换.

解 先作线性变换：

$$\begin{cases}x_1=y_1+y_2\\x_2=y_1-y_2,\\x_3=y_3\end{cases}$$

即 $X=\boldsymbol{C}_1Y$，其线性变换的矩阵 $\boldsymbol{C}_1$ 为

$$\boldsymbol{C}_1=\begin{pmatrix}1&1&0\\1&-1&0\\0&0&1\end{pmatrix}，且 |\boldsymbol{C}_1|\neq 0.$$

易知，该变换是可逆线性变换，在此变换下，有

$$\begin{aligned}f&=2(y_1+y_2)(y_1-y_2)+2(y_1+y_2)y_3+4(y_1-y_2)y_3\\&=2y_1^2-2y_2^2+6y_1y_3-2y_2y_3.\end{aligned}$$

此式可以利用例 5.3 的方法，配方得

$$f=2\left(y_1+\frac{3}{2}y_3\right)^2-2\left(y_2+\frac{1}{2}y_3\right)^2-4y_3^2.$$

令

$$\begin{cases}z_1=y_1+\dfrac{3}{2}y_3\\z_2=y_2+\dfrac{1}{2}y_3,\\z_3=y_3\end{cases}$$

即

$$\begin{cases}y_1=z_1-\dfrac{3}{2}z_3\\y_2=z_2-\dfrac{1}{2}z_3.\\y_3=z_3\end{cases}$$

即 $Y=\boldsymbol{C}_2Z$，其线性变换的矩阵 $\boldsymbol{C}_2$ 为

$$\boldsymbol{C}_2=\begin{pmatrix}1&0&-\dfrac{3}{2}\\0&1&-\dfrac{1}{2}\\0&0&1\end{pmatrix}.$$

在此变换下，得到原二次型的标准形为

$$f=2z_1^2-2z_2^2-4z_3^2.$$

由 $X=\boldsymbol{C}_1Y, Y=\boldsymbol{C}_2Z$ 可知,变量从 x_1,x_2,x_3 到变量 z_1,z_2,z_3 的线性变换为

$$X=\boldsymbol{C}_1Y=\boldsymbol{C}_1\boldsymbol{C}_2Z,$$

其线性变换的矩阵为

$$\boldsymbol{C}_1\boldsymbol{C}_2=\begin{pmatrix}1&1&0\\1&-1&0\\0&0&1\end{pmatrix}\begin{pmatrix}1&0&-\frac{3}{2}\\0&1&-\frac{1}{2}\\0&0&1\end{pmatrix}=\begin{pmatrix}1&1&-2\\1&-1&-1\\0&0&1\end{pmatrix},\text{显然},|\boldsymbol{C}_1\boldsymbol{C}_2|=|\boldsymbol{C}_1||\boldsymbol{C}_2|\neq 0.$$

5.2.2 用正交变换法化二次型为标准形

由定理 5.2 的证明过程知,将实二次型化为标准形的正交变换方法的步骤如下:

首先,求出实二次型 $f(X)=X^{\mathrm{T}}\boldsymbol{A}X$ 的矩阵 $\boldsymbol{A}$ 的全部特征值 $\lambda_1,\lambda_2,\cdots,\lambda_n$;

其次,求出使 $\boldsymbol{A}$ 对角化的正交矩阵 $\boldsymbol{Q}$,使 $\boldsymbol{Q}^{\mathrm{T}}\boldsymbol{A}\boldsymbol{Q}=\mathrm{diag}(\lambda_1,\lambda_2,\cdots,\lambda_n)$;

最后,作线性变换 $X=\boldsymbol{Q}Y$,便得 $f(X)$ 的标准形为

$$f(X)=Y^{\mathrm{T}}(\boldsymbol{Q}^{\mathrm{T}}\boldsymbol{A}\boldsymbol{Q})Y,$$

即

$$f=\lambda_1y_1^2+\lambda_2y_2^2+\cdots+\lambda_ny_n^2.$$

【例 5.5】 用正交变换的方法将二次型

$$f=x_1^2+2x_2^2+3x_3^2-4x_1x_2-4x_2x_3$$

化为标准形.

解 二次型的矩阵为

$$\boldsymbol{A}=\begin{pmatrix}1&-2&0\\-2&2&-2\\0&-2&3\end{pmatrix}.$$

由 $|\lambda\boldsymbol{E}-\boldsymbol{A}|=\begin{vmatrix}\lambda-1&2&0\\2&\lambda-2&2\\0&2&\lambda-3\end{vmatrix}=(\lambda+1)(\lambda-2)(\lambda-5)=0$,可得 $\boldsymbol{A}$ 的特征值为 $\lambda_1=-1,\lambda_2=2,\lambda_3=5$.

对 $\lambda_1=-1$,解齐次线性方程组 $(-\boldsymbol{E}-\boldsymbol{A})X=\boldsymbol{O}$,得对应的特征向量为

$$\boldsymbol{\alpha}_1=\begin{pmatrix}2\\2\\1\end{pmatrix};$$

对 $\lambda_2=2$,解齐次线性方程组 $(2\boldsymbol{E}-\boldsymbol{A})X=\boldsymbol{O}$,得对应的特征向量为

$$\boldsymbol{\alpha}_2=\begin{pmatrix}2\\-1\\-2\end{pmatrix};$$

对 $\lambda_3=5$,解齐次线性方程组 $(5\boldsymbol{E}-\boldsymbol{A})X=\boldsymbol{O}$,得对应的特征向量为

$$\boldsymbol{\alpha}_3=\begin{pmatrix}1\\-2\\2\end{pmatrix}.$$

显然 $\boldsymbol{\alpha}_1,\boldsymbol{\alpha}_2,\boldsymbol{\alpha}_3$ 为正交向量组，正好验证了实对称矩阵属于不同特征值的特征向量正交这一事实.

下面只需将 $\boldsymbol{\alpha}_1,\boldsymbol{\alpha}_2,\boldsymbol{\alpha}_3$ 单位化即可，其单位化的向量分别为

$$\boldsymbol{\gamma}_1=\begin{pmatrix}\frac{2}{3}\\\frac{2}{3}\\\frac{1}{3}\end{pmatrix},\boldsymbol{\gamma}_2=\begin{pmatrix}\frac{2}{3}\\-\frac{1}{3}\\-\frac{2}{3}\end{pmatrix},\boldsymbol{\gamma}_1=\begin{pmatrix}\frac{1}{3}\\-\frac{2}{3}\\\frac{2}{3}\end{pmatrix}.$$

于是，得到正交矩阵

$$\boldsymbol{Q}=(\boldsymbol{\gamma}_1,\boldsymbol{\gamma}_2,\boldsymbol{\gamma}_3)=\begin{pmatrix}\frac{2}{3}&\frac{2}{3}&\frac{1}{3}\\\frac{2}{3}&-\frac{1}{3}&-\frac{2}{3}\\\frac{1}{3}&-\frac{2}{3}&\frac{2}{3}\end{pmatrix}.$$

作线性变换 $X=QY$，则原二次型化为标准形

$$f=-y_1^2+2y_2^2+5y_3^2.$$

5.3 化二次型为规范形

一个二次型的标准形是不唯一的.从 5.2 节的配方法可以看出，能配成平方项的形式有很多，因而可给出很多种线性变换，标准形也必然不尽相同.而正交法给出的标准形只是众多标准形中的一种，因此，有必要将标准形进一步规范化，于是就有了规范形.

化二次型为规范形是在标准形的基础上进行的.在标准形的基础上只需作一个简单的线性变换就可得到规范形.实际上，可以在标准形的基础上进一步配方，配成每项系数为±1的平方项，然后换元就可得到规范形.

【例 5.6】 将例 5.3 中的二次型化为规范形，并给出线性变换的矩阵.

解 由例 5.3 可知，其标准形为

$$f=3y_1^2-y_2^2+\frac{389}{4}y_3^2.$$

在此基础上作可逆线性变换：

$$\begin{cases} y_1 = \dfrac{1}{\sqrt{3}} z_1 \\ y_2 = z_2 \\ y_3 = \dfrac{\sqrt{389}}{2} z_3 \end{cases},\text{即变换 } \boldsymbol{Y}=\boldsymbol{BZ},\ \boldsymbol{B}=\begin{pmatrix} \dfrac{1}{\sqrt{3}} & 0 & 0 \\ 0 & 1 & 0 \\ 0 & 0 & \dfrac{\sqrt{389}}{2} \end{pmatrix},$$

得到规范形为

$$f=z_1^2-z_2^2+z_3^2$$

因为从变量 x_1,x_2,x_3 到变量 y_1,y_2,y_3 的变换为 $\boldsymbol{X}=\boldsymbol{C}^{-1}\boldsymbol{Y}$,从变量 y_1,y_2,y_3 到变量 z_1,z_2,z_3 的变换为 $\boldsymbol{Y}=\boldsymbol{BZ}$,所以从变量 x_1,x_2,x_3 到变量 z_1,z_2,z_3 所作的变换为

$$X=\boldsymbol{C}^{-1}\boldsymbol{BZ}$$

虽然二次型在不同的变换下有不同的标准形,但是标准形中含正负平方项的个数却是相同的,因此,二次型的规范形式是唯一的.

定理 5.3(惯性定理) 任一实二次型 f 都可经过可逆线性变换化为规范形

$$f=z_1^2+\cdots+z_p^2-z_{p+1}^2-\cdots-z_r^2.$$

其中,r 为二次型 f 的秩,且规范形是唯一的.

证明略.

从规范形的求解过程及定理 5.3 可以看出,规范形由标准形中正负项的数目唯一确定,而标准形中的正负项数目是不变的.另外,任一二次型都可通过正交变换法得到标准形.由正交变换法得到的标准形中可以发现,二次型矩阵的秩等于非零特征值的个数,等于标准形或规范形的项数.特征值的正负个数即为标准形或规范形中正负项的个数.为了方便描述,给出如下定义:

定义 5.6 实二次型的规范形中,正项的项数称为**正惯性指数**,负项的项数称为**负惯性指数**,正惯性指数与负惯性指数的差称为**符号差**.

由惯性定理知,可逆线性变换不改变二次型的秩及其正负惯性指数,它是由二次型自身确定的.二次型的秩是标准形或者规范的总项数,正惯性指数和负惯性指数分别是标准形或规范形中正项的项数和负项的项数.例如,在例 5.3 中,从标准形和规范形中都可以看出,二次型的秩为 3,正惯性指数为 2,负惯性指数为 1,符号差为 1.

魏尔斯特拉斯

5.4 正定二次型和正定矩阵

5.4.1 正定二次型和正定矩阵的概念

由 5.3 节所述,二次型的规范形是唯一的,因此,可根据规范形的形式对二次型进行分类,这在理论和应用上都有一定的意义.一般可根据正惯性指数大小对二次型进行分类.本节主要讨论正惯性指数最大的一种情况.

定义 5.7 设 n 元实二次型 $f=\boldsymbol{X}^{\mathrm{T}}\boldsymbol{A}\boldsymbol{X}$，如果对任一 $\boldsymbol{X}\neq\boldsymbol{O}$，恒有

$$f=\boldsymbol{X}^{\mathrm{T}}\boldsymbol{A}\boldsymbol{X}>0,$$

则称该二次型为**正定二次型**，矩阵 $\boldsymbol{A}$ 称为**正定矩阵**，记为 $\boldsymbol{A}>0$.

如果对任一 $\boldsymbol{X}\neq\boldsymbol{O}$，恒有 $f=\boldsymbol{X}^{\mathrm{T}}\boldsymbol{A}\boldsymbol{X}\geqslant 0$，则称此二次型为**半正定二次型**，矩阵 $\boldsymbol{A}$ 称为**半正定矩阵**，记为 $\boldsymbol{A}\geqslant 0$.

如果对任一 $\boldsymbol{X}\neq\boldsymbol{O}$，恒有 $f=\boldsymbol{X}^{\mathrm{T}}\boldsymbol{A}\boldsymbol{X}<0$，则称此二次型为**负定二次型**，矩阵 $\boldsymbol{A}$ 称为**负定矩阵**，记为 $\boldsymbol{A}<0$.

如果对任一 $\boldsymbol{X}\neq\boldsymbol{O}$，恒有 $f=\boldsymbol{X}^{\mathrm{T}}\boldsymbol{A}\boldsymbol{X}\leqslant 0$，则称此二次型为**半负定二次型**，矩阵 $\boldsymbol{A}$ 称为**半负定矩阵**，记为 $\boldsymbol{A}\leqslant 0$.

如果对某些向量 $\boldsymbol{X}$ 使 $f=\boldsymbol{X}^{\mathrm{T}}\boldsymbol{A}\boldsymbol{X}>0$，而对另一些向量 $\boldsymbol{X}$ 使 $f=\boldsymbol{X}^{\mathrm{T}}\boldsymbol{A}\boldsymbol{X}<0$，则称此二次型为**不定二次型**，矩阵 $\boldsymbol{A}$ 称为**不定矩阵**.

定义 5.7 给出的正定二次型、正定矩阵、半正定二次型、半正定矩阵、负定二次型、负定矩阵等定义统称为二次型的正定性.定义表明二次型的正定性和其对应的二次型矩阵的正定性是一致的，以后碰到讨论二次型的正定性也是讨论其对应二次型矩阵的正定性，反之亦然.本节重点是讨论其中的一种类型，即正定二次型.定义表明，若二次型式(5.1)，当自变量不全为零时函数值大于零，则该二次型即为正定二次型.

【例 5.7】 判断下列哪些是正定二次型：

(1) $f(x_1,x_2,x_3)=x_1^2+2x_2^2+3x_3^2$； (2) $f(x_1,x_2,x_3)=x_1^2-2x_2^2+3x_3^2$；

(3) $f(x_1,x_2,x_3)=x_1^2+2x_2^2$； (4) $f(x_1,x_2,x_3)=-x_1^2-2x_2^2-3x_3^2$.

解 (1)是正定二次型，因为 $f(x_1,x_2,x_3)=x_1^2+2x_2^2+3x_3^2\geqslant 0$.

当且仅当 $x_1=0,x_2=0,x_3=0$ 时，$f(x_1,x_2,x_3)=0$，因此，当 x_1,x_2,x_3 不全为零时，$f(x_1,x_2,x_3)>0$.

(2)不是正定二次型.当 $x_1=0,x_2=1,x_3=0$ 时，$f(x_1,x_2,x_3)=-2<0$.实际上，容易验证其为不定二次型.

(3)不是正定二次型.当 $x_1=0,x_2=0,x_3\neq 0$ 时，$f(x_1,x_2,x_3)=0$.实际上，容易验证其为半正定二次型.

(4)不是正定二次型.显然，当 x_1,x_2,x_3 不全为零时，$f(x_1,x_2,x_3)=-x_1^2-2x_2^2-3x_3^2<0$，所以，其为负定二次型.

5.4.2 正定二次型的判别法

从例 5.7 中发现，当二次型是标准形时，其是否为正定二次型很容易作出判断.然而，对一般形式的二次型就没那么容易判断其是否正定，因此，需要更为直接的方法给出判断.下面给出两个简单易行的充分必要条件，作为正定矩阵的判别准则.

准则 5.1 正定矩阵特征值全为正数.

定理 5.4 实二次型 $f=\boldsymbol{X}^{\mathrm{T}}\boldsymbol{A}\boldsymbol{X}$ 是正定二次型的充分必要条件是二次型矩阵 $\boldsymbol{A}$ 的全部特征值为正值.

证 必要性：令

$$\boldsymbol{A}\boldsymbol{X}_i=\lambda_i X_i(i=1,2,\cdots,n).$$

其中，λ_i 为 $\boldsymbol{A}$ 的特征值，X_i 为 $\boldsymbol{A}$ 的属于 λ_i 的特征向量. 由于 $\boldsymbol{X}_i \neq \boldsymbol{O}$，则根据 $f=\boldsymbol{X}^{\mathrm{T}}\boldsymbol{A}\boldsymbol{X}$ 的正定性有

$$\boldsymbol{X}_i^{\mathrm{T}}\boldsymbol{A}\boldsymbol{X}_i=\boldsymbol{X}_i^{\mathrm{T}}\lambda_i\boldsymbol{X}_i=\lambda_i\boldsymbol{X}_i^{\mathrm{T}}\boldsymbol{X}_i>0(i=1,2,\cdots,n).$$

因为 $\boldsymbol{X}_i^{\mathrm{T}}\boldsymbol{X}_i>0$，所以 $\lambda_i>0, i=1,2,\cdots,n$.

充分性：因为 $\boldsymbol{A}$ 为实对称矩阵，所以存在正交矩阵 $\boldsymbol{Q}$，使得 $\boldsymbol{Q}^{\mathrm{T}}\boldsymbol{A}\boldsymbol{Q}=\begin{pmatrix}\lambda_1 & & & \\ & \lambda_2 & & \\ & & \ddots & \\ & & & \lambda_n\end{pmatrix}$.

对二次型 $f=\boldsymbol{X}^{\mathrm{T}}\boldsymbol{A}\boldsymbol{X}$ 作可逆线性变换 $\boldsymbol{X}=\boldsymbol{Q}\boldsymbol{Y}$，则有

$$f=\boldsymbol{X}^{\mathrm{T}}\boldsymbol{A}\boldsymbol{X}=\boldsymbol{Y}^{\mathrm{T}}\boldsymbol{Q}^{\mathrm{T}}\boldsymbol{A}\boldsymbol{Q}\boldsymbol{Y}=\lambda_1x_1^2+\lambda_2x_2^2+\cdots+\lambda_nx_n^2.$$

因 $\lambda_i>0, i=1,2,\cdots,n$，又 $\boldsymbol{X}\neq 0$ 时 $\boldsymbol{Y}\neq 0$，所以当 $\boldsymbol{X}\neq 0$ 时恒有

$$f=\boldsymbol{X}^{\mathrm{T}}\boldsymbol{A}\boldsymbol{X}=\boldsymbol{Y}^{\mathrm{T}}\boldsymbol{Q}^{\mathrm{T}}\boldsymbol{A}\boldsymbol{Q}\boldsymbol{Y}=\lambda_1y_1^2+\lambda_2y_2^2+\cdots+\lambda_ny_n^2>0,$$

即二次型 $f=\boldsymbol{X}^{\mathrm{T}}\boldsymbol{A}\boldsymbol{X}$ 为正定二次型.

由定理 5.3 及定理 5.4 可得，n 元实二次型 $f=\boldsymbol{X}^{\mathrm{T}}\boldsymbol{A}\boldsymbol{X}$ 正定和下列任意一条等价：

(1) n 元二次型 $f=\boldsymbol{X}^{\mathrm{T}}\boldsymbol{A}\boldsymbol{X}$ 的标准形的系数都大于零；

(2) n 元二次型 $f=\boldsymbol{X}^{\mathrm{T}}\boldsymbol{A}\boldsymbol{X}$ 规范形为 $f=z_1^2+z_2^2+\cdots+z_n^2$；

(3) n 元二次型 $f=\boldsymbol{X}^{\mathrm{T}}\boldsymbol{A}\boldsymbol{X}$ 的正惯性指数为 n；

(4) n 元二次型 $f=\boldsymbol{X}^{\mathrm{T}}\boldsymbol{A}\boldsymbol{X}$ 的二次型矩阵 $\boldsymbol{A}$ 与 $\boldsymbol{E}$ 合同.

(5) 存在可逆矩阵 $\boldsymbol{C}$，使得 $\boldsymbol{A}=\boldsymbol{C}^{\mathrm{T}}\boldsymbol{C}$.

【例 5.8】 已知 $f(x_1,x_2,x_3)=3x_1^2+2x_2^2+3x_3^2-2x_1x_2-2x_2x_3$，试判别该二次型是否为正定二次型.

解 利用准则 5.1，因为二次型矩阵为

$$\boldsymbol{A}=\begin{pmatrix}3 & -1 & 0\\ -1 & 2 & -1\\ 0 & -1 & 3\end{pmatrix}.$$

由

$$|\lambda\boldsymbol{E}-\boldsymbol{A}|=\begin{vmatrix}\lambda-3 & 1 & 0\\ 1 & \lambda-2 & 1\\ 0 & 1 & \lambda-3\end{vmatrix}=(\lambda-1)(\lambda-3)(\lambda-4)=0$$

知 $\boldsymbol{A}$ 的特征值为 1,3,4，全是正数，所以二次型 $f(x_1,x_2,x_3)$ 是正定二次型.

准则 5.2 正定二次型矩阵的顺序主子式全为正数.

定义 5.8 设 n 阶实对称矩阵 $\boldsymbol{A}=(a_{ij})$，将矩阵 $\boldsymbol{A}$ 的前 k 行和前 k 列元素组成的行列式

$$|\boldsymbol{A}_k|=\begin{vmatrix}a_{11} & a_{12} & \cdots & a_{1k}\\ a_{21} & a_{22} & \cdots & a_{2k}\\ \vdots & \vdots & & \vdots\\ a_{k1} & a_{k2} & \cdots & a_{kk}\end{vmatrix}$$

称为矩阵 $\boldsymbol{A}$ 的 k **阶顺序主子式**. $\boldsymbol{A}$ 的顺序主子式是指

$$|\boldsymbol{A}_1|=|a_{11}|,\ |\boldsymbol{A}_2|=\begin{vmatrix}a_{11} & a_{12}\\ a_{21} & a_{22}\end{vmatrix},\ |\boldsymbol{A}_3|=\begin{vmatrix}a_{11} & a_{12} & a_{13}\\ a_{21} & a_{22} & a_{23}\\ a_{31} & a_{32} & a_{33}\end{vmatrix},\cdots,\ |\boldsymbol{A}_n|=|\boldsymbol{A}|.$$

定理 5.5 实二次型$f=\boldsymbol{X}^{\mathrm{T}}\boldsymbol{A}\boldsymbol{X}$是正定二次型的充分必要条件是二次型矩阵 A 的全部顺序主子式均为正值.

证明略.

【例 5.9】 已知$f(x_1,x_2,x_3)=x_1^2+2x_2^2+3x_3^2-2x_1x_2+4x_1x_3-2x_2x_3$，试判别该二次型是否为正定二次型.

解 利用准则 5.2，因$f(x_1,x_2,x_3)=x_1^2+2x_2^2+3x_3^2-2x_1x_2+4x_1x_3-2x_2x_3$的矩阵是

$$\boldsymbol{A}=\begin{pmatrix}1&-1&2\\-1&2&-1\\2&-1&3\end{pmatrix}.$$

由其顺序主子式

$$|\boldsymbol{A}_1|=1>0,\ |\boldsymbol{A}_2|=\begin{vmatrix}1&-1\\-1&2\end{vmatrix}=1>0,\ |\boldsymbol{A}_3|=\begin{vmatrix}1&-1&2\\-1&2&-1\\2&-1&3\end{vmatrix}=-2<0$$

可知，该二次型不满足所有顺序主子式全大于零，因此，该二次型不是正定二次型.

5.4.3 正定矩阵的性质

设$\boldsymbol{A},\boldsymbol{B}$是 n 阶正定矩阵，则：

(1)$\boldsymbol{A}$的行列式大于零，即$|\boldsymbol{A}|>0$；

(2)$\boldsymbol{A}^{-1},k\boldsymbol{A},\boldsymbol{A}^m$及$\boldsymbol{A}^*$都是正定矩阵，其中，$k>0$，$m$ 为正整数；

(3)$\boldsymbol{A}+\boldsymbol{B}$都是正定矩阵；

(4)$\begin{pmatrix}\boldsymbol{A}&\\&\boldsymbol{B}\end{pmatrix}$是 $2n$ 阶正定矩阵；

(5)存在 n 阶可逆矩阵$\boldsymbol{P}$，使得$\boldsymbol{A}=\boldsymbol{P}\boldsymbol{P}^{\mathrm{T}}$；

(6)$\boldsymbol{A}$的主对角元素都为正值.

证 (1)假设$\lambda_1,\lambda_2,\cdots,\lambda_n$是二次型矩阵$\boldsymbol{A}$的特征值，若$\boldsymbol{A}$正定，由定理 5.4 知，特征值$\lambda_1,\lambda_2,\cdots,\lambda_n$全大于零，而$|\boldsymbol{A}|=\lambda_1\cdot\lambda_2\cdot\cdots\cdot\lambda_n$，所以$|\boldsymbol{A}|>0$.

(2)假设$\lambda_1,\lambda_2,\cdots,\lambda_n$是二次型矩阵$\boldsymbol{A}$的特征值，若$\boldsymbol{A}$正定，由定理 5.4 知特征值$\lambda_1,\lambda_2,\cdots,\lambda_n$全大于零，而$\boldsymbol{A}^{-1}$的所有特征值为$\frac{1}{\lambda_1},\frac{1}{\lambda_2},\cdots,\frac{1}{\lambda_n}$，其特征值全大于零，因此，$\boldsymbol{A}^{-1}$是正定矩阵；$k\boldsymbol{A}$的所有特征值为$k\lambda_1,k\lambda_2,\cdots,k\lambda_n(k>0)$也全大于零，因此，$k\boldsymbol{A}$是正定矩阵；$\boldsymbol{A}^m$的所有特征值为$\lambda_1^m,\lambda_2^m,\cdots,\lambda_n^m$也全大于零，因此$\boldsymbol{A}^m$是正定矩阵；$\boldsymbol{A}^*$的所有特征值为$|\boldsymbol{A}|\cdot\frac{1}{\lambda_1},|\boldsymbol{A}|\cdot\frac{1}{\lambda_2},\cdots,|\boldsymbol{A}|\cdot\frac{1}{\lambda_n}$，又由$|\boldsymbol{A}|>0$知，其特征值全大于零，因此，$\boldsymbol{A}^*$是正定矩阵.

(3)由$\boldsymbol{A},\boldsymbol{B}$都为 n 阶正定矩阵可知，对任意$\boldsymbol{X}\neq\boldsymbol{O}$有$\boldsymbol{X}^{\mathrm{T}}\boldsymbol{A}\boldsymbol{X}>0,\boldsymbol{X}^{\mathrm{T}}\boldsymbol{B}\boldsymbol{X}>0$，于是$\boldsymbol{X}^{\mathrm{T}}(\boldsymbol{A}+\boldsymbol{B})\boldsymbol{X}=\boldsymbol{X}^{\mathrm{T}}\boldsymbol{A}\boldsymbol{X}+\boldsymbol{X}^{\mathrm{T}}\boldsymbol{B}\boldsymbol{X}>0$，所以$\boldsymbol{A}+\boldsymbol{B}$正定.

(4)由$\boldsymbol{A},\boldsymbol{B}$都为 n 阶正定矩阵可知，对任意$\boldsymbol{X}\neq\boldsymbol{O},\boldsymbol{Y}\neq\boldsymbol{O}$有$\boldsymbol{X}^{\mathrm{T}}\boldsymbol{A}\boldsymbol{X}>0,\boldsymbol{Y}^{\mathrm{T}}\boldsymbol{B}\boldsymbol{Y}>0$，于是，任意$\begin{pmatrix}\boldsymbol{X}\\\boldsymbol{Y}\end{pmatrix}\neq\boldsymbol{O}$使

$$\begin{pmatrix}\boldsymbol{X}\\\boldsymbol{Y}\end{pmatrix}^{\mathrm{T}}\begin{pmatrix}\boldsymbol{A}&\boldsymbol{O}\\\boldsymbol{O}&\boldsymbol{B}\end{pmatrix}\begin{pmatrix}\boldsymbol{X}\\\boldsymbol{Y}\end{pmatrix}=\boldsymbol{X}^{\mathrm{T}}\boldsymbol{A}\boldsymbol{X}+\boldsymbol{Y}^{\mathrm{T}}\boldsymbol{B}\boldsymbol{Y}>0,$$

所以 $\boldsymbol{A}+\boldsymbol{B}$ 正定.

性质(5)和性质(6)请读者自行证明.

【例 5.10】 讨论三元函数 $f(x_1,x_2,x_3)=2x_1^2+3x_2^2+5x_3^2+4x_1x_2-4x_2x_3-3$ 的值域.

解 由函数形式可知,前面一部分为二次型,可通过二次型的正定性判其取值情况.

令
$$g(x_1,x_2,x_3)=2x_1^2+3x_2^2+5x_3^2+4x_1x_2-4x_2x_3$$
则二次型 $g(x_1,x_2,x_3)$ 的矩阵为
$$\boldsymbol{B}=\begin{pmatrix}2&2&0\\2&3&-2\\0&-2&5\end{pmatrix}.$$

由
$$|\boldsymbol{B}_1|=2,\ |\boldsymbol{B}_2|=\begin{vmatrix}2&2\\2&3\end{vmatrix}=2,\ |\boldsymbol{B}_3|=\begin{vmatrix}2&2&0\\2&3&-2\\0&-2&5\end{vmatrix}=2$$
可知,二次型 $g(x_1,x_2,x_3)$ 为正定二次型,又因为 $g(0,0,0)=0$,所以,任意 x_1,x_2,x_3,使得
$$g(x_1,x_2,x_3)\geqslant 0.$$

于是
$$f(x_1,x_2,x_3)=g(x_1,x_2,x_3)-3\geqslant -3,$$
又因为
$$\lim_{x_1\to\infty}f(x_1,0,0)=\lim_{x_1\to\infty}(x_1^2-3)=+\infty.$$
所以,函数 $f(x_1,x_2,x_3)$ 的值域为 $[-3,+\infty)$.

习题 5

(A)

1.将下列二次型写成对称矩阵表示的形式.

(1) $f(x_1,x_2,x_3)=x_1^2+2x_1x_2+2x_1x_3+2x_2^2+4x_2x_3+x_3^2$;

(2) $f(x_1,x_2,x_3)=2x_1x_2-4x_1x_3+2x_2^2-2x_2x_3$;

(3) $f(x_1,x_2,x_3)=(x_1,x_2,x_3)\begin{pmatrix}1&2&3\\4&5&6\\7&8&9\end{pmatrix}\begin{pmatrix}x_1\\x_2\\x_3\end{pmatrix}$.

2.写出下列矩阵对应的二次型.

(1) $\boldsymbol{A}=\begin{pmatrix}1&0&1\\0&2&2\\1&2&3\end{pmatrix}$;　　(2) $\boldsymbol{A}=\begin{pmatrix}0&1&0&\frac{3}{2}\\1&-2&2&1\\0&2&0&-1\\\frac{3}{2}&1&-1&-3\end{pmatrix}$.

3.用配方法将下列二次型化为标准形,并写出所作的可逆线性变换.

(1)$f(x_1,x_2,x_3)=x_1^2+2x_2^2-3x_3^2+2x_1x_2+3x_1x_3-4x_2x_3$;

(2)$f(x_1,x_2,x_3)=2x_1x_2+x_1x_3$.

4.用正交变换法将下列二次型化为标准形.

(1)$f(x_1,x_2,x_3)=x_1^2+2x_2^2+2x_2x_3+2x_3^2$;

(2)$f(x_1,x_2,x_3)=-2x_1x_2+2x_1x_3+2x_2x_3$.

5.写出第4题中各二次型的规范形,并写出各二次型的秩、正惯性指数、负惯性指数.

6.判断下列二次型是否为正定二次型.

(1)$f(x_1,x_2,x_3)=x_1^2+3x_3^2+4x_1x_3+2x_2x_3$;

(2)$f(x_1,x_2,x_3)=2x_1^2+x_2^2+5x_3^2+2x_1x_2+4x_1x_3+2x_2x_3$.

7.讨论 t 满足什么条件,二次型

$$f(x_1,x_2,x_3)=x_1^2+x_2^2+5x_3^2+2tx_1x_2-2x_1x_3+4x_2x_3$$

是正定的?

8.$\boldsymbol{A}$ 为 n 阶正定矩阵,$\boldsymbol{B}$ 为 n 阶半正定矩阵,试证 $\boldsymbol{A}+\boldsymbol{B}$ 为正定矩阵.

9.设 $\boldsymbol{A}$ 为 $n\times m$ 实矩阵,且 $n<m$,证明 $\boldsymbol{A}\boldsymbol{A}^{\mathrm{T}}$ 为正定矩阵的充分必要条件是 $r(\boldsymbol{A})=n$.

10.设 $\boldsymbol{A}$ 为 m 阶实对称矩阵且正定, $\boldsymbol{B}$ 为 $n\times m$ 实矩阵.试证: $\boldsymbol{B}^{\mathrm{T}}\boldsymbol{A}\boldsymbol{B}$ 为正定矩阵的充分必要条件是 $r(\boldsymbol{B})=n$.

(B)

一、填空题

1.二次型 $f(x_1,x_2,x_3)=2x_1^2+2x_2^2+2x_3^2+2x_1x_2+2x_1x_3-2x_2x_3$ 的秩为________.

2.二次型 $f(x_1,x_2)=x_1^2+6x_1x_2+3x_2^2$ 的矩阵为________.

3. 设 $\boldsymbol{A}=\begin{pmatrix}1&0&4\\2&2&0\\0&0&3\end{pmatrix}$,则二次型 $f=\boldsymbol{X}^{\mathrm{T}}\boldsymbol{A}\boldsymbol{X}$ 的矩阵为________.

4.若 $f(x_1,x_2,x_3)=2x_1^2+x_2^2+x_3^2+2x_1x_2+tx_2x_3$ 正定,则 t 的取值范围是________.

5.设 $\boldsymbol{A}$ 为 n 阶负定矩阵,则对任何 $\boldsymbol{X}=(x_1,x_2,\cdots,x_n)^{\mathrm{T}}\neq 0$ 均有 $\boldsymbol{X}^{\mathrm{T}}\boldsymbol{A}\boldsymbol{X}$ ________.

6.任何一个二次型的矩阵都能与一个对角阵________.

7.设 $\boldsymbol{A}=\begin{pmatrix}1&1&0\\1&a&0\\0&0&a^2\end{pmatrix}$是正定矩阵,则 a 满足条件________.

8.设实二次型 $f(x_1,x_2,x_3)=x_1^2+2x_1x_2+2x_2^2+ax_3^2$,则当 a 的取值为________时,二次型 $f(x_1,x_2,x_3)$是正定的.

9.二次型 $f(x_1,x_2)=x_1x_2$ 的负惯性指数是________.

10.二次型$(x_1,x_2)\begin{pmatrix}1&3\\2&2\end{pmatrix}\begin{pmatrix}x_1\\x_2\end{pmatrix}$ 的矩阵为________.

二、单项选择题

1.n 阶对称矩阵 $\boldsymbol{A}$ 正定的充分必要条件是(　　).

A. $|\boldsymbol{A}|>0$　　　　B.存在矩阵 $\boldsymbol{C}$,使 $\boldsymbol{A}=\boldsymbol{C}^{\mathrm{T}}\boldsymbol{C}$

C.负惯性指数为零　　　　D.各阶顺序主子式为正

2.设 $\boldsymbol{A}$ 为 n 阶方阵,则下列结论正确的是(　　).

A.$\boldsymbol{A}$ 必与一对角阵合同

B.若 $\boldsymbol{A}$ 的所有顺序主子式为正,则 $\boldsymbol{A}$ 正定

C.若 $\boldsymbol{A}$ 与正定阵 $\boldsymbol{B}$ 合同,则 $\boldsymbol{A}$ 正定

D.若 $\boldsymbol{A}$ 与一对角阵相似,则 $\boldsymbol{A}$ 必与一对角阵合同

3.设 $\boldsymbol{A}$ 为正定矩阵,则下列结论不正确的是(　　).

A.$\boldsymbol{A}$ 可逆　　B.$\boldsymbol{A}^{-1}$ 正定

C.$\boldsymbol{A}$ 的所有元素为正　　D.任给 $\boldsymbol{X}=(x_1,x_2,\cdots,x_n)^{\mathrm{T}}\neq\boldsymbol{O}$,均有 $\boldsymbol{X}^{\mathrm{T}}\boldsymbol{A}\boldsymbol{X}>0$

4.下列 $f(x,y,z)$ 为二次型的是(　　).

A.$ax^2+by^2+cz^2$　　B.$ax+by^2+cz$

C.$axy+byz+cxz+dxyz$　　D.$ax^2+bxy+czx^2$

5.设 $\boldsymbol{A},\boldsymbol{B}$ 为 n 阶方阵,$\boldsymbol{X}=(x_1,x_2,\cdots,x_n)^{\mathrm{T}}$ 且 $\boldsymbol{X}^{\mathrm{T}}\boldsymbol{A}\boldsymbol{X}=\boldsymbol{X}^{\mathrm{T}}\boldsymbol{B}\boldsymbol{X}$,则 $\boldsymbol{A}=\boldsymbol{B}$ 的充要条件是(　　).

A.$r(\boldsymbol{A})=r(\boldsymbol{B})$　　B.$\boldsymbol{A}^{\mathrm{T}}=\boldsymbol{A}$

C.$\boldsymbol{B}^{\mathrm{T}}=\boldsymbol{B}$　　D.$\boldsymbol{A}^{\mathrm{T}}=\boldsymbol{A},\boldsymbol{B}^{\mathrm{T}}=\boldsymbol{B}$

6.正定二次型 $f(x_1,x_2,x_3,x_4)$ 的矩阵为 $\boldsymbol{A}$,则(　　)必成立.

A.$\boldsymbol{A}$ 的所有顺序主子式为非负数　　B.$\boldsymbol{A}$ 的所有特征值为非负数

C.$\boldsymbol{A}$ 的所有顺序主子式大于零　　D.$\boldsymbol{A}$ 的所有特征值互不相同

7.设 $\boldsymbol{A},\boldsymbol{B}$ 为 n 阶矩阵,若(　　),则 $\boldsymbol{A}$ 与 $\boldsymbol{B}$ 合同.

A.存在 n 阶可逆矩阵 $\boldsymbol{P},\boldsymbol{Q}$ 且 $\boldsymbol{PAQ}=\boldsymbol{B}$

B.存在 n 阶可逆矩阵 $\boldsymbol{P}$,且 $\boldsymbol{P}^{-1}\boldsymbol{AP}=\boldsymbol{B}$

C.存在 n 阶正交矩阵 $\boldsymbol{Q}$,且 $\boldsymbol{Q}^{-1}\boldsymbol{AQ}=\boldsymbol{B}$

D.存在 n 阶方阵 $\boldsymbol{C},\boldsymbol{T}$,且 $\boldsymbol{CAT}=\boldsymbol{B}$

8.下列矩阵中,不是二次型矩阵的为(　　).

A.$\begin{pmatrix}0&0&0\\0&0&0\\0&0&-1\end{pmatrix}$　　B.$\begin{pmatrix}1&0&0\\0&-1&0\\0&0&2\end{pmatrix}$

C.$\begin{pmatrix}3&0&-2\\0&4&6\\-2&6&5\end{pmatrix}$　　D.$\begin{pmatrix}1&2&3\\4&5&6\\7&8&9\end{pmatrix}$

9.下列矩阵中,是正定矩阵的为(　　).

A.$\begin{pmatrix}2&3\\3&4\end{pmatrix}$　　B.$\begin{pmatrix}3&4\\2&6\end{pmatrix}$

C.$\begin{pmatrix}1&0&0\\0&2&-3\\0&-3&5\end{pmatrix}$　　D.$\begin{pmatrix}1&1&1\\1&2&0\\1&0&2\end{pmatrix}$

10.已知 $\boldsymbol{A}$ 是一个三阶实对称矩阵,若 i 为虚数单位,则 $\boldsymbol{A}$ 的特征值可能是(　　).

A.3,i, −1　　B.2, −1, 3

C.2, i, 4　　D.1, 3, 4

习题答案

第 6 章

线性代数 MATLAB 实验简介

MATLAB 是美国 MathWorks 公司研发的商业数学软件，常用于算法开发、数据可视化、数据分析以及数值计算的高级技术计算语言和交互式环境中.本章采用 2010 MATLAB 版本，主要介绍 MATLAB 在线性代数中一些应用，包括计算矩阵、行列式、逆矩阵、解线性方程组、求特征值及特征向量、化二次型为标准型等.

1）启动 MATLAB

MATLAB 安装并启动后，进入如图 6.1 所示的界面.

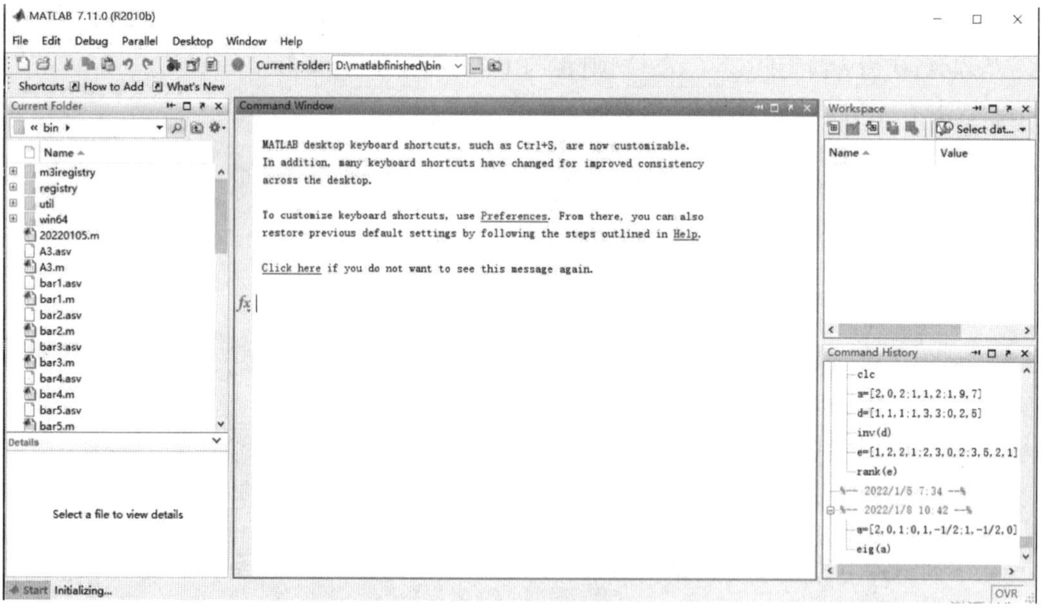

图 6.1

MATLAB 的工作界面包括主窗口、当前目录窗口、工作区窗口、命令历史窗口和命令窗口.主窗口主要包括标题栏、菜单栏和工具栏，可对文件进行编辑和管理等；在当前目录窗口中，可选择当前工作目录；工作区用于存储和显示所有内存变量及其属性；命令历史窗口用于存储已经执行过的所有命令；命令窗口用于输入和返回计算结果，“>>”为命令提示符，表示 MATLAB 正处于准备工作状态.

在命令窗口提示符后输入：

2+3

按回车键，屏幕显示如图 6.2 所示的结果.

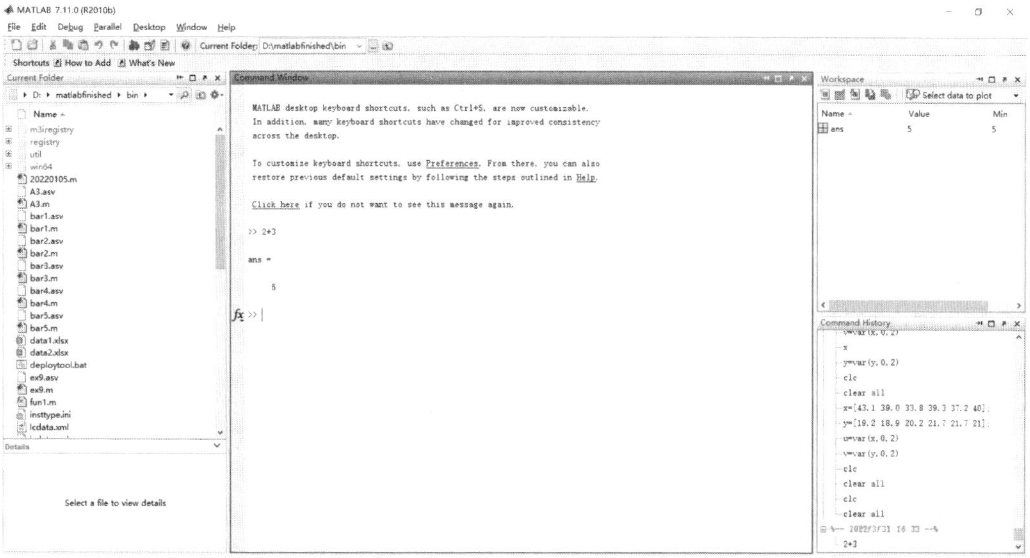

图 6.2

在 MATLAB 中,用户除了可在命令窗口中的“>>”提示符下输入程序,除回车执行外,还可利用编辑器“Edtior”建立 M 文件,然后在命令窗口中的“>>”提示符下键入 M 文件的主文件名,按回车执行.如求半径为 2 的圆的面积,可单击主窗口工具栏中的按钮“New M-File”,打开“Edtior”,输入程序:

```
r=2; %半径值
S=pi * r^2
```

将上述程序保存为当前工作目录中的“area.m”文件.在命令窗口中执行程序:

```
>> area %主文件名
S =
    12.5664
```

在上述命令中,“%”后的内容为注释语句,MATLAB 不予执行;命令末尾有“;”时,命令仍执行,但不显示执行结果;另外,如需重复执行某条命令,不必重新输入,只需按键盘上的“↑”键或“↓”键,即可回调出该条命令.下面从矩阵的运算开始了解 MATLAB 的功能.

2)输入矩阵

输入一个具体的小矩阵,可以输入行列上相应的元素,元素间用逗号或空格隔开,换行用分号分开,最后用方括号括起.

例如,在命令窗口提示符后键入:A=[1,2,3;2,3,1;3,1,2],按回车键,屏幕就会显示:

```
A =
    1 2 3
    2 3 1
    3 1 2
```

例如,键入空矩阵:B=[ ],按回车键,屏幕显示:

```
B =
    [ ]
```

继续键入行向量:[1,5,3],按回车键,屏幕显示:

```
ans =
     1 5 3
```

矩阵的输入还有很多快捷命令,例如,键入:[1:1:3] %起点:步长:终点

按回车键,屏幕显示:

```
ans =
     1 2 3
```

继续键入:linspace(2,9,7) %以 2 为起点、9 为终点、等距分布的 7 个数字的行向量

按回车键,屏幕显示:

```
ans =
     2.0000   3.1667   4.3333   5.5000   6.6667   7.8333   9.0000
```

3)特殊矩阵的生成

MATLAB 提供了一些产生特殊矩阵的函数命令,为快速生成矩阵提供了便利.

①eye(n)可产生一个 n 阶单位矩阵,输入 eye(m,n)将返回一个 m 行 n 列的矩阵(若 $m>n$,则前 n 行 n 列构成单位矩阵,其余元素全为 0;若 $m<n$,则前 m 行 m 列构成单位矩阵,其余元素全为 0),输入“eye(size(A))”命令将返回一个同指定矩阵 $\boldsymbol{A}$ 大小相同的单位矩阵.

②zeros(n)产生一个 n 阶零矩阵,zeros(m,n)将产生一个 m 行 n 列元素全为 0 的零矩阵.

③ones(n)产生一个元素全为 1 的 n 阶矩阵.

④rand(m,n)产生一个元素大小随机的 m 行 n 列矩阵.

⑤magic(n)产生一个 n 阶魔方方阵(该方阵每一行、每一列及主、次对角线上的元素和都相等).

⑥tril($\boldsymbol{A}$),triu($\boldsymbol{A}$),diag($\boldsymbol{A}$)分别用来提取矩阵 $\boldsymbol{A}$ 的下三角部分、上三角部分、对角部分,未提取的元素全部用 0 代替.

⑦vander([1 2 3])产生以 1,2,3 为基础元素的范德蒙德矩阵.

⑧toeplitz([1 2 3 4])产生以 1,2,3,4 为元素的托普利兹矩阵(除首行首列外,其余元素同其左上角元素).

例如,在命令行窗口键入:A=rand(3),B=eye(2),C=triu(A),D=diag(A).

按回车键,屏幕显示:

```
A =
    0.9501   0.4860   0.4565
    0.2311   0.8913   0.0185
    0.6068   0.7621   0.8214
B =
    1   0
    0   1
```

```
C =
    0.9501    0.4860    0.4565
         0    0.8913    0.0185
         0         0    0.8214
D =
    0.9501         0         0
         0    0.8913         0
         0         0    0.8214
```

继续键入:randn(3) %如输入均值为 0、方差为 1 的标准正态分布的随机矩阵.

按回车键,屏幕显示:

```
ans =
    -0.4326    0.2877    1.1892
    -1.6656   -1.1465   -0.0376
     0.1253    1.1909    0.3273
```

再键入:1+2 * randn(3) 、%如输入均值为 1、方差为 4 的标准正态分布的随机矩阵.

按回车键,屏幕显示:

```
ans =
    1.2279    0.8087   -1.6724
    3.1335   -0.6647    2.4286
    1.1186    1.5888    4.2471
```

4)矩阵的运算与常见操作

(1)矩阵的加法、减法运算

A*+*B 命令表示对矩阵 ***A***,***B*** 进行加法运算,其结果是将 ***A*** 与 ***B*** 相应元素相加而构成的一个新矩阵.要求 ***A***,***B*** 必须为同型矩阵或其中之一为一个数.当 ***A***,***B*** 其中之一是一个数时,结果是矩阵的每个元素与该数作和运算得到的新矩阵.而矩阵的减法同加法类似.

例如,在命令窗口输入:A=[-1 3;2 1];B=[1 2;0 -1] ;C=4;A+B,A-B,A-C.

按回车键,屏幕显示:

```
ans =
    0    5
    2    0
ans =
   -2    1
    2    2
ans =
   -5   -1
   -2   -3
```

(2)矩阵的乘法

矩阵乘法 ***A*×*B*** 是按照线性代数中定义的矩阵乘法来进行运算的,要求矩阵 ***A*** 的列数必须等于矩阵 ***B*** 的行数.若 ***A***,***B*** 其中之一是一个数,就按矩阵数乘的法则来运算.

例如，在命令窗口输入：A=[-1 3;2 1];B=[1 2;0 -1] ;2 * A-3 * B ,A * B.

按回车键，屏幕显示：

```
ans =
     -5   0
      4   5
ans =
     -1  -5
      2   3
```

(3)矩阵的乘方运算

A^B 命令表示矩阵的乘方运算.当 **A** 为方阵，**B** 为大于 1 的整数时，**A^B** 的结果是 **A** 的 **B** 次幂，即由 **B** 个 **A** 相乘得到；当 **A**，**B** 都为矩阵时，**A^B** 将返回错误.

例如，在命令窗口输入：A=[-1 3;2 1];A^3.

按回车键，屏幕显示：

```
ans =
     -7  21
     14   7
```

继续键入：B=[1,2;3,1];A^B

按回车键，屏幕显示：

```
??? Error using ==> mpower
Inputs must be a scalar and a square matrix.
```

(4)矩阵的除法运算

MATLAB 中矩阵的除法分左除："\"和右除："/"两种.如果 **A** 是非奇异方阵，则 **A\B** 表示 **A** 的逆矩阵乘以 **B**，即 inv(**A**) * **B**；而 **B/A** 表示 **B** 乘以 **A** 的逆矩阵，即 **B** * inv(**A**).

(5)矩阵的元素运算

A. * **B** 与 **A** * **B** 运算截然不同，**A**. * **B** 是矩阵 **A**，**B** 对应元素相乘，它要求矩阵 **A** 与矩阵 **B** 必须同型，否则，会返回错误.

例如，在命令窗口输入：A=[-1 3;2 1];B=[1 2;0 -1] ;A. * B.

按回车键，屏幕显示：

```
ans =
     -1   6
      0  -1
```

同样地，**A./B** 也表示矩阵 **A**，**B** 对应元素相除得到的一个新矩阵，同样要求 **A**，**B** 必须同型.

例如，在命令窗口输入：A=[-1 3;2 1];B=[1 2;0 -1] ;A./B.

按回车键，屏幕显示：

```
Warning: Divide by zero.
ans =
     -1.0000    1.5000
         Inf   -1.0000
```

继续键入：A.^2 %对应元素的幂

按回车键,屏幕显示:

```
ans =
    1   9
    4   1
```

(6)矩阵的常见操作

我们可根据需要直接提取或修改矩阵的部分元素.下面将一些常见操作列入表 6.1 中.

表 6.1

矩阵 **A**	操作说明
A(m,n)=1	将 **A** 的第 m 行、第 n 列的元素重新赋值为 1
A(i,j)	取出 **A** 的第 i 行、第 j 列的元素
A(i,:)	取出 **A** 的第 i 行所有元素
A([1 2],:)	取出 **A** 的第 1,2 行
A(:,[1 2])	取出 **A** 的第 1,2 列
A([1 2],[1 2])	取出 **A** 的第 1,2 行,第 1,2 列
A(5)	取出 **A** 的第 5 个元素(按照列排序)
A(:,3)=[]	删除 **A** 的第 3 列
[A;eye(size(A))]	在 **A** 的下方拼接一个与 **A** 同型的单位矩阵
flipud(A)	上下翻转
fliplr(A)	左右翻转
rot90(C)	逆时针旋转 90°
rot90(C,3)	逆时针旋转 270°
reshape(A,n,m)	将 **A** 重构为一个 m 行 n 列的矩阵
A′	**A** 的转置

5)行列式的计算

命令 det(**A**)是用来计算矩阵 **A** 的行列式的值.要求矩阵必须是方阵,否则,会返回错误.

【例 6.1】 计算行列式 $D=\begin{vmatrix}1&2&3\\2&3&1\\3&1&2\end{vmatrix}$.

解 在命令窗口键入如下命令:

```
A=[1,2,3;2,3,1;3,1,2]    %输入行列式所对应的矩阵
D=det(A)                 %计算行列式的值
```

按回车键,屏幕显示:

```
A =
    1   2   3
    2   3   1
    3   1   2
```

```
D =
    -18
```

【例 6.2】 计算行列式 $D=\begin{vmatrix} a & a & a & x \\ a & a & x & a \\ a & x & a & a \\ x & a & a & a \end{vmatrix}$.

解 在命令窗口输入如下命令：

```
syms x a   %定义两个符号变量
A=[a a a x;a a x a;a x a a;x a a a] ;   %分号表示不用显示 A
det(A)
```

按回车键,屏幕显示：

```
ans =
      x^4-6*x^2*a^2+8*x*a^3-3*a^4
```

6)将矩阵化为行最简形阶梯阵

rref($\boldsymbol{A}$)命令可以将任意矩阵 $\boldsymbol{A}$ 化为行最简形阶梯阵.

【例 6.3】 将矩阵 $\boldsymbol{A}=\begin{bmatrix} 1 & 1 & 1 \\ 2 & 1 & 0 \\ 0 & 0 & 1 \end{bmatrix}$化为行最简形阶梯阵.

解 在命令窗口键入：

```
A=[1 1 1;2 1 0;0 0 1]
rref(A)
```

按回车键,屏幕显示：

```
A =
    1   1   1
    2   1   0
    0   0   1


ans =
      1   0   0
      0   1   0
      0   0   1
```

【例 6.4】 建立一个 4 阶魔方矩阵,并将该矩阵化为行最简形阶梯阵.

解 输入命令：

```
B=magic(4)   %4 阶魔方矩阵
C=rref(B)
```

按回车键,屏幕显示：

```
B =
```

```
    16     2     3    13
     5    11    10     8
     9     7     6    12
     4    14    15     1
C =
     1     0     0     1
     0     1     0     3
     0     0     1    -3
     0     0     0     0
```

7)矩阵的秩和迹

如求矩阵的秩和迹分别调用 rank 和 trace 命令,其调用格式为:

①rank(**A**),求矩阵 **A** 的秩;

②trace(**A**),求矩阵 **A** 的迹.

【例 6.5】 求矩阵 $\boldsymbol{A}=\begin{bmatrix}1 & 1 & 1\\2 & 1 & 0\\0 & 0 & 1\end{bmatrix}$ 的秩和迹.

解 输入命令:

```
A=[1 1 1;2 1 0;0 0 1]
rank(A)   %计算 A 的秩
trace(A)   %计算 A 的迹
```

按回车键,屏幕显示:

```
ans =
      3   %输出秩值
ans =
      3   %输出迹值
```

8)求逆矩阵

【例 6.6】 求矩阵 $\boldsymbol{A}=\begin{bmatrix}3 & 1 & 2\\2 & 3 & 1\\1 & 2 & 3\end{bmatrix}$ 的逆矩阵.

解 输入命令:

```
A=[1,2,3;2,3,1;3,1,2];    %输入矩阵 A
N=inv(A)                  %求 A 的逆矩阵
M=det(A)*inv(A)           %求伴随矩阵
P=pinv(A)                 %求广义逆矩阵(X 满足方程 AXA=A,则称 X 为 A 的广
                            义逆矩阵)
```

按回车键,屏幕显示:

```
N =
```

```
   -0.2778    0.0556    0.3889
    0.0556    0.3889   -0.2778
    0.3889   -0.2778    0.0556
M =
    5.0000   -1.0000   -7.0000
   -1.0000   -7.0000    5.0000
   -7.0000    5.0000   -1.0000
P =
   -0.2778    0.0556    0.3889
    0.0556    0.3889   -0.2778
    0.3889   -0.2778    0.0556
```

9)求内积及长度

【例 6.7】 已知向量 $\boldsymbol{\alpha}=(1,0,-1)$，$\boldsymbol{\beta}=(2,1,1)$，求内积$(\boldsymbol{\alpha},\boldsymbol{\beta})$及 $\boldsymbol{\alpha}$ 的长度.

解 输入命令：

```
alpha=[1 0 -1];
beta=[2 1 1];
dot(alpha,beta)        %计算内积(α,β)
norm(alpha)            %计算 α 长度
```

按回车键，屏幕显示：

```
ans =
     1
ans =
     1.4142
```

10)解线性方程组

【例 6.8】 如解齐次线性方程组：$\begin{cases}2x_1-x_2-x_3=0\\x_1-2x_2-2x_3=0.\\x_1+2x_2+3x_3=0\end{cases}$

解 先判断解的情况，输入命令：

```
A=[2 -1 -1;1 -2 -2;1 2 3];   %该线性方程组的系数矩阵
rank(A)                      %求 A 的秩
```

按回车键，屏幕显示：

```
ans =
     3
```

因 $r(\boldsymbol{A})=3$(未知量的个数)，故方程组仅有零解.

【例 6.9】 解齐次线性方程组：$\begin{cases}2x_1+x_3=0\\x_1-2x_2-2x_3=0.\\x_1+2x_2+3x_3=0\end{cases}$

解 ①先判断解的情况,输入命令:

```
A=[2 0 1;1 -2 -2;1 2 3];
rank(A)
```

按回车键,屏幕显示:

```
ans =
     2
```

因 $r(\boldsymbol{A})=2<3=n$,故方程组有非零解.

②求基础解系,输入命令:

```
z=null(A,'r')   %z 的列向量就是 AX=0 的基础解系
```

按回车键,屏幕显示:

```
z=
   -0.5000
   -1.2500
    1.0000
```

由此知,该方程组的通解为:$x=c\begin{pmatrix}-0.5\\-1.25\\1\end{pmatrix}$ (c 为任意常数).

【例 6.10】 求解非齐次线性方程组:$\begin{cases}2x_1+x_3=0\\x_1-2x_2-2x_3=1.\\x_1+2x_2+3x_3=2\end{cases}$

解 先判断解的情况,输入命令:

```
A=[2 0 1;1 -2 -2;1 2 3];   %输入系数矩阵
b=[0;1;2];                 %输入方程组等式右端常数列
rank(A),rank([A b])        %求系数矩阵及增广矩阵的秩
```

按回车键,屏幕显示:

```
ans =
     2      %系数矩阵的秩是 2
ans =
     3      %增广矩阵的秩是 3
```

因 $r(\boldsymbol{A})=r(\boldsymbol{A},b)$,故方程组无解.

【例 6.11】 求解非齐次线性方程组:$\begin{cases}x_1+x_2+x_3=2\\2x_1+x_2+2x_3=2.\\x_1+x_2=3\end{cases}$

解 ①先判断解的情况,输入命令:

```
A=[1 1 1;2 1 2;1 1 0];
b=[2;2;3];
rank(A),rank([A b])
```

按回车键,屏幕显示:

```
ans =
```

3

ans =

3

因 $r(\boldsymbol{A})=r(\boldsymbol{A},b)=3=n$，故方程组有唯一解.

②继续求解，输入命令：

```
syms x1 x2 x3;  %预先定义符号变量
f1='x1+x2+x3=2';f2='2*x1+x2+2*x3=2';f3='x1+x2=3';
[x1,x2,x3]=solve(f1,f2,f3)
```

按回车键，屏幕显示：

```
x1 =
     1
x2 =
     2
x3 =
    -1
```

为了得到此方程组的唯一解也可采用如下命令：

```
x=inv(A)*b
x =
     1
     2
    -1
```

由此知，方程组的唯一解为：$x=\begin{pmatrix}1\\2\\-1\end{pmatrix}$.

【例 6.12】 求解非齐次线性方程组：$\begin{cases}x_1+x_2+x_3=2\\2x_1+2x_2+2x_3=4\\2x_1+2x_2-x_3=5\end{cases}$.

解 先判断解的情况，输入如下命令：

```
A=[1 1 1;2 2 2;2 2 -1];
b=[2;4;5];
Abar=[A b];
rank(A),rank(Abar)
ans =
2
ans =
2
```

因 $r(\boldsymbol{A})=r(\overline{\boldsymbol{A}})=2<3$，故方程组有无穷多解.

接着求出方程组的基础解系，输入如下命令：

```
null(A,'r')
```

```
ans =
    -1
     1
     0
```

最后再求一个特解,输入如下命令:

```
pinv(A) * b                    %pinv(A)为A的广义逆矩阵
ans =
      1.1667
      1.1667
     -0.3333
```

由此知,方程组的通解为:$x=\begin{pmatrix}1.1667\\1.1667\\-0.3333\end{pmatrix}+c\begin{pmatrix}-1\\1\\0\end{pmatrix}$ (c 为任意常数).

【例 6.13】 求解非齐次线性方程组:$\begin{cases}x_1+2x_2+3x_3=m\\-x_1+9x_2+2x_3=n\\2x_1\qquad+3x_3=1\end{cases}$,其中 m,n 为待定参数.

解 先判断解的情况,输入如下命令:

```
A=[1 2 3;-1 9 2;2 0 3];
b=sym('[p;q;1]') ;
rank(A),rank([A,b])
ans =
    3
ans =
    3
```

因 $r(\boldsymbol{A})=r(\boldsymbol{A},b)=3=n$,故方程组有唯一解.

继续求解,输入如下命令:

```
A=sym('[1 2 3;-1 9 2;2 0 3]');
b=sym('[p;q;1]')
x=A\b
x =
   6/13 * q+23/13-27/13 * p
   3/13 * q+5/13-7/13 * p
   -4/13 * q-11/13+18/13 * p
```

由此知,方程组的唯一解为:$x=\dfrac{1}{13}\begin{pmatrix}6q-27p+23\\3q-7p+5\\-4q+18p-11\end{pmatrix}$.

11）求矩阵的特征值和特征向量

【例 6.14】 求矩阵 $\boldsymbol{A}=\begin{bmatrix}1&1&1\\2&1&0\\0&0&1\end{bmatrix}$的特征多项式、特征值.

解 输入如下命令：

```
A=[1 1 1;2 1 0;0 0 1]
poly(A)                    %求 A 的特征多项式
ans =
1.0000   -3.0000   1.0000   1.0000
```

由此知，特征多项式为：$\lambda^3-3\lambda^2+\lambda+1$.

继续输入命令求特征值：

```
roots(poly(A))   %计算特征多项式的零点(此处也可改为 eig(A)求 A 的特征值)
ans =
     2.4142
     1.0000
    -0.4142
```

由此知，矩阵 **A** 的特征值有 3 个，分别为 2.4142，1，-0.4142.

【例 6.15】 求矩阵 $\boldsymbol{A}=\begin{bmatrix}1&2&2\\2&1&2\\2&2&1\end{bmatrix}$的特征值和特征向量.

解 输入如下命令：

```
A=[1 2 2;2 1 2;2 2 1];
[vec,val]=eig(A)       %vec 返回特征值,val 返回特征向量
vec =
     0.6206     0.5306    0.5774
     0.1492    -0.8027    0.5774
    -0.7698     0.2722    0.5774
val =
    -1.0000          0         0
          0    -1.0000         0
          0          0    5.0000
```

由此知，**A** 的特征值分别为-1（二重），5，对应的特征向量分别为

$$c_1\begin{pmatrix}0.6206\\0.1492\\-0.7698\end{pmatrix}+c_2\begin{pmatrix}0.5306\\-0.8027\\0.2722\end{pmatrix},c_3\begin{pmatrix}0.5774\\0.5774\\0.5774\end{pmatrix}$$ （c_1,c_2,c_3 都是任意实数）.

12）实对称矩阵的对角化

【例 6.16】　已知实对称矩阵 $\boldsymbol{A}=\begin{bmatrix}1&2&2\\2&1&2\\2&2&1\end{bmatrix}$，求一正交矩阵 $\boldsymbol{Q}$，使 $\boldsymbol{Q}^{\mathrm{T}}\boldsymbol{AQ}$ 为对角矩阵.

解　输入如下命令：

```
Q=orth(A)   %正交矩阵
Q =
    -0.5774   -0.0000    0.8165
    -0.5774   -0.7071   -0.4082
    -0.5774    0.7071   -0.4082
```

为了检验 $\boldsymbol{Q}$ 的正确性，再输入如下命令：

```
Q' * A * Q          %验证 Q 的正确性
ans =
     5.0000   -0.0000   -0.0000
    -0.0000   -1.0000    0.0000
    -0.0000    0.0000   -1.0000
```

13）化二次型为标准形

【例 6.17】　将二次型 $f(x_1,x_2,x_3)=x_1^2+2x_2^2+x_3^2-4x_1x_2-2x_2x_3$ 化为标准形.

解　采用正交变换法化二次型为标准形，输入如下命令：

```
A=[2 -2 0;-2 2 -1;0 -1 1];   %二次型矩阵
eig(A)
ans =
     1.0000
     2.0000
     5.0000
Q=orth(A)     %正交矩阵
Q =
     0.0000    1.0000         0
    -0.7071         0   -0.7071
    -0.7071         0    0.7071
```

由此知，只需作正交变换 $x=Qy$，得该二次型的标准形为：$f(y_1,y_2,y_3)=y_1^2+2y_2^2+5y_3^2$.

总复习题

一、单项选择题.(共 10 小题,每小题 2 分,共 20 分)

1.在下列矩阵中属行阶梯阵的是(   ).

A.$\begin{pmatrix}1&-3\\2&0\end{pmatrix}$　　B.$\begin{pmatrix}1&-3\\-1&2\end{pmatrix}$　　C.$\begin{pmatrix}0&-3\\1&1\end{pmatrix}$　　D.$\begin{pmatrix}1&-1\\0&2\end{pmatrix}$

2.对三阶行列式 $\boldsymbol{D}=\begin{vmatrix}a_{11}&a_{12}&a_{13}\\a_{21}&a_{22}&a_{23}\\a_{31}&a_{32}&a_{33}\end{vmatrix}$,其第一行各元素的代数余子式分别为 A_{11},A_{12},A_{13},则 $a_{11}A_{11}+a_{12}A_{12}+a_{13}A_{13}$ 等于(   ).

A.$\boldsymbol{D}$　　B.$-\boldsymbol{D}$　　C.0　　D.$2\boldsymbol{D}$

3.设三阶非零方阵 $\boldsymbol{A}$ 中任意两行对应元素成比例,则 $r(\boldsymbol{A})$ 为(   ).

A.0　　B.1　　C.2　　D.3

4.若 $\boldsymbol{A},\boldsymbol{B}$ 为 n 阶矩阵,则下列结论一定正确的是(   ).

A.$\boldsymbol{AB}=\boldsymbol{BA}$　　B.$(\boldsymbol{A}+\boldsymbol{B})\boldsymbol{A}=\boldsymbol{A}^2+\boldsymbol{AB}$

C.$|\boldsymbol{AB}|=|\boldsymbol{A}|\,|\boldsymbol{B}|$　　D.$(\boldsymbol{AB})^{\mathrm{T}}=(\boldsymbol{BA})^{\mathrm{T}}$

5.设矩阵 $\boldsymbol{A}=\begin{pmatrix}k&1&1\\1&k&1\\1&1&k\end{pmatrix}$,且 $r(\boldsymbol{A})=1$,则 k 的值为(   ).

A.-1　　B.1　　C.-2　　D.2

6.已知三阶矩阵 $\boldsymbol{A}$ 的特征值分别是 1,3,5,则 $\mathrm{tr}(\boldsymbol{A})$ 等于(   ).

A.-15　　B.8　　C.9　　D.15

7.已知三阶矩阵 $\boldsymbol{A}$ 的行列式 $|\boldsymbol{A}|=3$,则 $|(3\boldsymbol{A})^{\mathrm{T}}|=$(   ).

A.1　　B.9　　C.27　　D.81

8.n 元非齐次线性方程组 $\boldsymbol{A}x=\boldsymbol{\beta}$ 有唯一解的充要条件是(   ).

A.$r(\boldsymbol{A})\neq r(\overline{\boldsymbol{A}})$　　B.$r(\overline{\boldsymbol{A}})<n$　　C.$r(\boldsymbol{A})=r(\overline{\boldsymbol{A}})$　　D.$r(\boldsymbol{A})=r(\overline{\boldsymbol{A}})=n$

9.已知 ξ_1,ξ_2 是非齐次线性方程组 $\boldsymbol{A}x=\beta$ 的两个解,则下列(   )一定也是它的解.

A.$\xi_1-\xi_2$　　B.$4\xi_1-3\xi_2$　　C.$\xi_1+\xi_2$　　D.$\frac{1}{2}\xi_1+\frac{5}{2}\xi_2$

10.已知三阶矩阵 $\boldsymbol{A}$ 的特征值分别是 1,3,5,则 $|\boldsymbol{A}|$ 等于(   ).

A.15　　B.8　　C.9　　D.5

二、填空题.(共 10,每小题 2 分,共 20 分)

1.七元排列 6712543 是________排列(填“奇”或“偶”).

2. $\begin{vmatrix} 1 & 1 & 1 \\ 0 & 2 & 3 \\ 0 & 0 & 3 \end{vmatrix}=$________.

3. 已知二阶行列式 $\begin{vmatrix} a_{11} & a_{12} \\ a_{21} & a_{22} \end{vmatrix}=2020$，则 $\begin{vmatrix} a_{11}+a_{12} & a_{12} \\ a_{21}+a_{22} & a_{22} \end{vmatrix}=$________.

4. 若向量 $\boldsymbol{\alpha}_1=(1,1,1)$，$\boldsymbol{\alpha}_2=(5,5,x)$ 线性相关，则 $x=$________.

5. 设 $\boldsymbol{A}=\begin{pmatrix} 1 & 0 & 0 \\ 0 & 2 & 0 \\ 0 & 0 & 3 \end{pmatrix}$，则 $|\boldsymbol{A}^{-1}|=$________.

6. 设 6 元齐次线性方程组 $\boldsymbol{A}x=\boldsymbol{O}$ 的基础解系中有两个解，则 $r(\boldsymbol{A})=$________.

7. $\begin{pmatrix} -1 & 2 \\ 1 & -3 \end{pmatrix}+\frac{1}{3}\begin{pmatrix} 3 & 15 \\ -3 & 3 \end{pmatrix}=$________.

8. 已知向量组 $\boldsymbol{A}$：$\boldsymbol{\alpha}_1=(1,1,2)^{\mathrm{T}}$，$\boldsymbol{\alpha}_2=(3,4,2)^{\mathrm{T}}$，$\boldsymbol{\alpha}_3=(5,6,a)^{\mathrm{T}}$，则当 $a=$________时，$\boldsymbol{\alpha}_1$，$\boldsymbol{\alpha}_2$，$\boldsymbol{\alpha}_3$ 线性相关.

9. 设 $\boldsymbol{A}=\begin{pmatrix} 3 & 0 & 0 \\ 0 & a & 1 \\ 0 & 1 & 0 \end{pmatrix}$，$\boldsymbol{B}=\begin{pmatrix} 3 & 0 & 0 \\ 0 & -1 & 0 \\ 0 & 0 & b \end{pmatrix}$，且 $A\sim B$，则 $a=$________，$b=$________.

10. 设 $f(x,y,z)=(ax+by+cz)^2$，其中 $a,b,c\in\mathbf{R}$，则此二次型的矩阵 $\boldsymbol{A}=$________，$r(\boldsymbol{A})=$________.

三、解答题.（共 6 小题，每小题 9 分，共 54 分）

1. 计算行列式：$\begin{vmatrix} 1 & 2 & 3 \\ -5 & 1 & 3 \\ 4 & 8 & 9 \end{vmatrix}$.

2. 已知向量 $\boldsymbol{\alpha}=(1,2,3)$，$\boldsymbol{\beta}=(2,-1,3)$，若向量 $\boldsymbol{\gamma}$ 满足 $2\boldsymbol{\alpha}-\boldsymbol{\beta}-2\boldsymbol{\gamma}=\boldsymbol{o}$，求 $\boldsymbol{\gamma}$.

3. 已知 $\boldsymbol{A}=\begin{pmatrix} -1 & -3 & -4 & 4 \\ 2 & 2 & 6 & -5 \\ 5 & 3 & 6 & -3 \end{pmatrix}$，求 $r(\boldsymbol{A})$.

4. 求下列齐次线性方程组的基础解系，并用基础解系表示通解.

$$\begin{cases} x_1-x_2-2x_3+3x_4=0 \\ 3x_1-3x_2-2x_3+x_4=0 \\ 2x_1-2x_2-3x_3+4x_4=0 \end{cases}.$$

5. 已知向量组 $\boldsymbol{A}$：$\boldsymbol{\alpha}_1=\begin{pmatrix} -1 \\ 2 \\ 1 \end{pmatrix}$，$\boldsymbol{\alpha}_2=\begin{pmatrix} -3 \\ 5 \\ 4 \end{pmatrix}$，$\boldsymbol{\alpha}_3=\begin{pmatrix} -2 \\ 8 \\ -2 \end{pmatrix}$，$\boldsymbol{\alpha}_4=\begin{pmatrix} 1 \\ 7 \\ -10 \end{pmatrix}$，求 $\boldsymbol{A}$ 的秩和一个极大无关组，并将其余向量用该极大无关组线性表示.

6. 用配方法将二次型 $f(x_1,x_2,x_3)=x_1^2-x_2^2+x_3^2+2x_1x_2-4x_1x_3$ 化为标准形.

四、证明题.（本题 6 分）

已知 $\alpha_1,\alpha_2,\alpha_3$ 线性无关，证明：$2\alpha_1+3\alpha_2$，$3\alpha_1+4\alpha_2+2\alpha_3$，$\alpha_1+\alpha_2+\alpha_3$ 也线性无关.

参考文献

[1] 北京大学数学系几何与代数教研室前代数小组.高等代数[M].3 版.北京:高等教育出版社,2003.

[2] 赵树嫄.线性代数[M].北京:中国人民大学出版社,1997.

[3] 同济大学数学系.线性代数[M].上海:同济大学出版社,2011.

[4] 惠淑荣,张京,李修清.线性代数[M].沈阳:东北大学出版社,2006.

[5] 王高雄,周之铭,朱思铭.常微分方程[M].3 版.北京:高等教育出版社,2006.

[6] 吴纪桃,柳重堪,李翠萍.高等数学:上册[M].北京:清华大学出版社,2007.

[7] 费定晖.吉米多维奇数学分析习题集题解(3)[M].4 版.济南:山东科学技术出版社,2012.

[8] 胡金德.线性代数[M].北京:中国人民大学出版社,2006.